# LangChain技术解密

## 构建大模型应用的全景指南

王浩帆　编著

電子工業出版社
Publishing House of Electronics Industry
北京•BEIJING

## 内 容 简 介

本书共 10 章，分别介绍了 LangChain 的开发环境搭建、模型、提示、数据连接、链、记忆、代理、回调及周边生态等内容，并用三个案例，即基于 Streamlit 实现聊天机器人、基于 Chainlit 实现 PDF 问答机器人、零代码 AI 应用构建平台 Flowise，将前面大语言模型的内容学以致用。通过本书，读者既能提升自身的技术素养，又能拓展自己解决实际难题的能力。

本书适合刚入门或想加入 AI 行业的技术从业者、需要结合大语言模型相关技术为业务赋能的产品经理、计算机相关专业的学生，以及 AI 爱好者和自学者。



**图书在版编目（CIP）数据**

LangChain 技术解密：构建大模型应用的全景指南/王浩帆编著. —北京：电子工业出版社，2024.5
ISBN 978-7-121-47737-9

Ⅰ. ①L… Ⅱ. ①王… Ⅲ. ①程序开发工具 Ⅳ. ①TP311.561

中国国家版本馆 CIP 数据核字（2024）第 080117 号

责任编辑：陈晓猛
印　　刷：三河市华成印务有限公司
装　　订：三河市华成印务有限公司
出版发行：电子工业出版社
　　　　　北京市海淀区万寿路 173 信箱　　邮编：100036
开　　本：787×980　1/16　　印张：23.75　　字数：532 千字
版　　次：2024 年 5 月第 1 版
印　　次：2024 年 5 月第 1 次印刷
定　　价：118.00 元

凡所购买电子工业出版社图书有缺损问题，请向购买书店调换。若书店售缺，请与本社发行部联系，联系及邮购电话：（010）88254888，88258888。

质量投诉请发邮件至 zlts@phei.com.cn，盗版侵权举报请发邮件至 dbqq@phei.com.cn。

本书咨询联系方式：faq@phei.com.cn。

# 前　　言

2024 年，人工智能走向大众化的序幕已经拉开。无论是声势浩大的大语言模型，还是 AI 绘图领域的佼佼者，如 Stable Diffusion 与 Midjourney，皆已成为潮流之巅的焦点。其中，大语言模型尤为瞩目，其作为一颗闪耀着智慧之光的“大脑”，已广泛融入人们生活的各个场景。在这一背景下，LangChain 应运而生，这一建立在大语言模型之上的框架，让快速开发 AI 应用成为可能，其影响力也正逐步扩大。LangChain 不仅为开发人员提供了大量的现成工具，同时受益于其广泛的用户群体，很多尖端、具有实验性质的工具也相继被纳入其中。这使得开发人员不仅能够运用那些已极为成熟的资源去构建应用，同时能够借助那些集成的工具，迅速洞悉并尝试大语言模型的最新技术。

目前，LangChain 已成为进行大语言模型应用开发必须掌握的框架之一。随着时间的推移，LangChain 已不再仅仅是一个大语言模型开发框架，而是演化为一个包含开发、调试、部署乃至应用商店的一站式完整生态圈。

与此同时，LangChain 社区的快速壮大，正是其日益蓬勃发展的最佳见证。正值大语言模型开发以潮涌之势席卷而来之际，越来越多的开发人员对于怎样利用 LangChain 迅速构建 AI 应用产生了浓厚的兴趣。

在这样的背景下，本书应运而生。本书不只为求知者呈上 LangChain 的详尽开发指南，更是以其中的诸多知识为轴心，向外扩散，深度阐述其背后的原理之美，甚至于途中不吝对基础知识进行浅释，使读者在领会“其然”的同时，也能参透“其所以然”。

## 本书结构

本书以五大核心要旨，即模型的输入与输出（Model I/O）、检索增强生成（RAG）技术、代理（Agent）技术、其他知识及完整案例实践为主线，精心编排为 10 章，详细展开阐释：

第 1 章介绍了当前大语言模型的发展，并且从是什么、为什么使用、为何使用、应用场景四个维度对 LangChain 进行了全面解读。

第 2 章细述了进行 LangChain 开发前的各项准备工作，包括安装 LangChain 库、获取 OpenAI API Key、搭建开发环境等，旨在帮助开发者扫清这部分的障碍。

第 3 章对 Model I/O 的 Model（模型）部分进行了讲解。不仅讲解了 LangChain Model 的使用，还对最常用的 OpenAI 相关的 API 及参数进行了深入讲解。

第 4 章主要讲解了 Model I/O 的 I/O 部分。在输入部分，不仅讲解了 LangChain 的提示词模板，还对提示词工程进行了讲解，使读者可以借助 LangChain 写出更优秀的提示词。在输出部分，对大量的输出解析器进行了讲解及应用。

第 5～7 章：这部分重点阐释了检索增强生成（RAG）技术的原理与应用，内容涵盖了加载器、转换器、向量存储、检索器、链及记忆等关键组件的用法和高阶操作技巧。

第 8 章主要对代理（Agent）技术的原理和应用进行了深入讲解，也对 LangGraph 多智能体框架进行了介绍。

第 9 章对 LangChain 其他组件及周边生态进行了讲解，如回调、安全与隐私、评估、追踪调试平台 LangSmith、部署框架 LangServe、应用模板商店 LangChain Templates 等。

第 10 章旨在指导读者从零开始逐步构建并部署应用，完成两个完整的人工智能应用开发项目，以及学习 LangChian 的零代码 AI 应用构建平台 Flowise。读者不仅可以通过此过程巩固学习成果，而且可以将所学知识用于打造专属的应用。

## 本书面向的读者

本书深入浅出地讲解了丰富的前置知识和基本理论，因为 LangChain 在本质上是一个便于 AI 应用开发的框架，所以本书以应用开发实践为主，未涉及大语言模型的底层原理和相关晦涩的数学公式。

本书适合刚入门或想加入 AI 行业的技术从业者、需要结合大型语言模型相关技术为业务赋能的产品经理、计算机相关专业的学生，以及 AI 爱好者和自学者。

## 本书特色

（1）内容全面更新，融入了新版本特性和新动态。本书深入探讨了 LangChain 的全新表达式语言、LangGraph、LangSmith、LangServe 及 LangChain Templates，并精研了一系列全新的 API，例如 Assistant Agent Type。

（2）系统讲解，细节丰富。本书将相关的前置知识嵌入相应的章节中，确保读者能够按部就班地掌握从理论到实践的知识。

（3）本书的结构设计让内容自然衔接，避免了在章节之间跳来跳去的阅读方式，不需要在搜索引擎中寻找相关概念。我们追求的不只是对官方文档的讲解，更是对整个 LangChain 运行逻辑的深入讲解，以及对 LangChain 先进思想的学习。

（4）涵盖 LangChain 的深度内容。除了基础知识，本书还深入介绍了 LangChain 的隐私与安全、评估等高级主题，这些内容在市面上的其他资料中几乎未被触及。

（5）提供了丰富的实例代码和结果截图。本书中的所有代码都经过严格测试，尽可能确保正常运行，这一点与 LangChain 文档中仅提供部分代码的做法形成鲜明对比，大大减少了读者在实践本书中的代码时的调试工作。

（6）书中每个章节的代码均在 GitHub 中提供，读者可以很方便地独立运行对应的代码片段来学习。

## 代码与参考资料

本书示例代码位于 GiTHub 的 langchain-course 页面，请在 GitHub 中搜索 langchain-course，在搜索的结果页面左侧选择 Users，即可看到本书相关的代码仓库组织。读者可以从此处获取示例代码及运行代码的相关说明。也可以扫描封底二维码获取本书配套代码资源和相关链接。

第 1 章的部分内容参考了《LangChain 系列-01 是什么》和《大语言模型的演进》两篇文章。第 5 章的部分内容参考了 *How do domain-specific chatbots work? An Overview of Retrieval Augmented Generation(RAG)*一文。感谢这些资料为笔者撰写本书提供的思路和启发。

## 勘误和支持

若您在阅读本书的过程中有任何问题或建议，可以通过本书源码仓库提交 Issue 或者 PR，也可以通过仓库中提供的微信二维码加入微信群与作者进行交流。我们十分感谢并重视您的反馈，会对您提出的问题、建议进行梳理与反馈，并在本书后续版本中及时做出勘误与更新。

# 目　　录

# 第 1 章 大语言模型及 LangChain 介绍

## 1.1 大语言模型介绍

### 1.1.1 大语言模型总览

在深入介绍 LangChain 之前，我们先来探讨一下大语言模型。毕竟，大语言模型是 LangChain 的关键组成部分，而 LangChain 也是为了解决大语言模型存在的一些缺陷而诞生的。

大语言模型（Large Language Model，LLM）又被称为大型语言处理模型，是一种人工智能模型，专门设计用于理解人类语言。大语言模型属于预训练语言模型（Pre-trained Language Models，PLMs）的一种，通过对大规模语料数据的预训练，成为自然语言处理（NLP）领域的重要方法之一。

简而言之，大语言模型是一种通过在庞大的数据集上进行深度学习训练，以准确地理解人类语言的深度学习模型。其核心目标是通过深入地学习和理解人类语言，使得机器能够像人类一样掌握语言，从而彻底改变计算机理解和生成人类语言的方式。

与普通的语言模型相比，大语言模型的规模更加庞大。大语言模型通常拥有巨大数量的参数，比如，GPT-3 的参数数量达到 1750 亿个。此外，大语言模型在训练过程中使用了大规模的文本数据集，以 GPT 为例，GPT-3 的训练数据量达到 45TB，整个维基百科里面的数据只相当于它训练数据的 0.6%。

大语言模型能够在几乎不需要人工干预的情况下，迅速而准确地处理自然语言数据。这些模型可用于各种任务，包括问答系统、情绪分析、信息抽取、图片解释、代码补全、指令执行等，如图 1-1 所示。大语言模型已成为人工智能领域中的重要工具，同时推动着自然语言处理技术的不断发展。

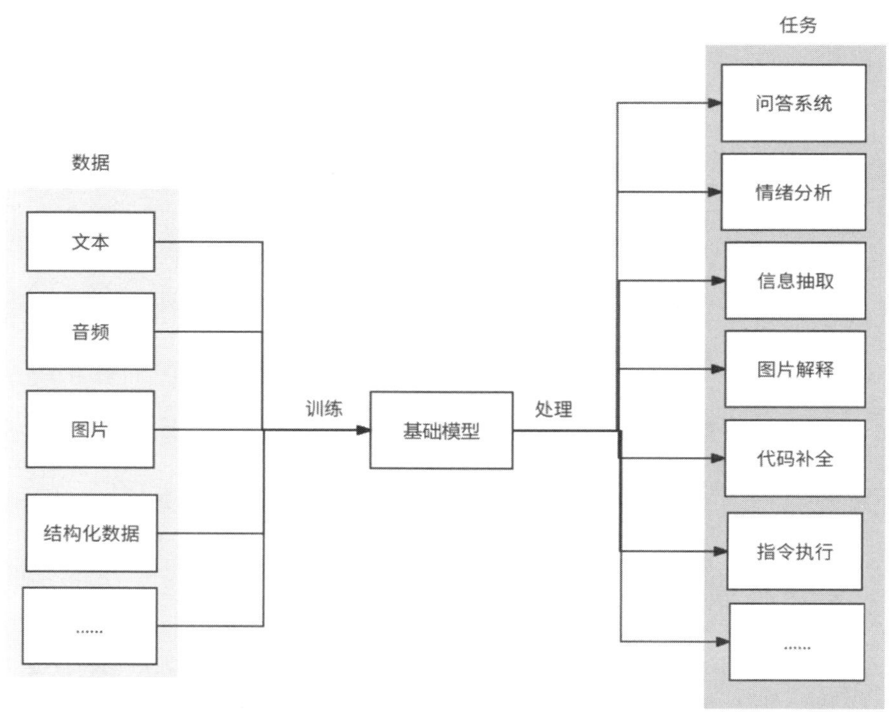


图 1-1

## 1.1.2　大语言模型的发展历史

以下是大语言模型发展的一些关键时刻和里程碑事件。

### 2017 年 6 月：Transformer 模型诞生

2017 年 6 月，Google 发布了一款名为 Transformer 的模型，其参数数量达到 6500 万个。在神经信息处理系统大会（NeurIPS）上，Google Brain 团队发表了题为 *Attention is all you need*（注

意力是你所需要的全部）的论文。这一模型引领了自然语言处理领域的新潮流。

### 2018 年 6 月：GPT-1 发布

2018 年 6 月，OpenAI 公司推出了 GPT-1，其参数数量达到 1.17 亿个。GPT-1 采用了预训练加微调的方法，并发表了题为 *Improving Language Understanding by Generative Pre-training*（通过生成式预训练提高语言理解能力）的论文。然而，当时的 GPT 只是一个单向模型，仅能利用上文信息，无法处理上下文信息。

### 2018 年 10 月：BERT 模型问世

2018 年 10 月，Google 发布了 BERT（Bidirectional Encoder Representation from Transformers）模型，参数数量达到 3 亿个。BERT 模型具备双向上下文理解的能力，进一步提升了自然语言处理的性能。

### 2019 年 2 月：GPT-2 发布

2019 年 2 月，OpenAI 发布了 GPT-2，这是一个拥有 48 层、参数数量达到 15 亿个的大型模型。同时 OpenAI 发表了题为 *Language Models are Unsupervised Multitask Learners*（语言模型是无监督的多任务学习者）的论文。这一模型在自然语言生成方面取得了重大突破。

### 2019 年 10 月：T5 模型被提出

2019 年 10 月，Google 在论文 *Exploring the Limits of Transfer Learning with a Unified Text-to-Text Transformer*（用统一的文本到文本转换器探索迁移学习的极限）中提出了 T5（Transfer Text-to-Text Transformer）模型，T5 模型的参数数量达到 110 亿个。

### 2020 年 5 月：GPT-3 发布

2020 年 5 月，OpenAI 发布了 GPT-3，这是一个包含了 1750 亿个参数的巨大模型。同时 OpenAI 发表了题为 *Language Models are Few-Shot Learners*（语言模型是小样本学习者）的论文。GPT-3 在各种自然语言处理任务中都取得了卓越的成绩。

### 2021 年 1 月：Switch Transformer 发布

2021 年 1 月，Google 推出了超级语言模型 Switch Transformer，它包含了 1.6 万亿个参数，与 GPT-3 相比，参数数量增加了约 9 倍。

### 2021 年 5 月：LaMDA 诞生

2021 年 5 月，Google 展示了 LaMDA（Language Model for Dialogue Applications）模型，即对话应用语言模型，它包含了 1370 亿个参数，为自然语言处理领域带来了更多创新。

### 2021 年 6 月：GitHub Copilot 发布

2021 年 6 月，OpenAI 和 GitHub 合作发布了 AI 代码补全工具 GitHub Copilot，使用了包含 120 亿个参数的 Codex 模型，这一工具在编程领域引起了广泛关注。

### 2022 年 3 月：InstructGPT 发布

2022 年 3 月，OpenAI 发布了 InstructGPT 模型，并发表了题为 *Training language models to follow instructions with human feedback*（用人类反馈信息来训练语言模型以遵循指令）的论文，这一模型在遵循指令方面取得了显著进展。

### 2022 年 11 月 30 日：ChatGPT 发布

2022 年 11 月 30 日，OpenAI 发布了 ChatGPT，这是一个包含了约 2000 亿个参数的对话机器人，是在 GPT-3.5 模型之上微调后开发出来的。ChatGPT 的 Token 限制大约为 4096 个，相当于约 3072 个英文单词，其训练数据的最后更新时间是 2021 年 9 月。

### 2023 年 2 月：Bard 和 Llama 发布

2023 年 2 月，Google 发布了下一代对话 AI 系统 Bard，该系统基于大语言模型 LaMDA，与 ChatGPT 的产品相似。

META 公布最新大模型 Llama，由于主要竞争对手 OpenAI 的 GPT-4 与 Google PaLM 都采取了闭源的方式，Llama 一经推出就被认为是最强开源大模型。国内外大量大模型创业公司，开始基于 Llama 进行开发及训练。

### 2023 年 3 月 14 日：GPT-4 发布

2023 年 3 月 14 日，OpenAI 发布了 GPT-4，虽然没有公布具体参数数量，但最大 Token 数为 32768 个，相当于大约 24576 个英文单词。此次更新将文本长度扩大了 8 倍，并且支持多模态输入。GPT-4 的训练数据最后更新时间是 2021 年 9 月。

### 2023 年 7 月：Llama 2 发布

2023 年 7 月，Meta 公司公布了最新的大模型 Llama 2，包含 7B、13B 和 70B 三种参数变体，并且可免费用于商业或研究。与第一代相比，这一代模型在参数数量和性能上都有显著提升，用于训练的 Token 也比第一代提高了 40%，达到 2 万亿个。至此，形成了大语言模型三足鼎立的局面。

### 2023 年 11 月：GPT-4 Turbo Preview 发布

2023 年 11 月，OpenAI 在第一届开发者大会上发布了 GPT-4 Turbo Preview 模型。它比 GPT-4 更强大，支持 128000 个 Token 的上下文输入，可以在单个 Prompt 中处理超过 300 页的文本。

开发者提供更加便捷的工具和资源，助力他们取得更多的成果。

## 1.2 LangChain 介绍

### 1.2.1 LangChain 是什么

LangChain 是一个基于大语言模型的应用程序开发框架，旨在简化创建大模型应用程序的过程。它提供了一套完整的工具、组件和接口，使开发者能够轻松地利用大语言模型来实现各种复杂的任务，如聊天机器人、文档问答、文档摘要，以及处理复杂任务的代理系统等。LangChain 的核心思想是将不同的组件像搭积木一样“链”在一起，以创建更高级、更复杂的大语言模型应用，这也是其名字中 Chain的含义。

目前，LangChain 官方提供了 Python 和 JavaScript 两种语言版本，并主要专注于维护 Python 版本。因为 Python 是机器学习领域的主要语言之一。从数据显示中可以看出，在不到一年的时间里，LangChain 项目的 Python 版本已经获得了超过 61000 个星标（star），而 JavaScript 版本在短短半年内也积累了超过 8000 个星标。此外，社区中的其他成员也在开发和维护其他语言版本的 LangChain 项目，如 Go、Java、Ruby 等。这表明 LangChain 在开发者社区中具有广泛的影响力和发展潜力。

### 1.2.2 为什么使用 LangChain

LangChain 在其官方文档中着重强调了对以下两方面的支持。

- **Data-aware：** LangChain 提供了强大的数据感知能力，它能够与多种数据源进行紧密连接，将不同的数据源（包括数据库、本地各种格式的文件、网页等）视为大语言模型的知识库。这意味着 LangChain 能够从各种数据源中提取信息，使大语言模型更具见识，能够更全面地回答用户的问题，提供更有深度和广度的知识支持。
- **Agentic:** 基于 LangChain 的应用不仅仅是一个被动的工具，它还具备代理交互的能力，可以与其所处的环境进行积极互动。这使得基于 LangChain 的应用能够协助用户完成一系列复杂任务，如自动帮助用户预订机票、定期总结用户的电子邮箱内容等。这种主动性让基于 LangChain 的应用不仅是一个问题回答引擎，还是一个真正的合作伙伴，可以在多个领域为用户提供实际的帮助和支持，增强了用户体验并提高了工作效率。

当涉及为什么 LangChain 特别强调支持这两方面的能力时，我们需要深入了解现有大语言模型的一些缺陷，如图 1-2 所示。

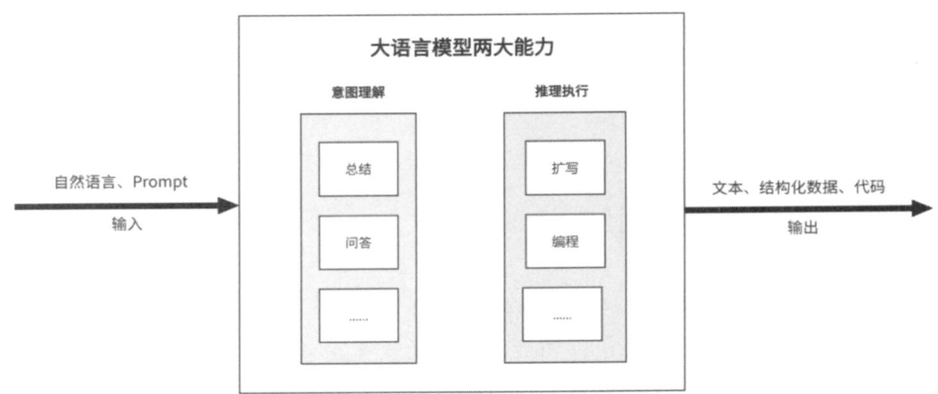


图 1-2

从图 1-2 中可以看出，我们可以将大语言模型抽象成一个包含输入、处理和输出的系统。在这个系统中，输入可以是自然语言或者一个特定明确的提示（Prompt）。经过大语言模型处理后的输出，既可以是文本、结构化数据（比如 JSON），也可以是一段代码。这就引出了以下两个关键问题。

（1）如何有效地构建输入的 Prompt？

在一些简单的场景中，比如提问“中国春节的由来”或“生成一份减肥食谱方案”时，我们可以直接提出问题，不需要考虑太多。但当我们需要用大语言模型总结一本书的内容、根据某个文件进行提问或者向它询问今天的新闻热点时，大语言模型的限制就显现了出来。虽然 GPT4 的 Token 支持已经扩展到了 128000 个，但它们仍然存在一定的上限。因此，LangChain 的第一个能力——Data-aware（数据感知）就解决了这个问题，它可以使大语言模型能够访问多种数据源，弥补了大语言模型数据陈旧、无法实时获取新数据，以及无法对特定数据源进行读取的缺陷。

（2）如何进一步处理模型的输出内容？

当大语言模型根据我们的提问生成输出后，输出既可能是结构化数据，也可能是一段可执行的代码。然而，由于当前的大语言模型只能输出文本内容，所以不管输出是什么，都会以文本的形式呈现。但实际上我们希望输出能够以更符合需求的方式呈现。如果输出是 UML 代码，则我们希望能够自动渲染成一张思维导图；如果输出是可执行的代码，则我们希望能够直接执行这段代码并获取结果，或者对代码进行测试及修复代码中的 Bug。在这种情况下，大语言模型的另一个关键限制就显现了出来，它既无法调用第三方 API 来执行结果，也无法与外部工具进行对接。LangChain 的第二个能力——Agentic（代理交互）就解决了这个问题，它的目标是使大语言模型生成的结果具备执行能力，能够将执行结果反馈给大语言模型，以便大语言模型可以生成新的结果并进一步执行，从而实现多任务推理。

下面我们讨论当前大语言模型的一些缺点。这些缺点正是 LangChain 所专注解决的问题，也是我们选择使用 LangChain 的主要原因。

- **模型内部数据过时**：随着时间的推移，模型内部的数据可能会变得陈旧。
- **无法实时联网**：有时实时性非常重要，但许多大语言模型无法实时访问互联网以获取最新信息。
- **Max Token 限制**：大语言模型通常受到最大 Token 数的限制，导致对长文本的处理受到限制。
- **无法调用第三方 API**：大语言模型无法直接调用第三方 API 来执行特定任务。
- **无法对接外部工具**：大语言模型无法与外部工具或应用程序集成。
- **数学逻辑运算能力差**：大语言模型在数学逻辑运算方面表现不佳，难以处理复杂的数学问题。
- **无法回答特定领域问题**：大语言模型在特定领域问题上表现不佳。
- **各种大语言模型 API 不统一**：市场上存在多个大语言模型，它们的 API 不同，难以统一管理和使用。
- **输出结果不稳定**：在某些情况下，大语言模型的输出结果不稳定，导致对相同问题的回答不同。
- **数据隐私问题**：使用大语言模型可能涉及用户数据隐私问题。

因此，LangChain 有了如下特点。

- **集成性强**：LangChain 的核心特性之一是其强大的集成性。它不仅整合了各种大语言模型，还标准化了它们的调用方法，大大降低了用户对这些模型的学习曲线。此外，LangChain 集成了多种数据源加载器，用户可以轻松地将数据库、本地文件目录、网页等多种数据源作为外部知识源，进一步丰富了模型的背景知识。
- **可智能交互**：LangChain 使知识变得更具互动性。通过数据加载器，用户可以与这些知识进行交互，进行问答、总结、扩写、翻译等各种操作。
- **模块化构建**：LangChain 倡导模块化开发理念，即用类似于搭积木的方式，用户可以轻松地构建自己的应用程序。它提供了高度封装的可复用模块，用户可以根据需要组合这些模块，简化了开发流程，提高了开发效率。无论你是开发新应用还是扩展现有功能，LangChain 的模块化特性都将成为你的有力助手。

- **任务链与代理：** LangChain 引入了任务链和代理的概念，使其能够处理更加复杂的任务。用户可以将一个大任务分解成多个小任务，并根据需要串联这些任务，每个任务都可以使用不同的模型或方法。这种链式任务执行方式大大提高了大语言模型处理复杂任务的能力，使其适用于更广泛的应用场景。无论自动化流程、多步骤问题解决还是其他复杂任务，LangChain 都能够提供有效的解决方案。

综上所述，LangChain 是一款强大的工具，它可以帮助用户更轻松地利用大语言模型的强大能力，解决各种复杂的问题和创造多样化的应用。

### 1.2.3 LangChain 的应用场景

LangChain 的具体应用场景有哪些呢？目前，LangChain 可以在以下领域发挥作用。

（1）**文档摘要应用：** 这类应用能够极大地提高内容工作者的效率。对于冗长的专业书籍、报告、论文等资料，这些应用可以在短时间内生成高质量的摘要和目录，准确捕捉核心要点。这有助于减轻内容工作者在阅读海量资料时的劳动强度，减少时间成本，从而使他们有更多的时间专注于创造性的工作。

（2）**智能客服：** 开发人员可以轻松地利用 LangChain 的加载器功能构建特定领域的问答机器人。通过实时联网功能，这些机器人可以及时地获取最新的信息和数据，提供更准确的答案和解决方案。此外，开发人员可以利用 LangChain 调用其他 API，对问答的内容进行数据分析，以生成更准确且个性化的内容推荐，从而进一步提高客户满意度。

（3）**编程助手：** LangChain 可以根据用户需求自动生成代码片段，极大地提高开发人员的工作效率。这些应用可以根据用户的要求快速生成符合规范的代码，减少了开发人员手动编写代码的时间和精力。同时，LangChain 还可以对生成的代码进行分析，评估其质量，并为开发人员提供自动化的代码审查建议。此外，LangChain 能帮助开发人员发现潜在的问题和错误，并提供相应的解决方案，以提高代码的可靠性和稳定性。

（4）**智能私人助理：** 通过结合智能代理功能，智能私人助理能够帮助用户轻松地完成一些烦琐的任务。比如，当用户需要安排一次旅行时，智能私人助理可以迅速生成一份详细的旅行计划。它会根据用户的偏好和需求，通过各个维度对附近的酒店和美食进行分析，为用户提供最佳的选择。不仅如此，智能私人助理还会根据给出的攻略自动为用户预订机票、火车票或其他交通工具，并根据用户的喜好为他们预订最合适的酒店。此外，智能助理会自动设置一系列相关的功能，以确保用户在旅行过程中享受更多的快乐。

（5）**学习助手：** 通过运用问答和聊天模型功能，学习助手能够为学生提供实时支持，协助他们解决在学习过程中遇到的各种问题，引导他们进行深入的思考和探索，从而提高他们的学习效率。此外，通过接入第三方 API，学习助手可以提供更加广泛的服务。比如化身成为口语陪练老师，通过模拟真实的对话环境，学习助手可以与学生进行各种口语类的练习。这不仅能够帮助学生提高他们的口语能力，还能够增强他们的语言运用和理解能力。无论是学习新的语言，还是提高已有的语言能力，学习助手都能够提供有效的帮助。

上述场景只是 LangChain 应用的一小部分，随着 LangChain 的快速迭代，它将极大地提升各个产业的自动化和智能化水平。未来，LangChain 有望在各个领域发挥重要作用。目前正处于人工智能爆发的前夜，我们应该积极拥抱新技术。只有不断地学习和适应新技术，我们才能抓住机遇，迎接未来的挑战。

### 1.2.4　如何使用 LangChain

LangChain 拥有 7 大核心功能，如图 1-3 所示。

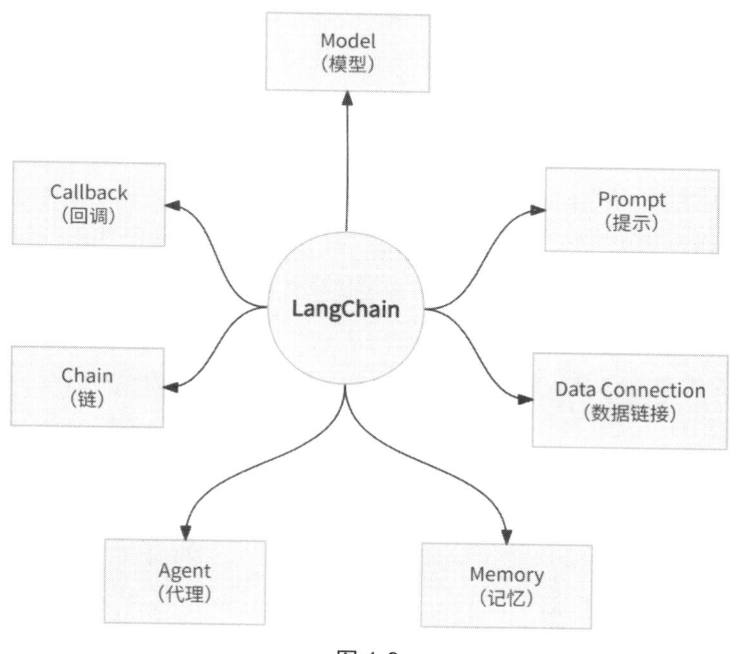


图 1-3

（1）**Model（模型）**：LangChain 集成了多种流行的语言模型，并提供了一套统一的接口。通过 LangChain，我们可以轻松地在不同的模型之间切换。LangChain 将模型分为两类：一类是大语言模型，它们接收文本字符串作为输入，并返回相应的文本字符串；另一类是聊天模型，它们支持大语言模型把聊天消息列表作为输入，并返回相应的聊天消息。

（2）**Prompt（提示）**：面向模型编程其实就是写 Prompt。Prompt 是介于自然语言和机器语言中的一种中间态。当我们与大语言模型进行交互时，我们希望大语言模型能够根据我们的需求返回特定的内容。为了实现这一点，我们需要明确地告诉大语言模型它要扮演的角色和承担的职责，这就是我们所说的 Prompt。Prompt 既可以是单个句子，也可以是多个句子的组合。Prompt 可以包含变量和条件语句，以便更好地指导大语言模型生成我们期望的结果。Prompt 实际上就是模型的输入，因此编写高质量的 Prompt 对于充分发挥人工智能的能力至关重要。

（3）**Data Connection（数据链接）**：LangChain 的数据链接部分主要包括 4 个功能——加载各种数据源的 Document Loader（文档加载器）、将加载的数据按照一定格式分割的 Document Transformer（文本转换器）、存储嵌入数据并执行向量搜索的 Vector Store（向量存储），以及根据非结构化查询获取文档的 Retriever（检索器）。

（4）**Chain（链）**：Chain 是 LangChain 的核心，它是一种用于构建复杂大语言模型应用的工具。通过将多个大语言模型或其他组件链接在一起，Chain 可以简化复杂应用程序的实现。比如，Chain 可以与 Prompt、Index 和 Memory 一起使用，以实现更复杂的任务。Prompt 可以作为输入的模板，引导用户提供准确的信息。Index 可以提供额外的知识库，用于支持语言模型的推理和生成。Memory 可以存储和检索对话历史，以便更好地理解用户的意图和上下文。

（5）**Memory（记忆）**：Chain 和 Agent 默认是无状态的，也就是说，每次对话都是独立的。然而，在某些应用中，比如聊天机器人，记住之前的交互对于维护上下文和提高模型对对话的理解至关重要。Memory 的引入使得聊天机器人能够更好地模拟人类的记忆和理解能力，提升对话的质量。

（6）**Agent（代理）**：Agent 的核心思想是利用大语言模型来选择并执行一系列动作，它扮演着代理大语言模型这个大脑使用工具的角色。然而，目前的大语言模型普遍存在知识过时和逻辑计算能力差等问题。为了解决这些问题，我们可以通过 Agent 访问工具来提升模型的性能。当前这个领域非常活跃，涌现出了许多优秀的项目，比如 AutoGPT、BabyAGI 和 AgentGPT 等。在 Chain 中，动作序列是预先设定好的，而在 Agent 中，我们将语言模型用作推理引擎，只需给定目标，它就能自动规划并实现目标。这种方式使得 Agent 具备更强大的灵活性和智能性。通过 Agent，我们能够克服大语言模型的局限性，使其具备更强的知识更新能力和逻辑推理能力。它能够根据具体的目标自动规划并执行动作，从而更高效地完成任务。Agent 的出现为我们提供了一种全新的方法来应对复杂问题，为人工智能的发展带来了巨大的潜力。

（7）**Callback（回调）**：为了创建出高质量的产品，我们需要对 Prompt、Chain 和其他组件进行大量的定制、调试和迭代。幸运的是，LangChain 提供了一个回调系统，它允许我们在应用程序开发的各个阶段进行 Hook 处理，使开发出来的应用更具灵活性和可扩展性。回调系统对于日志记录、监控、流式处理及其他任务非常有用。比如，我们可以使用回调函数来记录应用程序的运行日志，以便后续分析和排除故障。我们还可以使用回调函数来监控应用程序的性能和 Token 使用量，并根据需要进行调整和优化。

以上就是对 LangChain 相关内容的介绍和对一些核心模块的简要概述。在后面的章节中，笔者将深入地讲解每个模块，并结合一些小例子帮助大家更深刻地理解各个模块。同时，笔者会在每个模块中讲解与其相关的一些基础知识，以便大家了解其背后的原理。让我们一起努力，共同探索 LangChain 的奥秘吧！

# 第 2 章 LangChain 开发前的准备

## 2.1 创建 OpenAI API Key

在本书中，默认使用 OpenAI 的 GPT 模型来做讲解。使用 GPT 模型的主要原因如下。

（1）**易于使用：** GPT 模型提供了简单的 RESTful API，几乎开箱即用。用户无须自己架设服务器或进行模型部署即可轻松地将 GPT 模型集成到自己的应用程序中，并且稳定性高，使用成本低。

（2）**效果优秀：** 不论在翻译、问答还是编程等各种场景下，GPT 模型的回答效果都明显优于其他模型。

（3）**与 LangChain 的集成效果好：** OpenAI 的模型是 LangChain 最早期集成的大模型之一。由于 OpenAI 的模型在 LangChain 中被广泛使用，因此社区中的开发者数量也相对较多，这有助于维护和改进 LangChain 中的相关集成。

（4）**社区活跃度高：** OpenAI 的 GPT 系列模型是目前市场上应用最广泛的大模型之一，因此拥有非常活跃的社区支持。相关文档和功能得到了充分的完善，API 也在不断更新和改进。

（5）**经济实惠：** 相比于其他大模型提供商，OpenAI 的 GPT 模型的定价较为合理。

下面讲解如何得到 OpenAI API Key。

（1）单击OpenAI官网首页[1]右上角的"**Log in**"按钮，登录我们的账号。

（2）右键单击头像，在右键快捷菜单中选择"**View API keys**"选项，如图 2-1 所示。

图 2-1

（3）在新打开的页面中单击"**Create new secret key**"按钮，如图 2-2 所示。

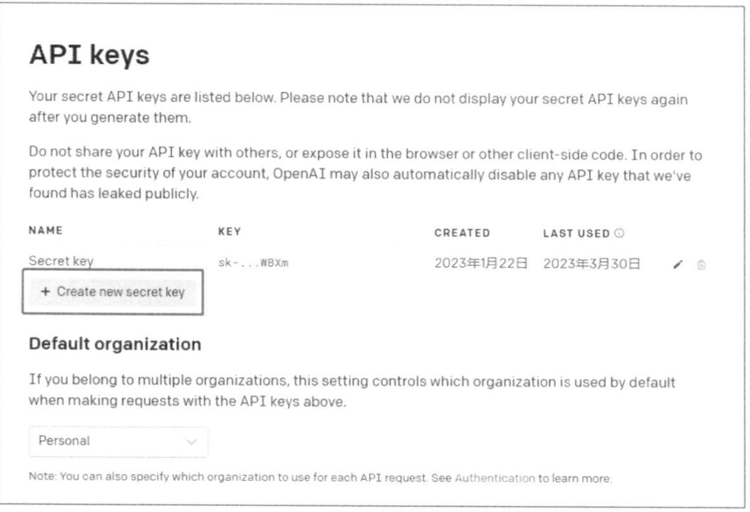


图 2-2

（4）此时会弹出一个输入框，我们在弹出的输入框中输入我们这个 Key 的名字或者用途。在输入完成后，单击"**Create secret key**"按钮即可，如图 2-3 所示。

---

1　请参考链接 2-1。

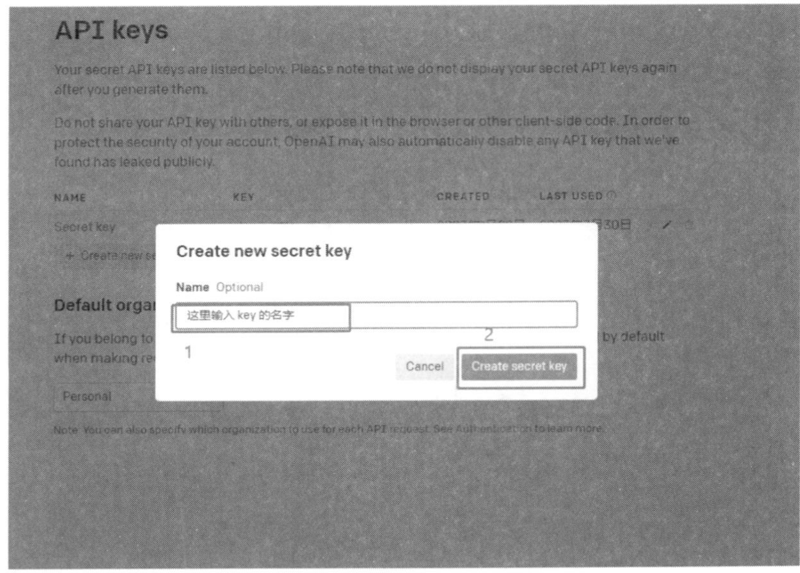


图 2-3

（5）等待片刻后，会生成我们所用到的 Key。这时，我们只需单击右侧的复制按钮，将生成的 Key 复制并保存起来，然后单击“Done”按钮即可，如图 2-4 所示。需要特别要注意的是，这个 Key 只会在此刻显示，如果我们没有在此刻复制这个 Key，直接单击了“Done”按钮，那么就无法获取这次生成的 Key，只能重新生成。

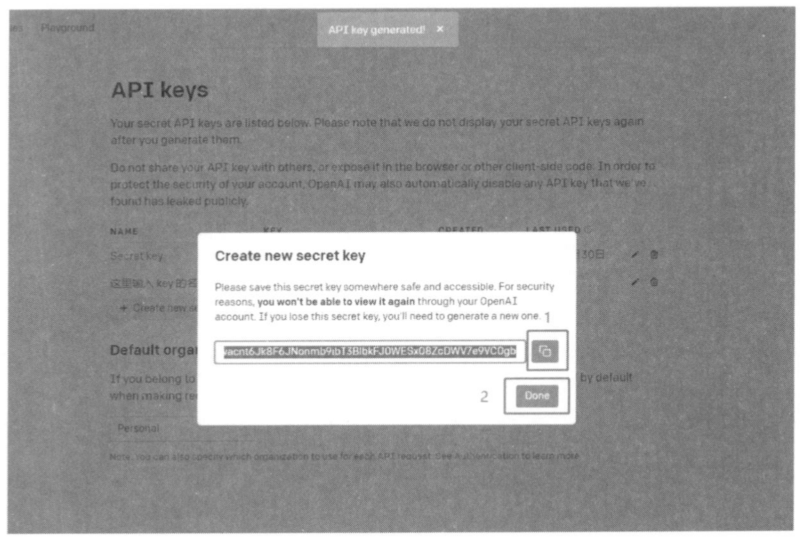


图 2-4

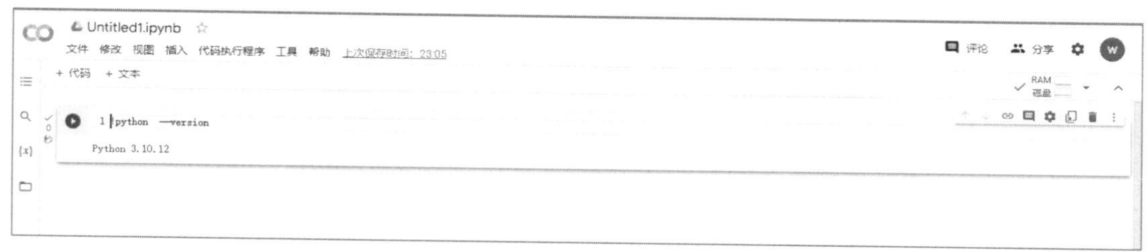


图 2-7

# 2.3 使用本地 Anaconda + JupyterLab 进行交互式编程

## 2.3.1 什么是 Anaconda

Anaconda 是一个用于数据科学、机器学习和科学计算的开源 Python 发行版。它包含了大量的 Python 库和工具，旨在简化 Python 环境的安装、管理和使用。Anaconda 的主要特点和组成部分如下。

（1）**包管理器**：Anaconda 附带了一个名为 conda 的包管理器，它可以帮助用户安装、更新和管理 Python 包和依赖项。conda 不仅可以管理 Python 包，还可以管理非 Python 包。

（2）**虚拟环境**：Anaconda 允许用户创建虚拟环境，隔离不同项目的依赖关系。这有助于避免包冲突，确保每个项目都有其独立的 Python 环境。

（3）**科学计算库**：Anaconda 包含了大量的科学计算和数据分析库，比如 NumPy、Pandas、Matplotlib 和 SciPy 等。这些库使数据科学家和研究人员能够做数据处理、数据分析和数据可视化工作。

（4）**机器学习和深度学习库**：Anaconda 包含了流行的机器学习和深度学习库，比如 Scikit-Learn、TensorFlow、PyTorch 和 Keras。这些库使用户能够构建和训练机器学习模型。

（5）**集成开发环境（IDE）**：Anaconda 可以与各种 IDE 集成，包括 Jupyter Notebook、Spyder 等，以提供强大的编程和分析工具。

（6）**跨平台支持**：Anaconda 支持多个操作系统，包括 Windows、macOS 和 Linux，这使得用户能够在不同的平台上使用相同的 Python 环境和工具。

Anaconda 的一个重要优点是它的便捷性和可扩展性，使得它特别适用于数据科学家和研究人员，因为他们经常需要使用多种库和工具来处理和分析数据。通过 Anaconda，用户可以轻松地配置和管理复杂的 Python 环境，更高效地进行数据分析和开发工作。

## 2.3.2 安装与使用 Anaconda

首先打开Anaconda的官方网站[1]，然后单击“Download”按钮下载即可。

因为Anaconda是一个国外的网站，下载速度可能比较慢，所以我们使用清华大学提供的镜像源进行下载[2]。打开该网站后，我们根据系统选择对应版本的安装包即可，一般选择对应系统的最高版本就可以了，如图 2-8 所示。

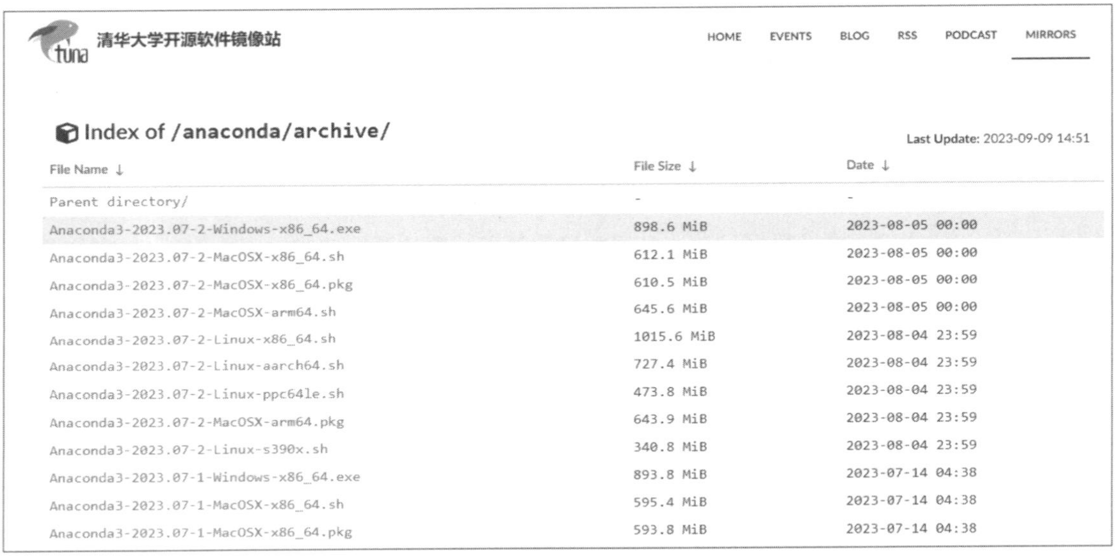

清华大学开源软件镜像站 HOME EVENTS BLOG RSS PODCAST MIRRORS

Index of /anaconda/archive/

Last Update: 2023-09-09 14:51

| File Name ↓ | File Size ↓ | Date ↓ |
| --- | --- | --- |
| Parent directory/ | - | - |
| Anaconda3-2023.07-2-Windows-x86_64.exe | 898.6 MiB | 2023-08-05 00:00 |
| Anaconda3-2023.07-2-MacOSX-x86_64.sh | 612.1 MiB | 2023-08-05 00:00 |
| Anaconda3-2023.07-2-MacOSX-x86_64.pkg | 610.5 MiB | 2023-08-05 00:00 |
| Anaconda3-2023.07-2-MacOSX-arm64.sh | 645.6 MiB | 2023-08-05 00:00 |
| Anaconda3-2023.07-2-Linux-x86_64.sh | 1015.6 MiB | 2023-08-04 23:59 |
| Anaconda3-2023.07-2-Linux-aarch64.sh | 727.4 MiB | 2023-08-04 23:59 |
| Anaconda3-2023.07-2-Linux-ppc64le.sh | 473.8 MiB | 2023-08-04 23:59 |
| Anaconda3-2023.07-2-MacOSX-arm64.pkg | 643.9 MiB | 2023-08-04 23:59 |
| Anaconda3-2023.07-2-Linux-s390x.sh | 340.8 MiB | 2023-08-04 23:59 |
| Anaconda3-2023.07-1-Windows-x86_64.exe | 893.8 MiB | 2023-07-14 04:38 |
| Anaconda3-2023.07-1-MacOSX-x86_64.sh | 595.4 MiB | 2023-07-14 04:38 |
| Anaconda3-2023.07-1-MacOSX-x86_64.pkg | 593.8 MiB | 2023-07-14 04:38 |

图 2-8

安装很简单，基本设置无须修改，一直单击“下一步”按钮即可。在安装完成后，我们就可以打开 Anaconda Navigator 了。在 Anaconda Navigator 页面，我们需要创建一个环境，首先选择左侧的“Environments”选项切换到创建环境面板，如图 2-9 所示。

单击下方的“Create”按钮，在弹出的窗口中依次设置 Name 和 Python 版本。这里我们选择使用 Python 3.10.12 版本，然后单击“Create”按钮，如图 2-10 所示。

1 请参考链接 2-3。

2 请参考链接 2-4。

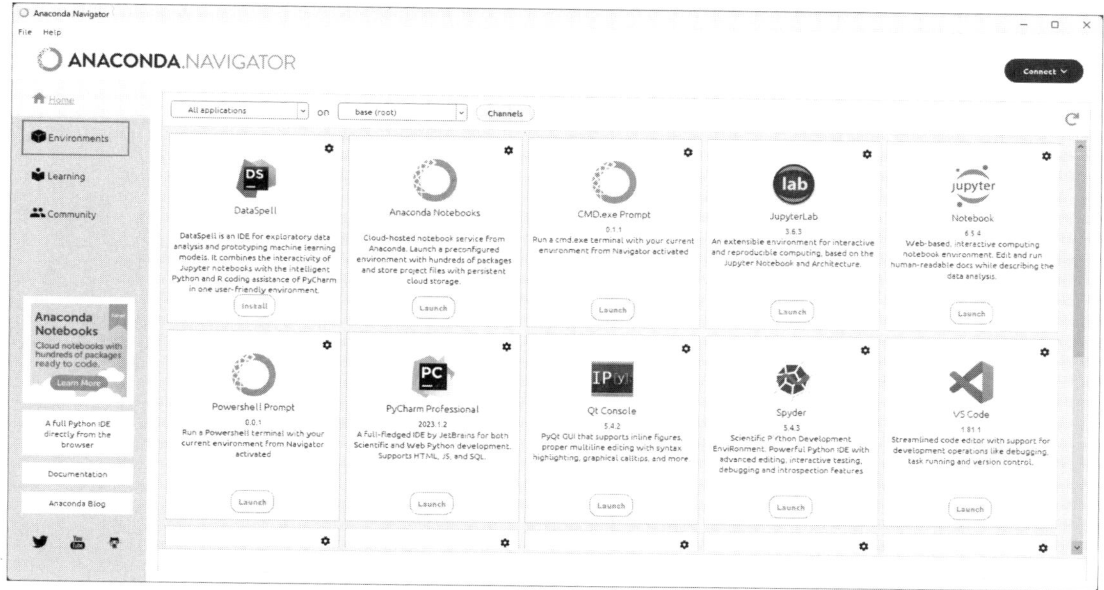

图 2-9

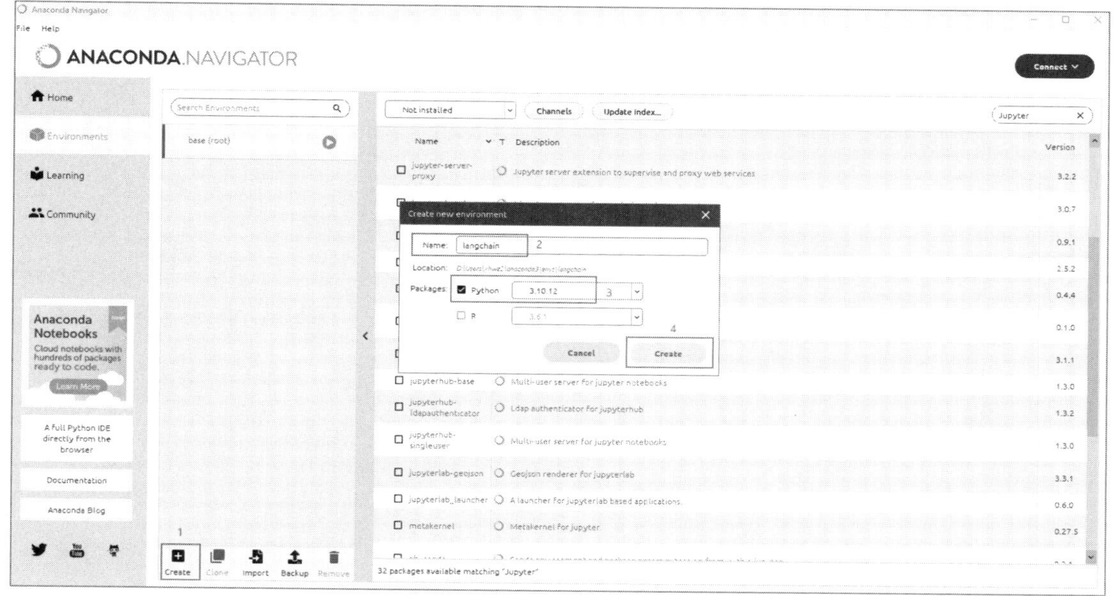

图 2-10

单击左侧的“Home”选项回到首页，选择我们刚刚创建的 langchain 环境，在下方找到 JupyterLab，单击“Install”按钮安装，如图 2-11 所示。

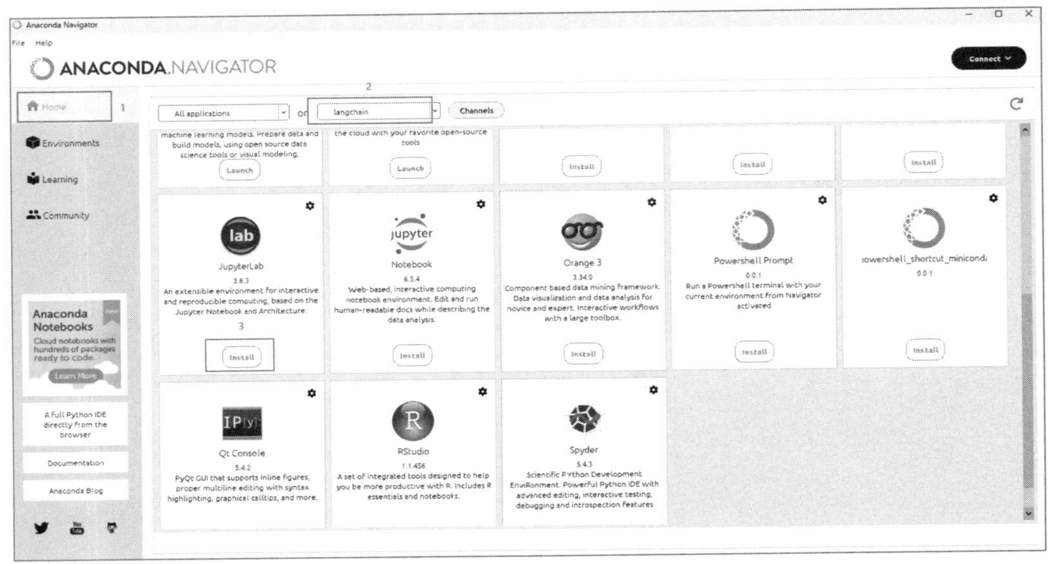


图 2-11

在安装完成后，我们单击 JupyterLab 下面的“Launch”按钮即可启动 JupyterLab 环境，如图 2-12 所示。

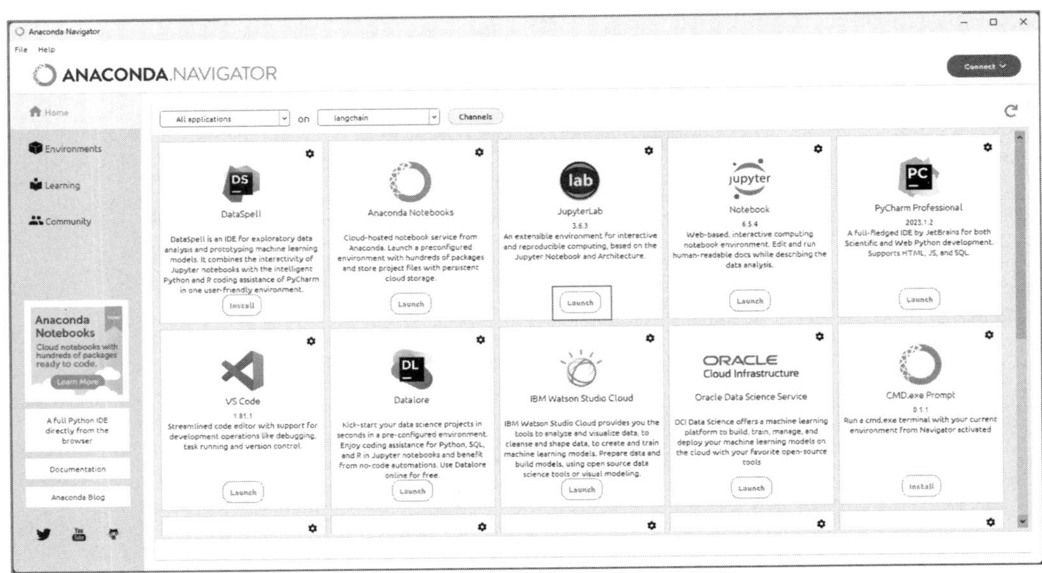


图 2-12

此时，浏览器会自动打开 JupyterLab 页面。当前的 JupyterLab 页面是英文的，如果想切换成中文页面，则需要先安装 JupyterLab 的语言包，单击页面上的“Terminal”选项，如图 2-13 所示。

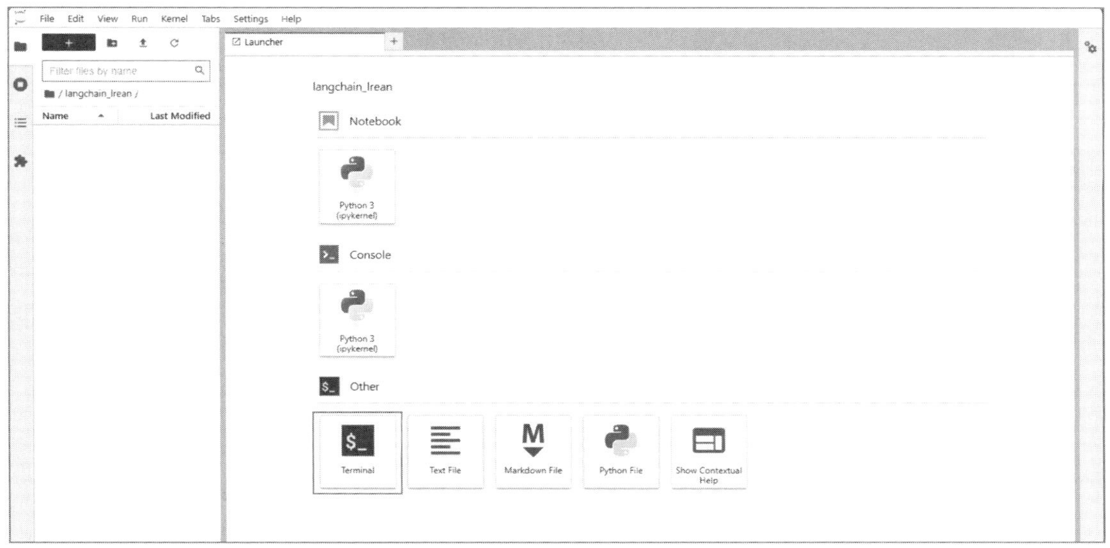


图 2-13

在新打开的页面中执行 `pip install jupyterlab-language-pack-zh-CN` 命令，如图 2-14 所示。

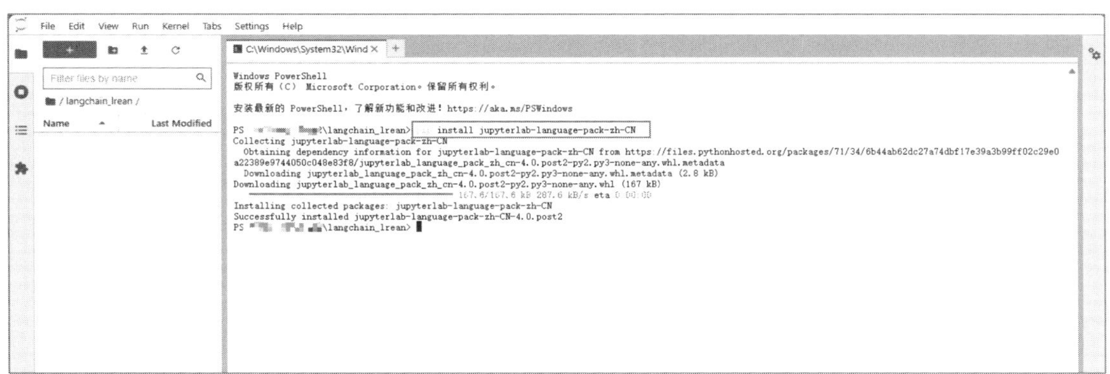


图 2-14

关闭 JupyterLab 网页，重新单击 Anaconda Navigator 页面中 JupyterLab 下面的“Launch”按钮，启动 JupyterLab，就可以在“Settings”菜单的“Language”选项中看到“Chinese”这个选项了，我们选择它，如图 2-15 所示，在弹出的选项中选择“Change and reload”选项。

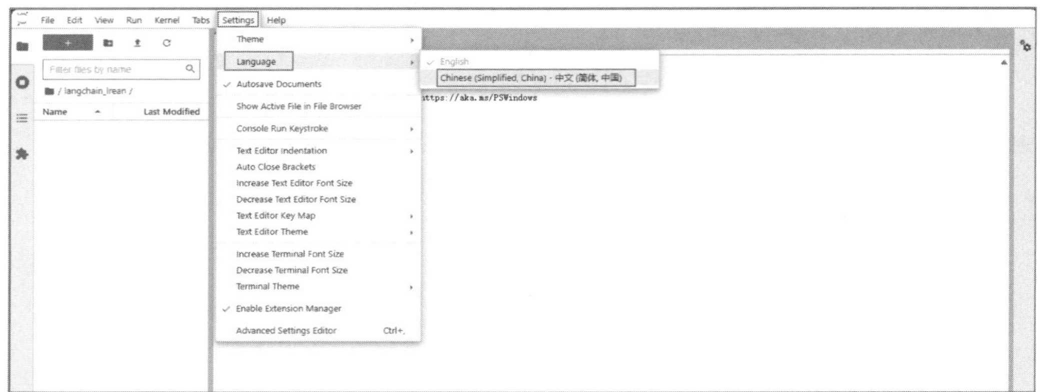


图 2-15

重新加载后，可以看到此时的界面已经是中文的了，如图 2-16 所示。

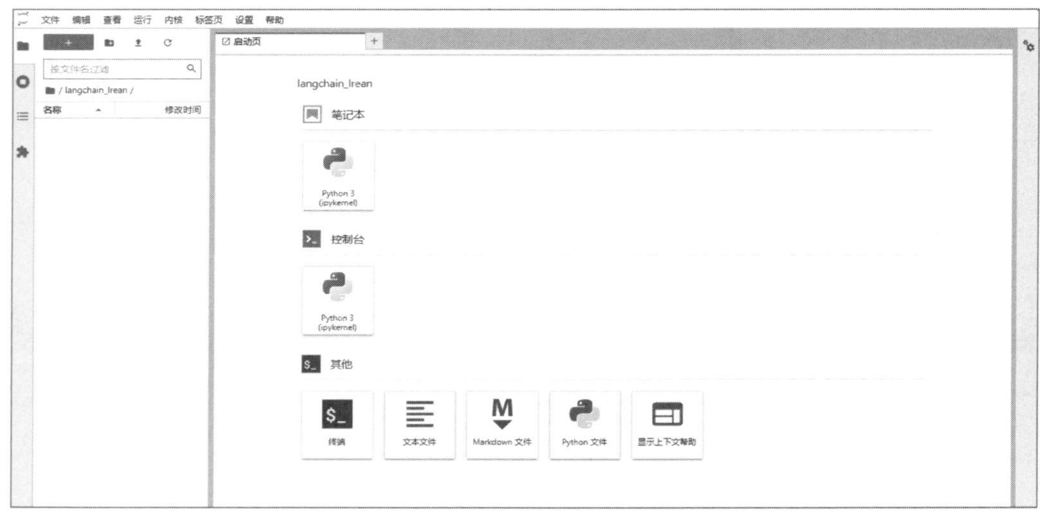


图 2-16

## 2.4 安装 LangChain 库

本书将以 Python 版本的 LangChain 进行讲解，并且大都使用的是 OpenAI 的大语言模型，因此我们需要先安装这两个 Python 库。

目前 LangChain 提供了以下三种安装命令。

- `pip install langchain`：这个命令安装的 LangChain 包含了最少的依赖，可能会在使用某些功能时缺失一些依赖库，后续需要手动安装。

- `pip install langchain[llms]`：这个命令安装的 LangChain 会将常用的大语言模型库的依赖库一并安装了，比如 OpenAI 这个依赖库。
- `pip install langchain[all]`：这个命令会安装 LangChain 的全部依赖库，后续几乎无须再安装其他依赖库。但是这个安装命令会安装特别多的第三方依赖库，并且会安装很多我们可能以后也用不上的依赖库，因此安装时间特别长。

我们可以根据实际需要选择安装 LangChain 的命令，这里为了后面讲解方便，选择了 `pip install langchain[llms]`这个命令。执行这个命令的方法很简单，不管在 Colab 还是 JupyterLab 上，都可以使用`!pip install langchain[llms]`命令来进行安装，如图 2-17 所示。

图 2-17

如果之前安装过 LangChain，则可以使用`!pip install -U langchain` 命令将 LangChain 更新到最新版本（因为本书在写作时，LangChain 还没有发布 0.1 版本。所以运行本书代码时，推荐使用 LangChain 0.1 之前的版本，如 0.0.354）。

在安装完成后，需要配置一个 OpenAI API Key 的环境变量来保证我们能正常使用 OpenAI 的大语言模型。在默认情况下，LangChain 会从环境变量 `OPENAI_API_KEY` 中读取 OpenAI API Key。请务必保护好你的 OpenAI API Key，不要将其明文嵌入代码中或提交到公共代码仓库。这里建议使用.env 文件和 python-dotenv 包来管理 OpenAI API Key。当然，如果你有自己的中转服务，则也可以通过设置 `OPENAI_API_BASE` 这个变量来指定服务的 URL。在默认情况下，LangChain 将使用 OpenAI 的公共 API 地址。

```
import os

# 设置 OpenAI API Key
os.environ['OPENAI_API_KEY'] = '您的有效 OpenAI API Key'

# 设置OpenAI的中转地址 1
# 也可以使用 OPENAI BASE URL
os.environ['OPENAI_API_BASE'] = '您的有效的中转地址'
```

至此我们的准备工作就全部完成了，下面我们开始深入学习 LangChain 的相关模块。

1 请参考链接 2-5。

# 第 3 章 Model（模型）

## 3.1 Model 简介

Langchain 所封装的模型分为三类：

- LLM 类模型。
- Chat 类模型。
- Embedding 类模型。

LangChain 本身并不具有自己的大语言模型，而是提供了一个与多种大语言模型交互的标准接口。它与多个模型供应商合作，包括 OpenAI、ChatGLM、HuggingFace 等，目前已集成了几十种大语言模型。本书中提到的模型默认为 OpenAI 提供的模型，除非另有特殊说明。

需要特别指出的是，LangChain 对大语言模型的封装，比如对 OpenAI 模型的封装，实际上指的是对 OpenAI API 接口的封装。

LangChain支持的大语言模型可以在接口文档中查看[1]，如图 3-1 所示。

---

1　请参考链接 3-1。

| Classes | |
|---|---|
| llms.ai21.AI21 | AI21 large language models. |
| llms.ai21.AI21PenaltyData | Parameters for AI21 penalty data. |
| llms.aleph_alpha.AlephAlpha | Aleph Alpha large language models. |
| llms.amazon_api_gateway.AmazonAPIGateway | Amazon API Gateway to access LLM models hosted on AWS. |
| llms.amazon_api_gateway.ContentHandlerAmazonAPIGateway() | Adapter to prepare the inputs from Langchain to a format that LLM model expects. |
| llms.anthropic.Anthropic | Anthropic large language models. |
| llms.anyscale.Anyscale | Anyscale Service models. |
| llms.aviary.Aviary | Aviary hosted models. |
| llms.aviary.AviaryBackend(backend_url, bearer) | Aviary backend. |
| llms.azureml_endpoint.AzureMLEndpointClient(...) | AzureML Managed Endpoint client. |
| llms.azureml_endpoint.AzureMLOnlineEndpoint | Azure ML Online Endpoint models. |
| llms.azureml_endpoint.ContentFormatterBase() | Transform request and response of AzureML endpoint to match with required schema. |
| llms.azureml_endpoint.DollyContentFormatter() | Content handler for the Dolly-v2-12b model |
| llms.azureml_endpoint.GPT2ContentFormatter() | Content handler for GPT2 |
| llms.azureml_endpoint.HFContentFormatter() | Content handler for LLMs from the HuggingFace catalog. |
| llms.azureml_endpoint.LlamaContentFormatter() | Content formatter for LLaMa |
| llms.azureml_endpoint.OSSContentFormatter() | Deprecated: Kept for backwards compatibility |
| llms.bananadev.Banana | Banana large language models. |
| llms.base.BaseLLM | Base LLM abstract interface. |
| llms.base.LLM | Base LLM abstract class. |
| llms.baseten.Baseten | Baseten models. |
| llms.beam.Beam | Beam API for gpt2 large language model. |
| llms.bedrock.Bedrock | Bedrock models. |
| llms.bedrock.BedrockBase | Create a new model by parsing and validating input data from keyword arguments. |
| llms.bedrock.LLMInputOutputAdapter() | Adapter class to prepare the inputs from Langchain to a format that LLM model expects. |
| llms.bittensor.NIBittensorLLM | NIBittensorLLM is created by Neural Internet (https://ne[illegible]linternet.ai/), powered by Bittensor, a decentralized network full of different AI models. |
| llms.cerebriumai.CerebriumAI | CerebriumAI large language models. |
| llms.chatglm.ChatGLM | ChatGLM LLM service. |
| llms.clarifai.Clarifai | Clarifai large language models. |

图 3-1

文本嵌入模型将在第 5 章的 Data Connection（数据连接）部分进行详细讲解。在本章中，我们主要关注 LLM 类模型和 Chat 类模型。

# 3.2 LLM 类模型

## 3.2.1 简介

LLM类模型是一种基于统计的机器学习模型，用于对文本数据进行建模和生成。这类模型通过学习和捕捉文本数据中的语言模式、语法规则和语义关系，能够生成连贯且符合语言规则的文本。因为LLM类模型的工作原理不是本书要讲的内容，因此这里不再赘述。对LLM类模型的运行原理感兴趣的读者可以看动态科普网站Generative AI exists because of the transformer。[1]

1 请参考链接 3-2。

在 LangChain 中，LLM 类模型特指文本补全模型（Text Completion Model）。文本补全模型是一种基于语言模型的机器学习模型，其工作原理是根据给定的上下文语境和语言规则，自动推断出最有可能出现的下一个文本。简而言之，输入一条文本，文本补全模型将生成一条与上下文一致且符合语言规则的文本作为输出，如图 3-2 所示。

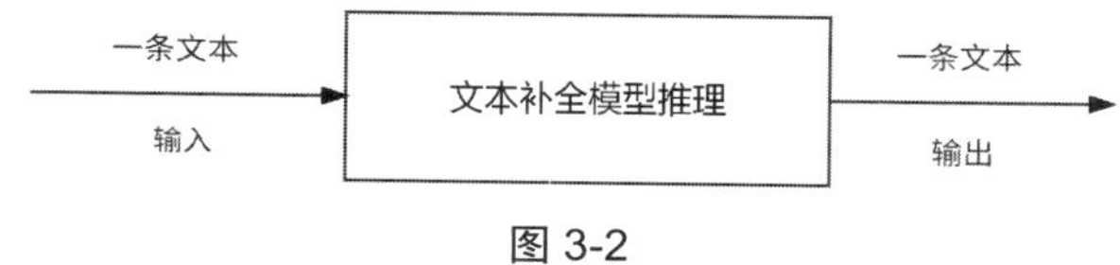


图 3-2

## 3.2.2　代码讲解

我们首先从 langchain.llms 中导入要使用的大语言模型，比如 OpenAI，然后实例化该对象。

```
# 新版的 LangChain 将 OpenAI 和 ChatOpenAI 对象
# 迁移到了 langchain_openai 库中
# 可以通过 pip install langchain_openai 进行安装
# 使用 from langchain_openai import OpenAI 进行导入
from langchain.llms import OpenAI

# 实例化 OpenAI 对象，并指定 model_name 参数为要使用的模型
# 默认为 text-davinci-003
llm = OpenAI(model_name='text-davinci-003')
```

目前有三种方法可以执行该大语言模型，具体如下。

（1）调用对象的__call__方法，返回对象的类型是字符串。

```
res = llm('你是谁？')
```

（2）调用对象的 predict 方法，返回对象的类型是字符串。

```
res = llm.predict('你是谁？')
```

实际上，调用对象的 predict 方法就相当于调用对象的__call__方法，以下是 predict 方法的源码。从源码中可以看出，它最后返回的是 self 对象的实例化。

```
def predict(
    self, text: str, *,
    stop: Optional[Sequence[str]] = None,
    **kwargs: Any
    ) -> str:
    if stop is None:
        _stop = None
    else:
```

```
        _stop = list(stop)
    return self(text, stop=_stop, **kwargs)
```

（3）当我们想批量获取回答时，可以直接调用对象的 generate 方法，传入的参数必须是一个列表，返回对象的类型是 langchain.schema.output.LLMResult。我们可以通过 generations 属性获取生成数据的列表，列表中的每个对象的类型都是 langchain.schema.output.Generation。也可以使用 llm_output 属性获取大语言模型接口返回的数据，比如 Token 用量、模型名称等。因为 langchain.schema.output.LLMResult 继承的是 langchain.pydantic_v1 的 BaseModel 类，所以也可以直接使用 dict 方法将它的数据转成字典。

langchain.pydantic_v1 其实就是 pydantic 库，只不过这里强制使用了 pydantic 库的 V1 版。

```
res = llm.generate(
    ['请给我讲一个笑话','请给我讲一个故事']
)
print(type(res))
print(res.llm_output)

for data in res.generations:
    print(data)
    print(type(data[0]))

print(res.dict())
```

这时，我们会发现一个问题，即模型返回的内容不全，这是因为默认的最大 Token 值太小了，我们只需要修改 max_tokens 参数即可（默认为 256）。

我们可以在初始化 OpenAI 这个对象的时候修改该属性。

```
llm = OpenAI(
    model_name='text-davinci-003',
    max_tokens=2048
)
```

或者在实例化完成后修改该属性。

```
llm.max_tokens = 2048
```

完整代码如下。

```
from langchain.llms import OpenAI

llm = OpenAI(
    model_name='text-davinci-003',
    # max_tokens=2048
    )
```

```
llm.max_tokens = 2048

# 使用 __call__方法
res = llm('你是谁？ ')
print(res)
print(type(res))

# 使用 predict 方法
res = llm.predict('你是谁？ ')
print(res)
print(type(res))

# 使用 generate 方法
res = llm.generate(
    ['请给我讲一个笑话','请给我讲一个故事']
)
print(type(res))
print(res.llm_output)
for data in res.generations:
    print(data)
    print(type(data[0]))

print(res.dict())
```

执行结果如图 3-3 所示。

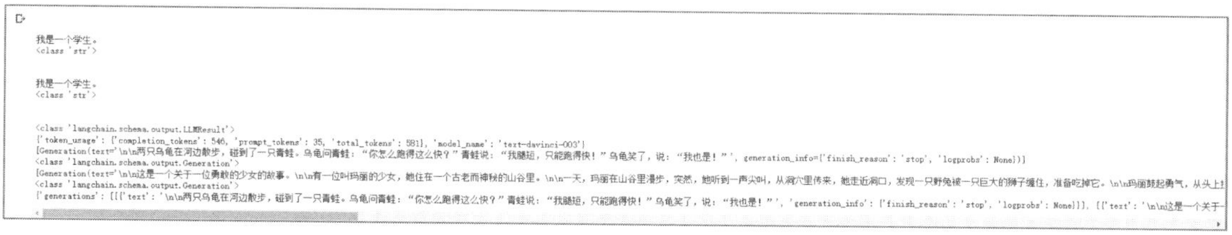

```
我是一个学生。
<class 'str'>

我是一个学生。
<class 'str'>

<class 'langchain.schema.output.LLMResult'>
{'token_usage': {'completion_tokens': 546, 'prompt_tokens': 35, 'total_tokens': 581}, 'model_name': 'text-davinci-003'}
[Generation(text='\n\n两只乌龟在河边散步，碰到了一只青蛙。乌龟问青蛙：“你怎么跑得这么快？”青蛙说：“我腿短，只能跑得快！”乌龟笑了，说：“我也是！”', generation_info={'finish_reason': 'stop', 'logprobs': None})]
<class 'langchain.schema.output.Generation'>
[Generation(text='\n\n这是一个关于一位勇敢的少女的故事。\n\n有一位叫玛丽的少女，她住在一个古老而神秘的山谷里。\n\n一天，玛丽在山谷里漫步，突然，她听到一声尖叫，从洞穴里传来，她走近洞口，发现一只野兔被一只巨大的狮子缠住，准备吃掉它。\n\n玛丽鼓起勇气，从头上
<class 'langchain.schema.output.Generation'>
{'generations': [[{'text': '\n\n两只乌龟在河边散步，碰到了一只青蛙。乌龟问青蛙：“你怎么跑得这么快？”青蛙说：“我腿短，只能跑得快！”乌龟笑了，说：“我也是！”', 'generation_info': {'finish_reason': 'stop', 'logprobs': None}}], [{'text': '\n\n这是一个关于
```

图 3-3

# 3.3 Chat 类模型

## 3.3.1 简介

Chat 类模型是大语言模型的一种变体。尽管它们在底层仍然利用大语言模型的强大能力，但它们在与用户进行交互时采用了不同的使用方法。与传统的大语言模型使用“文本输入和文本输出”的 API 不同，Chat 类模型采用“聊天消息”作为输入和输出。

LangChain 提供了三个常用的消息类，分别是 `AIMessage`、`HumanMessage` 和 `SystemMessage`。它们对应了 OpenAI 聊天模型 API 支持的三个角色模型，即 `assistant`、`user` 和 `system`。它们的作用如表 3-1 所示。

表 3-1

| Langchain Class | Open Role | 作用 |
|---|---|---|
| SystemMessage | system | 用于设定当前聊天的前置背景信息或角色，通常包含的信息有：角色设定、能力、回答的风格或数据结构等，类似于 ChatGPT 的 Custom instructions 功能 |
| HumanMessage | user | 用户向模型提问的消息 |
| AIMessage | assistant | 模型回答的消息 |

请求执行流程如图 3-4 所示。

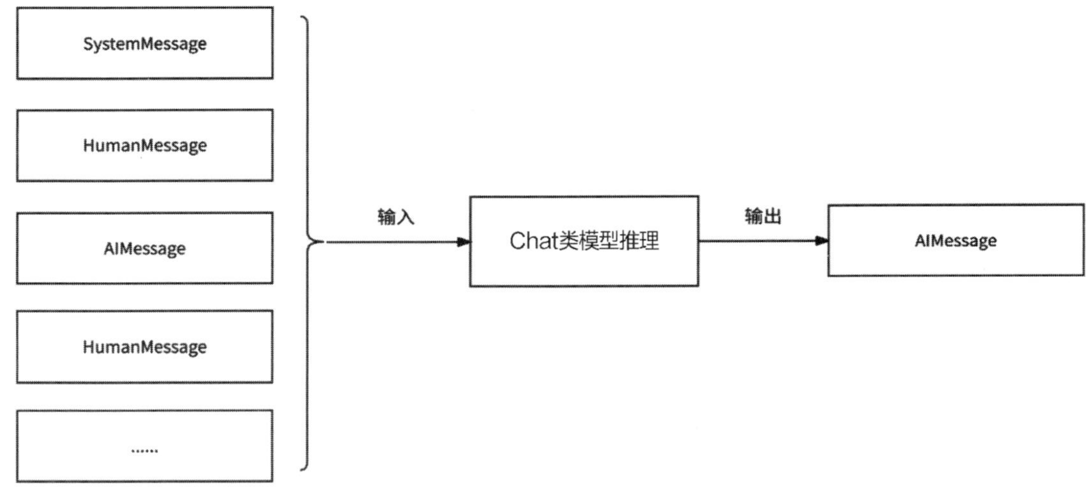


图 3-4

在消息类中，还有一个被称为 `ChatMessage` 的类，它可以设置任意角色的消息，只需在实例化时设置 `role` 参数，来指明自己是哪种角色即可，一般很少用到。

## 3.3.2 代码讲解

首先，我们需要从 `langchain.chat_models` 中导入要使用的 Chat 类模型，比如 ChatOpenAI，然后实例化该对象。

```
from langchain.chat_models import ChatOpenAI
```

常用模型价格可以参考表 3-3 至表 3-5。

表 3-3　GPT-4

| 模型 | 输入 | 输出 |
| --- | --- | --- |
| 8K context | $0.03 / 1000 个 Token | $0.06 / 1000 个 Token |
| 32K context | $0.06 / 1000 个 Token | $0.12 / 1000 个 Token |

表 3-4　GPT-3.5 turbo

| 模型 | 输入 | 输出 |
| --- | --- | --- |
| 4K context | $0.0015 / 1000 个 Token | $0.002 / 1000 个 Token |
| 32K context | $0.003 / 1000 个 Token | $0.004 / 1000 个 Token |

表 3-5　Base models

| 模型 | 费用 |
| --- | --- |
| Ada | $0.0004 / 1000 个 Token |
| Babbage | $0.0005 / 1000 个 Token |
| Curie | $0.0020 / 1000 个 Token |
| Davinci | $0.0200 / 1000 个 Token |

目前一共有两种常用的计算 Token 的方法。

（1）我们可以在官方提供的Tokenizer页面中查看一个文本有多少个Token[1]，如图 3-6 所示。

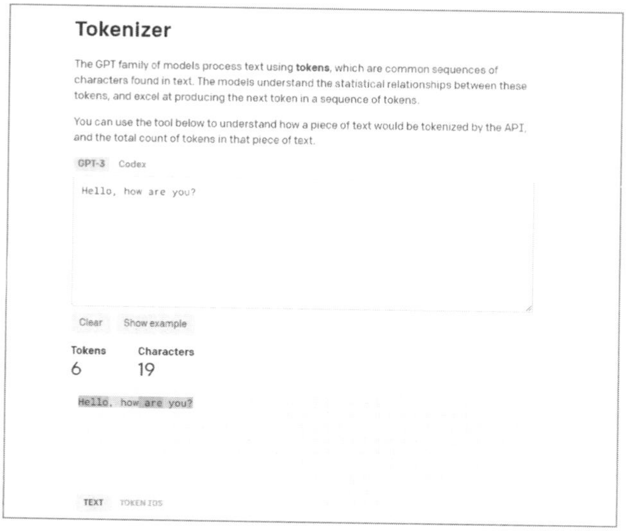

图 3-6

1　请参考链接 3-4。

（2）我们可以使用 OpenAI 官方提供的 tiktoken 库计算一个文本有多少个 Token。在安装时只需执行 `pip install tiktoken` 命令即可，代码如下。

```
import tiktoken

# 通过编码方式实例化
# encoding = tiktoken.get_encoding("cl100k_base")

# 通过模型名称实例化
encoding = tiktoken.encoding_for_model('gpt-3.5-turbo')

num_tokens = len(encoding.encode('Hello, how are you?'))
print(num_tokens)
```

其中，tiktoken 支持三种 OpenAI 模型的编码方式，如表 3-6 所示。

表 3-6

| 编码方式 | OpenAI 模型 |
|---|---|
| cl100k_base | GPT-4、GPT-3.5-turbo 和 text-embedding-ada-002 |
| p50k_base | Codex 模型，比如 text-davinci-002 和 text-davinci-003 |
| r50k_base(or gpt2) | GPT-3 模型，比如 davinci 和 ada |

## 3.5.2 文本补全 API：Completion

文本补全 API 对应的 LangChain 中的大语言模型是 `OpenAI` 对象。对应的 API 路由是：/v1/completions。这个 API 的使用方法也很简单，代码如下。

```
import openai

response = openai.Completion.create(
  model='text-davinci-003',
  prompt='你是谁？'
)
print(response)
print(response['choices'][0]['text'])
```

执行结果如图 3-7 所示。这里有一个警告，它告诉你text-davinci-003 这个模型在 2024 年 4 月会被弃用。[1]

---

1 请参考链接 3-5。

```
{
  "warning": "This model version is deprecated. Migrate before January 4, 2024 to avoid disruption of service. Learn more https://platform.openai.com/docs/deprecations",
  "id": "cmpl-7xcxBsydjZMUejWR2g6YvATlmtXJM",
  "object": "text_completion",
  "created": 1694445445,
  "model": "text-davinci-003",
  "choices": [
    {
      "text": "\n\n\u6211\u662f\u4e00\u540d\u5b66\u751f\u3002",
      "index": 0,
      "logprobs": null,
      "finish_reason": "stop"
    }
  ],
  "usage": {
    "prompt_tokens": 9,
    "completion_tokens": 12,
    "total_tokens": 21,
    "pre_total": 411,
    "adjust_total": 408,
    "final_total": 3
  },
  "cache": "1b48154602f10dcbcc81665d8df27e1c473ee0a8"
}
```


我是一名学生。

图 3-7

这里只简单地传入了两个参数，其他参数我们会在后面统一进行讲解。

- **model**：要使用的模型的名称。
- **prompt**：提示词字符串。

文本补全 API 的 Prompt 也支持一次提出多个问题，只需传入一个列表即可。

```
import openai

response = openai.Completion.create(
  model='text-davinci-003',
  prompt=['你是谁？ ','你能给我什么帮助？ '],
  max_tokens=2048
)
print(response)
print(response['choices'][0]['text'])
print(response['choices'][1]['text'])
```

执行结果如图 3-8 所示。我们可以观察到它将每个问题的结果都存放在 choices 字段中。由于 API 存在请求速率限制，所以如果我们一次性提出多个问题，则可以使用这种方式间接地避免速率限制。

```
{
  "warning": "This model version is deprecated. Migrate before January 4, 2024 to avoid disruption of service. Learn more https://platform.openai.com/docs/deprecations",
  "id": "cmpl-7yKETOyhm4ugwkxr0x0qxRwbix8ug",
  "object": "text_completion",
  "created": 1694611809,
  "model": "text-davinci-003",
  "choices": [
    {
      "text": "\n\n\u6211\u662f\u4e00\u4e2a\u5b66\u751f\u3002",
      "index": 0,
      "logprobs": null,
      "finish_reason": "stop"
    },
    {
      "text": "\n\n\u6211\u53ef\u4ee5\u7ed9\u60a8\u63d0\u4f9b\u4e13\u4e1a\u7684\u5efa\u8bae\uff0c\u5e2e\u52a9\u60a8\u89e3\u51b3\u95ee\u9898\uff0c\u4e5f\u53ef\u4ee5\u4e3a\u60a8\u63
      "index": 1,
      "logprobs": null,
      "finish_reason": "stop"
    }
  ],
  "usage": {
    "prompt_tokens": 29,
    "completion_tokens": 119,
    "total_tokens": 148,
    "pre_total": 208,
    "adjust_total": 193,
    "final_total": 15
  },
  "cache": "6df1b9743038474d7b8fa85f04b565910feb963a"
}
```


我是一个学生。

我可以给您提供专业的建议，帮助您解决问题，也可以为您提供有用的信息，帮助您做出明智的决定。

图 3-8

## 3.5.3 对话补全 API：Chat Completion

对话补全 API 对应的 LangChain 中的聊天模型是 `ChatOpenAI` 对象，对应的 API 路由是 /v1/chat/completions，代码如下。

```
import openai

response = openai.ChatCompletion.create(
    model='gpt-3.5-turbo',
    messages=[
        {'role': 'system',
         'content': ('You are not an AI assistant,'
                     'you are an outstanding detective novel writer')},
        {'role': 'user', 'content': '你是谁？'}
    ]
)
print(response)
print(response['choices'][0]['message']['content'])
```

执行结果如图 3-9 所示。

```
{
  "id": "chatcmpl-7xdKIRVCzNL6CqHlb9G3GIU6EXyyt",
  "object": "chat.completion",
  "created": 1694446878,
  "model": "gpt-3.5-turbo-0613",
  "choices": [
    {
      "index": 0,
      "message": {
        "role": "assistant",
        "content": "\u6211\u662f\u4e00\u4f4d\u6770\u51fa\u7684\u4fa6\u63a2\u5c0f\u8bf4\u4f5c\u5bb6\u3002"
      },
      "finish_reason": "stop"
    }
  ],
  "usage": {
    "prompt_tokens": 30,
    "completion_tokens": 17,
    "total_tokens": 47,
    "pre_token_count": 4096,
    "pre_total": 42,
    "adjust_total": 41,
    "final_total": 1
  }
}
我是一位杰出的侦探小说作家。
```


图 3-9

这里只简单地传入了下面两个参数。

- **model**：要使用的模型的名称。
- **messages**：我们的问答对。

messages 参数必须是一个列表，列表中的每一个值都应是一个字典。这个字典中有两个键值对，一个是 role，另一个是 content。其中，role 有三个值可以被设置，分别是 system、user 和 assistant。这三个值分别对应着 LangChain 中的三个消息类，即 `SystemMessage`、`HumanMessage` 和 `AIMessage`。

这里要特别说一下 system，这个参数非常有用，我们可以理解为它是“对话语境架构师”。这个功能其实就是 ChatGPT 的 Custom Instruction 功能。通过 system，我们可以很方便地设置当前对话的前置背景知识和角色。比如上面的例子，我们在 system 中设定了它是一位侦探小说作家，后面的问题它都会围绕这个背景角色来进行。比如，当我们问它“他是谁”的时候，它会回答“我是一位杰出的侦探小说作家”，而不是回答“我是一个 AI 助手”。注意，system 的角色设定建议使用英文描述，效果会更佳。

## 3.5.4 常用参数讲解

除了前面介绍的几个参数，OpenAI API 常用的参数如下。

（1）**temperature**：用于调整模型在生成文本时的**创造性程度**，范围在 0 至 2 之间。较高的 temperature 将使模型更有可能生成新颖、独特的文本，而较低的 temperature 则更有可能生成常规的文本。

（2）**top_p**：用于控制模型在生成文本时生成文本的多样性和生成文本的长度，范围在 0~1 之间，值越大，文本的多样性越高。它基于累积概率进行截断，只保留累积概率低于给定阈值的最高概率的词。这样可以确保生成的文本不会过于冗长，并且可以避免生成不太相关或不合理的文本。

（3）**n**：这个参数控制了 API 返回的候选文本的数量，即 API 会生成多少个可能的文本选项供用户选择。由于此参数会生成多条结果，因此它会快速消耗 Token 配额，请谨慎使用。这个参数的默认值为 1，所以在返回的 `response['choices']`列表中，只有 1 条结果。如果设置 `n=3`，那么在 `response['choices']`的列表中就会有 3 条结果供用户选择。

（4）**max_tokens**：生成结果时的最大Token数。每个模型对应的最大Token数，可以在models文档中查看[1]。

（5）**suffix**：Completion 的特有参数。在生成文本后，后缀字符串默认为空。如果给这个参数设置了某个值，那么当模型推理完成后，会将这个参数设置的值拼接到返回的文本后面。这个参数可以用来添加一些额外的文本或标记，比如表示文本结束的符号。需要注意的是，参数 suffix 仅在生成文本的长度不超过 max_tokens 时才会生效。如果生成文本的长度达到了 max_tokens，则 API 将返回生成文本并停止生成，不会再拼接 suffix 的值。

（6）**stream**：是否流式返回数据，默认为 `False`。

（7）**best_of**：Completion 的特有参数。配合参数 n 使用，会从返回的 n 条结果中选择 best_of 条最好的结果返回。这里的“最好的结果”是根据模型对其打分后排序而来的，得分越高的结果排名越靠前。需要特别注意的是，这个值会和参数 n 一样，增加计算量和时间，所以请按需使用。

（8）**stop**：用于指定在生成文本时停止生成的条件，当生成文本中包含指定的字符串或达到指定的最大生成长度时，会自动停止生成。比如，当 `stop=["!"]`时，指在生成的过程中如果出现了感叹号，就会停止生成，并将结果返回。当参数包含多个值时，只要满足其中任意一个条件，就会停止生成。除字符串外，参数还可以接收一个整数，表示生成文本的最大长度。比如，`stop=500`，表示当生成文本的长度达到 500 个 Token 时停止生成。

（9）**echo**：Completion 的特有参数，默认为 `False`。该参数用于将输入的 Prompt 作为生成结果的一部分返回，这可以用于将输入的上下文与生成的文本结果组合在一起，增强文本的可读性和可解释性。根据 OpenAI API 的定价规则，使用该参数不会产生额外的费用。

---

1 请参考链接 3-6。

（10）**logit_bias**：该参数用于对生成的输出结果设置关键词权重，以使生成的文本更加符合特定的条件或偏好。具体来说，该参数将生成的输出偏向于某些给定的单词或短语，从而使生成的文本更加贴合这些条件。

（11）**frequency_penalty**：该参数可以在生成文本时控制模型是否应该生成高频词汇，范围在-2.0 至 2.0 之间。正值会根据新 Token 在文本中的现有频率对其进行惩罚，从而降低文本重复出现的可能性。

（12）**presence_penalty**：该参数可以控制主题的重复度，范围在-2.0 至 2.0 之间。值越大，惩罚力度越大，生成文本的多样性也就越高；值越小，惩罚力度越小，生成文本的多样性也就越低。一般来说，推荐使用默认值（即 0）或者接近默认值的参数值，以保证生成的文本质量和多样性的平衡。

temperature 和 top_p 看起来作用好像差不多，但 temperature 调整的是生成文本的整体随机性，值越大，回答的可能越有创意，也可能更没有事实依据。值越小，每次回答可能越相似，回答更接近事实（训练数据）。当模型根据上文计算下一个 Token 时，它会先得到一组候选 Token 及每个 Token 的概率，然后使用 softmax 算法来调整候选项的概率分布，这时 temperature 就会起作用。我们可以使用下面的代码生成在不同的 temperature 下各个 Token 计算后的概率折线图。

```
import numpy as np
import pandas as pd
from matplotlib import pyplot as plt


def softmax(x: list):
    x = np.array(x)
    max_val = x.max()
    e_x = np.exp(x - max_val)
    return e_x / e_x.sum()


token_chance = [0.72, 0.58, 0.35, 0.15, 0.06]

data = {}
temperatures = [0.1, 0.5, 1, 2]
for temperature in temperatures:
    data.update({
        f'temperature {temperature}': softmax(
            [x / temperature for x in token_chance]
        )
    })

pd.DataFrame(data).plot.line()
plt.show()
```

执行结果如图 3-10 所示。我们有一组 Token，被使用的概率分别为 0.72、0.58、0.35、0.15 和 0.06（这个概率的值取决于训练方法和训练数据）。当 temperature 的值越大时，每个 Token 被使用到的概率越平均；当 temperature 的值越小时，原始计算出来的概率越大，越容易被使用到。当 temperature 为 0 时，模型会直接使用原始概率最大的 Token，即每次询问几乎都会得到相同的回答。

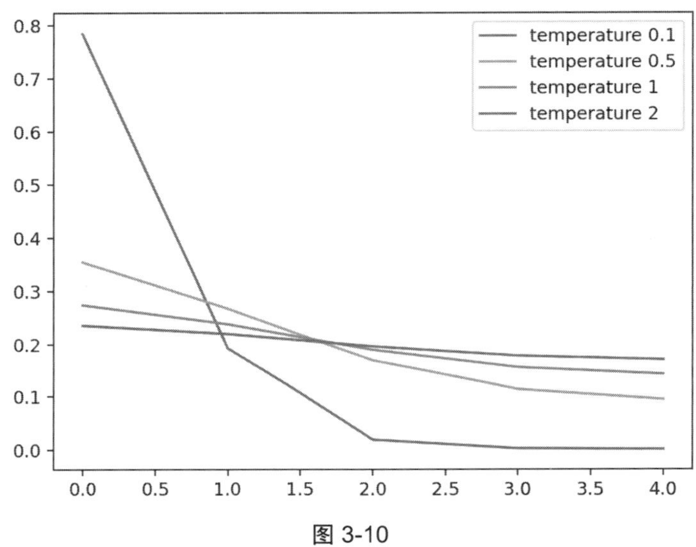


图 3-10

top_p 接收的是一个累积概率，影响的是候选 Token 的数量。比如，我们有一组 Token，被使用的概率分别为 0.71、0.28、0.15 和 0.1。当 top_p 为 1 时，先对 Token 被使用的概率进行排序，看看第一个 Token 被使用的概率是否小于或等于 1。如果小于或等于 1（0.71），就用第一个 Token 被使用的概率+第二个 Token 被使用的概率，再去判断是否小于或等于 1。如果小于或等于 1（比如 0.99），再计算第三个和前两个的和是否小于或等于 1，因为此时的和为 1.14，大于设置的 top_p 的值，所以候选 Token 从原来的 4 个变成了 2 个。

top_p 主要用于控制文本生成的可控性，可以把较低概率的单词过滤掉，适用于需要保持一致性和符合特定规则的任务；而 temperature 主要用于增加文本生成的多样性和创造性，适用于需要创意性和多样性的任务。一般来说，temperature 和 top_p 不会同时使用，只需根据使用场景选择其一即可。表 3-7 提供了一些常用的使用场景及建议的值。

表 3-7

| 使用场景 | temperature | top_p | 描述 |
| --- | --- | --- | --- |
| 代码生成 | 0.2 | 0.1 | 生成遵循已建立模式和约定的代码，输出更具确定性 |

续表

| 使用场景 | temperature | top_p | 描述 |
| --- | --- | --- | --- |
| 创意内容写作 | 0.7 | 0.8 | 生成用于叙事的创意和多样化文本。输出更具探索性，不受模式的限制 |
| 聊天类机器人 | 0.5 | 0.5 | 生成更自然、更多样性的对话回应 |
| 代码注释生成 | 0.3 | 0.2 | 生成更加简洁和相关的代码注释。输出更具确定性 |
| 数据分析程序 | 0.2 | 0.1 | 生成更可能正确且高效的数据分析程序。输出更具确定性 |
| 探索性代码编写 | 0.6 | 0.7 | 生成创造性的代码。输出不受已建立模式的限制 |

以上是对一些常用参数的讲解，读者如果对其他参数感兴趣，则可以参考官方文档[1]。

### 3.5.5 函数调用

2023 年 6 月 13 日，OpenAI 发布了一次重大更新。其中，最引人注目的变化是聊天模型开始支持函数调用功能。这意味着大语言模型可以让我们使用自定义的函数来计算，从而大大提高其回答的准确性。下面我们以让大语言模型回答指定城市气温为例，来看看如何使用它。

首先，我们定义一个希望大语言模型使用的函数描述列表，代码如下。

```
functions = [
    {
        'name': 'get_city_temperature',
        'description': '通过城市名称获取城市当前气温',
        'parameters': {
            'type': 'object',
            'properties': {
                'city_name': {
                    'type': 'string',
                    'description': '城市名称',
                },
            },
            'required': ['city_name'],
        },
    }
]
```

1 请参考链接 3-7。

每个函数描述都需要设置待调用函数的名称 name，以及这个函数的对应功能 description。当需要传入参数时，需要在 properties 中设置每个参数的信息，以及哪些参数是必传参数 required。

其次，我们创建一个 get_city_temperature 函数，用于后续调用。

```
def get_city_temperature(city_name):
    return '20 度'
```

接着，我们调用聊天模型的接口进行请求。

```
import openai

query = '杭州今天的气温是多少？'
response = openai.ChatCompletion.create(
    model='gpt-3.5-turbo',
    messages=[{'role': 'user', 'content': query}],
    functions=functions,
    function_call='auto'
)
```

这时，需要传入 functions 参数，值就是我们定义的函数描述列表。function_call 的默认值为 auto，大语言模型会自动选择 functions 列表中的函数作为要调用的函数。如果希望指定使用某个函数，则可以通过{'name': 'get_city_temperature'}来设置。如果想禁用 function_call 的功能，则可以将该值设置成 none。

在执行完上面的内容后，大语言模型选择调用的函数名称和对应的参数与值都会被放到 response['choices'][0]['message']['function_call']中，这时，我们就可以通过 Python 的 globals 动态地执行对应的函数了。

```
import json

response_message = response['choices'][0]['message']
function_name = response_message['function_call']['name']
function_args = json.loads(
    response_message['function_call']['arguments']
)

function_res = globals()[function_name](**function_args)
```

之后，我们将 function_res 返回的结果传给大语言模型，用于生成最终的回答。

```
second_response = openai.ChatCompletion.create(
    model='gpt-3.5-turbo',
```

```
    messages=[
        {'role': 'user', 'content': query},
        response_message,
        {
            'role': 'function',
            'name': function_name,
            'content': function_res,
        },
    ],
)

print(second_response['choices'][0]['message']['content'])
```

我们需要重新构建一个 messages 列表。其中，第一个 message 字典还是最初提问的内容；第二个 message 是上一次返回的 response_message；第三个 message 是一个 role 为'function'，name 为刚才调用的 function_name，content 为 function_name 函数对应的结果所构成的字典。

最后，我们通过 second_response['choices'][0]['message']['content']即可得到最终的结果。

```
>>杭州今天的气温是 20 度。
```

ChatOpenAI 对象使用函数调用的方式也很简单，仍以实现刚才的需求为例，代码如下。

```
import json
from langchain.chat_models import ChatOpenAI
from langchain.schema import HumanMessage, AIMessage, ChatMessage

functions = [
    {
        'name': 'get_city_temperature',
        'description': '通过城市名称获取城市当前气温',
        'parameters': {
            'type': 'object',
            'properties': {
                'city_name': {
                    'type': 'string',
                    'description': '城市名称',
                },
            },
            'required': ['city_name'],
        },
    }
]
```

```
def get_city_temperature(city_name):
    return '20 度'

llm = ChatOpenAI()
query = '杭州今天的气温是多少？'
message = llm.predict_messages(
    [HumanMessage(content=query)],
    functions=functions
)

function_name = message.additional_kwargs['function_call']['name']
function_args = json.loads(
    message.additional_kwargs['function_call']['arguments']
)
function_res = globals()[function_name](**function_args)

second_response = llm.predict_messages(
    [
        HumanMessage(content=query),
        AIMessage(content=str(message.additional_kwargs)),
        ChatMessage(
            role='function',
            additional_kwargs={'name': function_name},
            content=function_res
        ),
    ]
)
print(second_response)
```

## 3.6 自定义 LangChain 模型类

### 3.6.1 自定义大语言模型

本节介绍如何结合 OpenAI API 自定义一个 LangChain 的 OpenAI 类，这样我们就可以在实际业务中封装一些 LangChain 没有的模型。比如，百度的文心一言、科大讯飞的星火大模型、腾讯的混元大模型，以及我们自己内部训练的大模型等。

大语言模型的继承关系如图 3-11 所示，因此我们想要实现这个类只需继承 `LLM` 类即可。

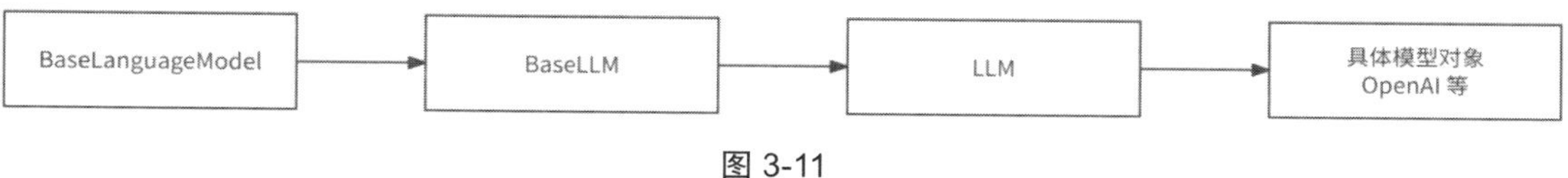


图 3-11

首先导入 `LLM` 类，然后自定义一个 `MyOpenAI` 类来继承 `LLM` 类，接着在类方法中定义它在初始化时可以使用哪些参数，这里就简单地设置三个参数：`model_name`、`temperature` 和 `max_tokens`。

```
from langchain.llms.base import LLM

class MyOpenAI(LLM):
    model_name: str = 'text-davinci-003'
    max_tokens: int = 256
    temperature: float = 0.1
```

下面我们实现三个最基本的方法。

- **_llm_type**：这个方法主要用来定义这个模型类的类型。当对象调用 `dict` 方法时，会将该函数返回的内容保存在结果的 `_type` 键值对中。
- **_identifying_params**：当对象调用 `dict` 方法时，这个方法用于设置要返回的数据。
- **_call**：这个方法是大语言模型用来执行的方法，3.2 节讲解过，LangChain 的大语言模型都是调用 `__call__` 方法执行的，因此这个方法就定义了我们要执行的函数内容。

完整代码如下。

```
from typing import Any, List, Mapping, Optional

import openai
from langchain.llms.base import LLM
from langchain.llms.utils import enforce_stop_tokens
from langchain.callbacks.manager import CallbackManagerForLLMRun


class MyOpenAI(LLM):
    model_name: str = 'text-davinci-003'
    max_tokens: int = 256
    temperature: float = 0.1

    @property
    def _llm_type(self) -> str:
```

```
        return 'my_openai'

    @property
    def _identifying_params(self) -> Mapping[str, Any]:
        return {
            'model_name': self.model_name,
            'max_tokens': self.max_tokens,
            'temperature': self.temperature
        }

    def _call(
        self,
        prompt: str,
        stop: Optional[List[str]] = None,
        run_manager: Optional[CallbackManagerForLLMRun] = None,
    ) -> str:
        response = openai.Completion.create(
            model=self.model_name,
            prompt=prompt,
            max_tokens=self.max_tokens,
            temperature=self.temperature
        )
        text = response['choices'][0]['text']

        # 使用内置的 enforce_stop_tokens 方法处理 stop
        if stop is not None:
            text = enforce_stop_tokens(text, stop)

        return text
```

下面我们写一些测试代码并执行看看效果。

```
my_openai = MyOpenAI(temperature=0.5)


print('my_openai dict function:', my_openai.dict())
print('my_openai response:', my_openai('你是谁？'))
```

执行结果如图 3-12 所示。可以看到，当我们执行 my_openai.dict()时，会调用_identifying_params 方法获取返回值，并插入一个键为_type，值为_llm_type 方法的返回值的一个键值对。同时，当我们执行 my_openai('你是谁？')时，会执行我们的_call 方法。

```
my_openai dict function: {'model_name': 'text-davinci-003', 'max_token': 256, 'temperature': 0.5, '_type': 'my_openai'}
my_openai response:

我是一个学生。
```

图 3-12

## 3.6.2　自定义聊天模型

聊天模型的继承关系如图 3-13 所示，因此我们想要实现具体聊天模型对象，只需继承 BaseChatModel 类即可。

图 3-13

首先导入 BaseChatModel 类，然后自定义一个 MyChatOpenAI 类来继承这个类，接着在类方法中设置三个参数：model_name、temperature 和 max_tokens。

```
from langchain.chat_models.base import BaseChatModel

class MyOpenAI(BaseChatModel):
    model_name: str = 'gpt-3.5-turbo'
    max_tokens: int = 2048
    temperature: float = 0.1
```

这里我们依然定义三个基本方法，前两个方法和作用都与 3.6.1 节的相同，即_llm_type 方法和_identifying_params 方法。这里的第三个方法是_generate 方法，这个方法和上面的_call 方法的作用相同，它们都是用于请求大模型的方法。

完整代码如下。

```
from typing import Any, List, Mapping, Optional

import openai
from langchain.chat_models.base import BaseChatModel
from langchain.callbacks.manager import CallbackManagerForLLMRun
from langchain.schema import ChatGeneration, ChatResult
from langchain.schema.messages import (
    AIMessage,
    BaseMessage,
    HumanMessage,
    SystemMessage,
    ChatMessage
```

```
)


class MyChatOpenAI(BaseChatModel):
    model_name: str = 'gpt-3.5-turbo'
    max_tokens: int = 2048
    temperature: float = 0.1

    @property
    def _llm_type(self) -> str:
        return 'my_chat_openai'

    @property
    def _identifying_params(self) -> Mapping[str, Any]:
        return {
            'model_name': self.model_name,
            'max_tokens': self.max_tokens,
            'temperature': self.temperature
        }

    def _generate(
            self,
            messages: List[BaseMessage],
            stop: Optional[List[str]] = None,
            run_manager: Optional[CallbackManagerForLLMRun] = None,
            stream: Optional[bool] = None,
            **kwargs: Any,
    ) -> ChatResult:
        # 将 Message 对象列表转换成字典列表
        message_dicts = [self._convert_message_to_dict(m) for m in messages]

        response = openai.ChatCompletion.create(
            model=self.model_name,
            messages=message_dicts,
            max_tokens=self.max_tokens,
            temperature=self.temperature,
            stop=stop
        )
        return self._create_chat_result(response)

    def _create_chat_result(self, response) -> ChatResult:
        """将返回的数据转换成 ChatResult 对象"""
        generations = []
        # 将字典信息转换成 ChatGeneration 对象
        for res in response['choices']:
            message = self._convert_dict_to_message(res['message'])
```

```
            gen = ChatGeneration(
                message=message,
                generation_info=dict(finish_reason=res.get('finish_reason')),
            )
            generations.append(gen)

        token_usage = response.get('usage', {})
        llm_output = {'token_usage': token_usage,
                      'model_name': self.model_name}
        return ChatResult(generations=generations, llm_output=llm_output)

    @staticmethod
    def _convert_dict_to_message(_dict) -> BaseMessage:
        """将字典转换成 Message 对象，这里只简单地处理了最常用的四种类型"""
        role = _dict['role']
        if role == 'user':
            return HumanMessage(content=_dict['content'])
        elif role == 'assistant':
            content = _dict.get('content', '')
            return AIMessage(content=content)
        elif role == 'system':
            return SystemMessage(content=_dict['content'])
        else:
            return ChatMessage(content=_dict['content'], role=role)

    @staticmethod
    def _convert_message_to_dict(message: BaseMessage) -> dict:
        """将 Message 对象转换成字典，这里只简单地处理了最常用的四种类型"""
        content = message.content
        if isinstance(message, HumanMessage):
            message_dict = {'role': 'user', 'content': content}
        elif isinstance(message, AIMessage):
            message_dict = {'role': 'assistant', 'content': content}
        elif isinstance(message, SystemMessage):
            message_dict = {'role': 'system', 'content': content}
        elif isinstance(message, ChatMessage):
            message_dict = {'role': message.role, 'content': content}
        else:
            raise TypeError(f'Got unknown type {message}')
        return message_dict
```

对于_llm_type 方法和_identifying_params 方法这里不再赘述。_generate 方法里面的步骤也很简单，首先将传入的 Message 对象列表转换成字典列表，然后用这个数据使用 OpenAI 的 API 去做请求，接着将返回的 response['choices']列表转换成 ChatGeneration 对象列表，最后生成 ChatResult 对象。

下面我们写一些测试代码并执行看看效果。

```
my_chat_openai = MyChatOpenAI()
res = my_chat_openai([HumanMessage(content='你是谁？ ')])

print('my_chat_openai dict function:', my_chat_openai.dict())
print('my_chat_openai response:', res)
print('my_chat_openai response type:', type(res))
```

执行结果如图 3-14 所示，非常符合我们的预期。

```
my_chat_openai dict function: {'model_name': 'gpt-3.5-turbo', 'max_tokens': 2048, 'temperature': 0.1, '_type': 'my_chat_openai'}
my_chat_openai response: content='我是一个AI助手，被称为OpenAI。我被设计用来回答各种问题和提供帮助。' additional_kwargs={} example=False
my_chat_openai response type: <class 'langchain.schema.messages.AIMessage'>
```

图 3-14

上面两个示例只是最基本的实现，如果想要构建更完整的功能，比如流式输出（_stream）或异步执行（_agenerate）等，还需要实现相应的方法。这里的目标是为读者提供一个起点，相信只要读者掌握了最基本的实现方法，拓展更多的功能也将变得更加容易。

# 3.7 缓存

## 3.7.1 标准缓存

对于大量重复的需求，采用缓存不仅可以显著减少响应时间，还能有效减少 Token 的开销，特别是在处理一些需要耗费大量时间的大语言模型请求时。缓存可以采用多种方式来实现，包括内存缓存、SQLite 缓存、SQL 数据库缓存和 Redis 缓存等。下面我们将逐一介绍这些缓存，以帮助你选择适合你需求的最佳方案。缓存的执行过程如图 3-15 所示。

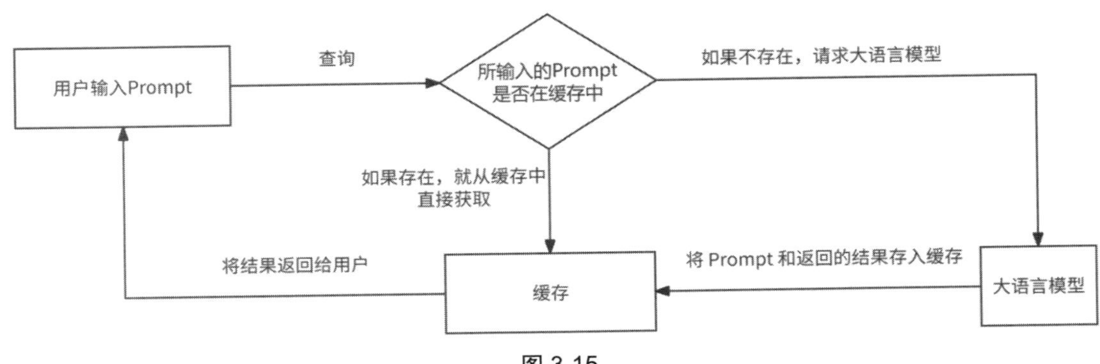


图 3-15

常用的标准缓存有以下四种。

### 1. 内存缓存

内存缓存适用于短暂且高频的请求场景，但需要注意的是，当内存达到一定限制时，缓存数据可能会被删除以腾出空间。内存缓存的主要优点是速度快，因为缓存数据可以在极短的时间内被访问到，从而显著地提高响应速度。

我们通过设置 langchain.llm_cache 的值即可设置全局缓存。

```
import langchain
from langchain.cache import InMemoryCache

langchain.llm_cache = InMemoryCache()
```

下面直接通过一个示例来看看使用缓存和不使用缓存在时间上的差异。

```
import time

import langchain
from langchain.cache import InMemoryCache
from langchain.chat_models import ChatOpenAI

langchain.llm_cache = InMemoryCache()

llm = ChatOpenAI()

start_time = time.time()
print(llm.predict('你是谁？'))
print('no cache: ', time.time() - start_time)

start_time = time.time()
print(llm.predict('你是谁？'))
print('cached: ',time.time() - start_time)
```

执行结果如图 3-16 所示，可以看到第一次执行时间约为 2.458s，第二次执行时间约为 0.001s，执行时间有了极大的提升。

```
我是一个AI助手，被称为OpenAI Assistant。我被设计用来回答各种问题和提供信息。有什么我可以帮助你的吗？
no cache:  2.4582138061523438
我是一个AI助手，被称为OpenAI Assistant。我被设计用来回答各种问题和提供信息。有什么我可以帮助你的吗？
cached:  0.001050710678100586
```

图 3-16

缓存数据其实被保存在了 langchain.llm_cache._cache 中，如果你对缓存的存储结构感兴趣，则可以打印出来看看。

### 2. SQLite 缓存

使用 SQLite 作为存储缓存的容器，代码如下。

```
import langchain
from langchain.cache import SQLiteCache

langchain.llm_cache = SQLiteCache(database_path='D:/langchain.db')
```

### 3. SQL 数据库缓存

使用 SQL 数据库作为存储缓存的容器，代码如下。

```
import langchain
from sqlalchemy import create_engine
from langchain.cache import SQLAlchemyCache

# 需要先初始化数据库引擎
engine = create_engine('mysql+mysqldb://scott:tiger@localhost/foo')
langchain.llm_cache = SQLAlchemyCache(engine)
```

### 4. Redis 缓存

使用 Redis 作为存储缓存的容器，代码如下。

```
import langchain
from redis import Redis
from langchain.cache import RedisCache

langchain.llm_cache = RedisCache(redis_=Redis())
```

当然，如果想自定义一个缓存也是非常简单的。比如，想要实现一个 MongoDB 数据库缓存，只需继承 langchain.schema.cache.BaseCache 类，并实现 lookup、update 和 clear 这三个方法即可。下面我们看看 InMemoryCache 是怎样实现的。从下面的代码中可以看到，只有 Prompt 和模型信息序列化后的字符串（llm_string）完全一致才能命中缓存，标准缓存都具有这个特点。

```
class InMemoryCache(BaseCache):
    def __init__(self) -> None:
        """初始化一个用来存储缓存的 self._cache 变量"""
        self._cache: Dict[Tuple[str, str], RETURN_VAL_TYPE] = {}
```

```
    def lookup(self,
               prompt: str,
               llm_string: str
              ) -> Optional[RETURN_VAL_TYPE]:
        """根据 prompt 和模型名称组成的键进行查询"""
        return self._cache.get((prompt, llm_string), None)

    def update(self,
               prompt: str,
               llm_string: str,
               return_val: RETURN_VAL_TYPE
              ) -> None:
        """更新 prompt 和模型名称组成的键对应的缓存"""
        self._cache[(prompt, llm_string)] = return_val

    def clear(self, **kwargs: Any) -> None:
        """清除缓存"""
        self._cache = {}
```

如果既想使用 LangChain 提供的 SQL 数据库缓存，又想自定义表结构，该怎样操作呢？

我们先来看看默认的表结构是什么样的。在初始化 SQLAlchemyCache 对象时，它其实有两个参数，第一个参数是 engine，即我们需要连接数据库的引擎；第二个参数有一个默认值，默认值为 langchain.cache.FullLLMCache，这个对象对应的代码如下。

```
class FullLLMCache(Base):  # type: ignore
    """SQLite table for full LLM Cache (all generations)."""

    __tablename__ = "full_llm_cache"
    prompt = Column(String, primary_key=True)
    llm = Column(String, primary_key=True)
    idx = Column(Integer, primary_key=True)
    response = Column(String)
```

它继承自 langchain.cache.Base 对象，而这个对象实际上是 sqlalchemy.orm.declarative_base 函数返回的对象。从代码中可以看到，用于存储数据的表叫作 full_llm_cache，这个表有四个字段：prompt、llm、idx 和 response。明白了这个之后，我们就可以自定义表结构了，代码如下。

```
from sqlalchemy import Column, Integer, String, Computed, Index, Sequence
from sqlalchemy import create_engine
from sqlalchemy_utils import TSVectorType
from langchain.cache import SQLAlchemyCache, Base
```

```
class FulltextLLMCache(Base):
    """Postgres table for fulltext-indexed LLM Cache"""

    __tablename__ = 'llm_cache_fulltext'
    id = Column(Integer, Sequence('cache_id'), primary_key=True)
    prompt = Column(String, nullable=False)
    llm = Column(String, nullable=False)
    idx = Column(Integer)
    response = Column(String)
    prompt_tsv = Column(
        TSVectorType(),
        Computed(
            "to_tsvector('english', llm || ' ' || prompt)",
            persisted=True
        ),
    )
    __table_args__ = (
        Index('idx_fulltext_prompt_tsv',
              prompt_tsv,
              postgresql_using="gin"),
    )


engine = create_engine('mysql+mysqldb://scott:tiger@localhost/foo')
langchain.llm_cache = SQLAlchemyCache(engine, FulltextLLMCache)
```

同时，在开启了全局缓存的情况下，LangChain 提供了一种简单的方式，指定某些特定的语言模型不使用缓存，即将语言模型类的 cache 参数设置为 False 来实现。

```
import langchain
from langchain.cache import InMemoryCache
from langchain.chat_models import ChatOpenAI
from langchain.llms import OpenAI

langchain.llm_cache = InMemoryCache()

chat_llm = ChatOpenAI(cache=False)
llm = OpenAI(cache=False)
```

## 3.7.2　流式输出

LangChain 支持使用大语言模型或聊天模型来实现流式输出，这意味着模型可以实时生成并发送数据流，而不是等整个输出过程完成后一次性发送数据流。这种流式输出的方式对于需要实时交互的场景尤为重要，比如实时对话系统、在线客服助手等。它使得模型能够更加灵活、迅速地处理和响应用户的输入，大大提升了用户体验和系统的响应效率。流式输出的实现非常简单，代码如下。

```
from langchain.chat_models import ChatOpenAI

chat = ChatOpenAI()
for chunk in chat.stream('你是谁？'):
    print(chunk.content, end='', flush=True)
```

或者使用 `StreamingStdOutCallbackHandler`，代码如下。

```
from langchain.chat_models import ChatOpenAI
from langchain.callbacks import StreamingStdOutCallbackHandler

llm = ChatOpenAI(
    streaming=True,
    callbacks=[StreamingStdOutCallbackHandler()],
    temperature=0
)
resp = llm.invoke('你是谁？')
print(resp)
```

由于 LangChain 支持的模型众多且使用方法相似，因此这里不一一进行详细讲解。如果在生产环境中需要使用某些模型，则读者可以随时查阅官方文档以获取相关信息。

本书的目标并不是面面俱到地讲解官方文档中的内容，而是希望通过深入讲解重点知识点背后的逻辑和与之相关的其他知识点，帮助读者将这些知识点融会贯通，做到一理通，百理明。

## 3.7.3　语义化缓存

从 3.7.1 节的 `InMemoryCache` 对象的源码中可以看出，标准缓存的命中要求非常严格，需要确保 Prompt 和模型信息序列化后的字符串（llm_string）完全一致才能命中缓存。这种严格的匹配要求导致即使在 Prompt 中多加或少加一个空格或标点符号，都无法命中缓存。而通常情况下我们更希望的是，只要 Prompt 的语义相同，就返回缓存中的内容。这就引出了语义化缓存的概念。

LangChain 提供的语义化缓存对象是 `langchain.cache.RedisSemanticCache`，它主要是通过向量相关性检索来实现的。只要两个 Prompt 的语义相关度高于某个阈值，就可以认为它们是相同的请求，可以共享缓存。为了实现向量相关性检索，我们接下来会使用 `OpenAIEmbeddings` 类，这是一个用于生成文本向量的类。文本向量表示将文本转化为高维向量，使得文本的语义信息能够以数学向量的形式进行表达。通过比较不同文本的向量表示，可以计算它们之间的语义相关度。在后续的章节中，将更详细地讲解 `OpenAIEmbeddings` 对象的工作原理，以及如何使用它来进行向量相关性检索。

这里需要特别说明的是，`RedisSemanticCache`目前只支持大语言模型，不支持聊天模型。并且，`RedisSemanticCache`需要使用**Redis Stack Server**，主要借助的是**RedisSearch**的能力[1]。

`langchain.cache.RedisSemanticCache` 对象使用起来非常方便，我们直接看代码。

```
import time

import redis
import langchain
from langchain.embeddings import OpenAIEmbeddings
from langchain.cache import RedisSemanticCache
from langchain.llms import OpenAI


langchain.llm_cache = RedisSemanticCache(
    redis_url="redis://127.0.0.1:6388",
    embedding=OpenAIEmbeddings(),
    score_threshold=0.2
)

llm = OpenAI(model_name='text-davinci-003')

start_time = time.time()
print(llm('who are you？'))
print('no cache: ', time.time() - start_time)

start_time = time.time()
print(llm('Excuse me,who are you？？'))
print('cached: ',time.time() - start_time)
```

执行结果如图 3-17 所示。可以看到，当不使用缓存时耗时约为 2.96s，在使用缓存后耗时约为 0.45s，速度快了 6 倍多。

1 请参考链接 3-8。

```
我是一名程序员。
no cache:  2.9598536491394043


我是一名程序员。
cached:  0.44973039627075195
```

图 3-17

了解 RedisSemanticCache 类的参数对于正确配置和使用它非常重要。以下是对该类的主要参数及其作用的概述。

（1）**redis_url**：这是与 Redis 数据库建立连接所需的地址信息。它指定了 Redis 服务器的位置，以便 RedisSemanticCache 可以与 Redis 数据库进行通信。通常这个参数应该包括主机名、端口号和身份验证信息（如果有的话），比如，"redis://localhost:6379"。

（2）**embedding**：这是一个能够使用 Embedding 的实例。Embedding 的主要作用是将文本转化为向量，以便进行向量相关性检索。这个参数确保了语义化缓存能够利用向量表示来计算文本之间的相关度。

（3）**score_threshold**：这个参数控制匹配的严格程度。具体来说，它表示文本的相关度得分阈值。较低的阈值意味着需要较高的相关度才能匹配成功，要求匹配更加精确。较高的阈值则允许更宽松地匹配，但可能会导致更多的模糊匹配。你可以根据应用场景的需求来调整这个参数，以平衡匹配的准确性和性能。

## 3.7.4 GPTCache

### 1. 简介

LangChain 集成了一个第三方缓存库，名为 GPTCache。它不仅仅支持对文本的缓存，还支持对相似文本生成图片的缓存，以及对相似音频生成文本的缓存。GPTCache 提供了两种强大的匹配方式，以进一步优化语言模型的性能。

- **精确匹配（Exact Match）**：这种匹配方式类似于 LangChain 的标准缓存，它会直接精确匹配传入的提示，以便快速检索和返回相关信息。
- **相似匹配（Similar Match）**：与精确匹配不同，相似匹配是通过计算文本嵌入的相关度来进行匹配的。这类似于 LangChain 的语义化缓存，它允许更智能地匹配相关内容，即使提示略有不同或包含了一些变化，并且，相似匹配支持聊天类型的模型。

GPTCache 解决了以下问题。

- **生成查询嵌入**：GPTCache 提供了嵌入函数，用于将用户查询转化为向量表示，方便进行后续的相关性检索。
- **数据缓存**：GPTCache 通过数据管理器支持多种缓存存储方式，包括 SQLite、MySQL 和 PostgreSQL 等传统的关系数据库。未来，还计划添加更多的 NoSQL 数据库选项，使得数据的高效缓存变得更加灵活和多样化。
- **向量嵌入的存储和搜索**：GPTCache 通过使用数据管理器来调用向量数据库，以实现向量嵌入的存储和搜索。
- **淘汰策略**：GPTCache 允许用户选择不同的淘汰策略，比如 LRU（最近最少使用）或 FIFO（先进先出），以确定哪些缓存数据应该被淘汰。这使得用户可以根据自己的需求来调整缓存管理策略。
- **缓存命中或缓存未命中**：GPTCache 提供了评估函数，用于判断用户查询是否与缓存中的数据匹配，从而确定是否缓存命中或缓存未命中。这有助于用户更好地了解查询处理的效率，并进一步优化缓存策略。

**GPTCache** 包含了以下几大模块。

- 适配器（Adapter）：用于将不同的大语言模型请求转化为 GPTCache 协议。
- 预处理器（Pre-processor）：负责从请求中提取关键信息并进行预处理。
- 上下文缓冲（Context Buffer）：主要用来维护会话上下文。
- 编码器（Encoder）：它将文本嵌入保存到向量数据库中，以进行相关性检索。
- 缓存管理器（Cache Manager）：包括数据的搜索、保存或清除。
- 排名器（Ranker）：此模块通过评估缓存答案的质量来判断相关性。
- 后处理器（Post-processor）：在生成缓存后，将数据返回给用户前的进一步处理。

在使用 GPTCache 之前需要先安装，安装方法非常简单，只需执行以下命令即可。

```
pip install gptcache
```

### 2. 精确匹配

实现精确匹配的代码如下。

```
import time

import langchain
from langchain.llms import OpenAI
```

```
from gptcache import Cache
from langchain.cache import GPTCache
from gptcache.processor.pre import get_prompt
from gptcache.manager.factory import manager_factory

def init_gptcache(cache_obj: Cache, llm_string: str):
    cache_obj.init(
        pre_embedding_func=get_prompt,
        data_manager=manager_factory(
            manager='map'
        ),
    )

langchain.llm_cache = GPTCache(init_gptcache)

llm = OpenAI()

start_time = time.time()
print(llm('什么是 AI？'))
print('no cache: ', time.time() - start_time)

start_time = time.time()
print(llm('什么是 AI？'))
print('cached: ',time.time() - start_time)

start_time = time.time()
print(llm('请问，什么是 AI？？'))
print('Not matched to cache: ',time.time() - start_time)
```

执行结果如图 3-18 所示，可以看到，未使用缓存时耗时约为 3.74s，在使用缓存后耗时约为 0.001s。因为是精确匹配，所有第三个请求没有匹配到缓存，耗费时间约为 5.21s。

```
AI（Artificial Intelligence）是指计算机系统执行特定任务时具有的智能性能。AI系统能够自主的学习，推理，解决复杂问题，做出智能决策，并且能够像人类一样思考和行动。
no cache:  3.739809513092041

AI（Artificial Intelligence）是指计算机系统执行特定任务时具有的智能性能。AI系统能够自主的学习，推理，解决复杂问题，做出智能决策，并且能够像人类一样思考和行动。
cached:  0.0013239383697509766

AI（Artificial Intelligence），即人工智能，是研究、开发用于模拟、延伸和扩展人的智能的理论、方法、技术及应用系统的一门新的技术科学。它是计算机科学的一个分支，是利用计
Not matched to cache:  5.2112157344818115
```

图 3-18

`langchain.cache.GPTCache` 在初始化时，需要传入一个名为 `Callable` 的函数，并且会给这个函数传入两个参数：`gptcache.Cache` 对象和之前提到的带有模型信息序列化后的字符串 `llm_string`。在这个函数中需要对 `gptcache.Cache` 对象执行 `init` 方法进行初始化。`init` 方法

传入了以下两个参数。

- pre_embedding_func 的值用于转换之前的预处理，因为这里是精确匹配，用不到转换，所以需要设置成 gptcache.processor.pre.get_prompt。这个方法会返回我们请求时用到的 Prompt，通过 data manager 进行精确匹配。
- data_manager 的值是一个 gptcache.manager.data_manager.DataManager 实例，我们需要使用 gptcache.manager.factory.manager_factory 方法来生成这个实例。我们将这个实例的 manager 参数设置为 map，它对应生成的 data manager 即为 gptcache.manager.data_manager. MapDataManager。这是一种最基础的 data manager，它会将 Prompt 和返回的结果以键值对的形式存储在本地文件中，用于后续的精确匹配。

### 3. 相似匹配

实现相似匹配的代码如下。

```
import time

import langchain
from langchain.llms import OpenAI
from langchain.cache import GPTCache

from gptcache import Cache
from gptcache.adapter.api import init_similar_cache
from gptcache.embedding import OpenAI as OpenAIEmbedding

def init_gptcache(cache_obj: Cache, llm_string: str):
    init_similar_cache(
        cache_obj=cache_obj,
        embedding=OpenAIEmbedding()
    )

langchain.llm_cache = GPTCache(init_gptcache)

llm = OpenAI()

start_time = time.time()
print(llm('什么是 AI？'))
print('no cache: ', time.time() - start_time)

start_time = time.time()
print(llm('什么是 AI？'))
print('cached: ', time.time() - start_time)
```

```
start_time = time.time()
print(llm('请问，什么是 AI？？'))
print('Matched to cache: ', time.time() - start_time)
```

执行结果如图 3-19 所示。可以看到，未使用缓存时耗时约为 11.55s，在使用缓存后，不管精确匹配还是相似匹配，耗时都不到 1s。

```
AI（Artificial Intelligence）是人工智能的简称，是指研究、开发用于模拟、延伸和扩展人的智能的理论、方法、技术及应用系统的一门新的技术科学。它是计算机科学的一个分支，
no cache:  11.554772138595581

AI（Artificial Intelligence）是人工智能的简称，是指研究、开发用于模拟、延伸和扩展人的智能的理论、方法、技术及应用系统的一门新的技术科学。它是计算机科学的一个分支，
cached:  0.4216268062591553

AI（Artificial Intelligence）是人工智能的简称，是指研究、开发用于模拟、延伸和扩展人的智能的理论、方法、技术及应用系统的一门新的技术科学。它是计算机科学的一个分支，
Matched to cache:  0.31063008308410645
```

图 3-19

对于相似匹配，我们没有像精确匹配那样通过 `gptcache.Cache.init` 方法进行初始化，而是使用了 gptcache 自带的 `gptcache.adapter.api.init_similar_cache` 方法进行初始化，但其实这个方法的内部使用的也是 `gptcache.Cache.init`，源码如下。

```
def init_similar_cache(
    data_dir: str = "api_cache",
    cache_obj: Optional[Cache] = None,
    pre_func: Callable = get_prompt,
    embedding: Optional[BaseEmbedding] = None,
    data_manager: Optional[DataManager] = None,
    evaluation: Optional[SimilarityEvaluation] = None,
    post_func: Callable = temperature_softmax,
    config: Config = Config(),
):
    if not embedding:
        embedding = Onnx()
    if not data_manager:
        data_manager = manager_factory(
            "sqlite,faiss",
            data_dir=data_dir,
            vector_params={"dimension": embedding.dimension},
        )
    if not evaluation:
        evaluation = SearchDistanceEvaluation()
    cache_obj = cache_obj if cache_obj else cache
    cache_obj.init(
        pre_embedding_func=pre_func,
        embedding_func=embedding.to_embeddings,
        data_manager=data_manager,
```

```
        similarity_evaluation=evaluation,
        post_process_messages_func=post_func,
        config=config,
    )
```

可以看到，它通过 manager_factory 初始化了一个 data manager，而第一个参数 manager 设置的是“sqlite,faiss”，通过这个值会生成两个数据库对象，其中，sqlite 用于存储标量数据，比如 Prompt 和大语言模型返回的数据等；faiss 用于存储向量数据，这里的向量数据就是通过 embedding 参数设置的转换对象处理后的向量数据。

4. 参数讲解

不管精确匹配还是相似匹配，我们都使用了两个方法：gptcache.Cache.init 和 gptcache.manager.factory.manager_factory。下面讲解这个两个方法的常用参数。

（1）gptcache.Cache.init 方法的常用参数如下。

- **cache_enable_func**：参数的值必须是一个函数，在这个函数中可以判断是否启用了缓存。如果返回 True，则表示启用了缓存；如果返回 False，则表示没有启用缓存，默认值为函数 gptcache.utils.cache_func.cache_all，这个函数直接返回了 True，即表示缓存所有数据。
- **pre_embedding_func**：在提示词转换成向量数据之前，执行的预处理函数。不管精确匹配还是相似匹配，这里都使用了 gptcache.processor.pre.get_prompt 方法，它直接返回了请求的提示词，即对提示词不做任何预处理。
- **embedding_func**：用于将提示词转成向量数据的方法。在精确匹配时，用的是默认值 gptcache.embedding.string.to_embeddings(string_embedding)，它的返回值就是我们请求的 Prompt，用于精确查询。在相似匹配时，使用的是 gptcache.embedding.OpenAI，并执行了 to_embeddings 方法。这个方法会把我们要请求的提示词生成一个向量数据，并返回给我们，用于后续的查询。
- **data_manager**：参数的值为 data manager，主要用于后续对相似提示词的搜索、保存缓存等操作。
- **similarity_evaluation**：参数的值为对搜索到的结果进行评分的对象。默认值为 gptcache.similarity_evaluation.ExactMatchEvaluation（精确匹配评估器），用于为精确匹配的场景进行评分。相似匹配使用的是 gptcache.similarity_evaluation. SearchDistance- Evaluation（按搜索距离为依据的评估器）。
- **post_process_messages_func**：对打分结果在返回给用户之前进行的处理。默认值是 gptcache.processor.post.temperature_softmax，它有个重要参数 temperature。temperature 的默认值为 0，即返回得分最高的数据。这个值越大，返回的数据越随机。

- **config**：参数的值是 `gptcache.config.Config` 对象，里面是一些关于缓存方法的设置。比如，我们在 3.7.3 节提到的 score_threshold，这里对应的配置参数为 similarity_threshold，默认值为 0.8。

（2）`gptcache.manager.factory.manager_factory` 方法的常用参数如下。

- **manager**：用于设置数据管理器类型，默认为 map，即 `gptcache.manager.data_manager.MapDataManager`，前文在讲解精确缓存时提到过。
- **data_dir**：本地数据管理器的数据存储根目录，默认为当前代码所在的目录。
- **max_size**：`gptcache.manager.data_manager.MapDataManager` 最大缓存条数，默认为 1000。
- **eviction_manager**：缓存淘汰机制管理器。默认为内存缓存，淘汰机制为 LRU（最近最少使用）。

### 5. 查询缓存执行流程

在了解了重要参数之后，我们来看看 gptcache 是如何获取缓存的。由于 `langchain.cache.GPTCache` 继承自 `langchain.schema.cache.BaseCache`，所以查询入口对应的是 `lookup` 方法。`lookup` 方法调用了 `gptcache.adapter.api.get` 方法，而它执行了 `gptcache.adapter.adapter.adapt` 方法。`gptcache.adapter.adapter.adapt` 方法是整个获取缓存的核心，主要执行流程如图 3-20 所示。

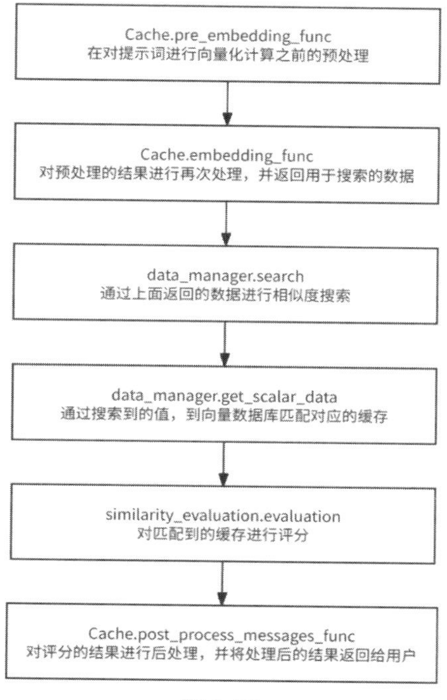


图 3-20

# 3.8 其他

## 3.8.1 异步调用大语言模型

LangChain 在实现中充分考虑了对异步操作的支持，这对于并发调用多个大语言模型非常有用。目前，LangChain 已经成功地实现了对多个流行的大语言模型的异步支持，包括 OpenAI、PromptLayerOpenAI、ChatOpenAI 和 Anthropic 等。未来 LangChain 将为更多的大语言模型提供异步支持，以进一步提高其功能和灵活性。

在 LangChain 中，用户可以通过使用 agenerate 方法实现对 OpenAI 大语言模型的异步调用。这个功能可以帮助用户更有效地管理并发请求，更好地满足用户在不同应用场景下的需求。

我们可以直接看如下代码。

```
import time
import asyncio

from langchain.llms import OpenAI


def generate_serial():
    llm = OpenAI()
    for _ in range(6):
        res = llm.generate(['who are you? '])
        print(res.generations[0][0].text)


async def generate_async(llm):
    res = await llm.agenerate(['who are you? '])
    print(res.generations[0][0].text)


async def generate_concurrent():
    llm = OpenAI()
    tasks = [generate_async(llm) for _ in range(6)]
    await asyncio.gather(*tasks)


start = time.perf_counter()
# 因为代码是在 Colab 上直接执行的，所以无须自己运行 event loop
# 如果在非 Jupyter 环境中运行这句代码
```

```
# 则需要使用 asyncio.run(generate_concurrently()) 来运行
await generate_concurrent()
print(f'Concurrent: {(time.perf_counter() - start):0.2f} seconds.')

start = time.perf_counter()
generate_serial()
print(f'Serial: {(time.perf_counter() - start):0.2f} seconds.')
```

执行结果如图 3-21 所示。可以看到，异步并行执行 6 次只耗时 0.82s，而自上而下串联执行耗时 4.08s。

```
I'm (name).

I am a human being.

I am a human being.

I am a human being.

I'm a human being, just like you!

I am a person with a love of learning and a passion for helping others.
Concurrent: 0.82 seconds.

I'm an individual with a passion for learning new things and exploring different cultures.

I am a human being.

I am a person who is trying to make a difference in this world.

I'm a person who is interested in learning more about the world around me.

I am an individual who is interested in many different topics.

I'm (your name).
Serial: 4.08 seconds.
```

图 3-21

## 3.8.2 模型配置序列化

模型还提供了一种非常便捷的功能，即将模型配置参数序列化成 JSON 或者 YAML 格式的文件，同时支持将序列化文件反序列化成模型。这一功能使得在不同场景中使用不同的语言模型配置变得异常方便。使用这一功能的方法非常简单，只需简单几步即可。

首先，将模型配置序列化成文件。这里只需调用模型的 `save` 方法即可。`save` 方法可以将当前的模型配置保存到指定的文件中，可以选择将其保存为 JSON 或者 YAML 格式。需要注意的是，只有大语言模型才有 `save` 方法，聊天模型是没有 save 方法的。

```
from langchain.llms import OpenAI

llm = OpenAI(max_tokens=2048, temperature=0.1)
llm.save('llm.json')
```

保存的 llm.json 文件内容如图 3-22 所示，其中的参数在 3.5 节中都讲解过，这里不再赘述。

```
{
    "model_name": "text-davinci-003",
    "temperature": 0.1,
    "max_tokens": 2048,
    "top_p": 1,
    "frequency_penalty": 0,
    "presence_penalty": 0,
    "n": 1,
    "request_timeout": null,
    "logit_bias": {},
    "_type": "openai"
}
```

图 3-22

如果你需要从文件中加载配置以创建一个新的模型实例，则可以使用 LangChain 提供的 `langchain.llms.loading.load_llm` 方法。这个方法将根据你提供的文件路径和格式，恢复模型的配置信息。

```
from langchain.llms.loading import load_llm

llm = load_llm('llm.json')
print(type(llm))
```

如果想看一下 `langchain.llms.loading.load_llm` 都支持哪些模型，则可以执行以下代码。

```
from langchain.llms import type_to_cls_dict

print(f'model count: {len(type_to_cls_dict)}')
for name,mod in type_to_cls_dict.items():
    print(f'name: {name}, model: {mod}')
```

执行结果如图 3-23 所示。

```
model count: 66
name: ai21, model: <class 'langchain.llms.ai21.AI21'>
name: aleph_alpha, model: <class 'langchain.llms.aleph_alpha.AlephAlpha'>
name: amazon_api_gateway, model: <class 'langchain.llms.amazon_api_gateway.AmazonAPIGateway'>
name: amazon_bedrock, model: <class 'langchain.llms.bedrock.Bedrock'>
name: anthropic, model: <class 'langchain.llms.anthropic.Anthropic'>
name: anyscale, model: <class 'langchain.llms.anyscale.Anyscale'>
name: aviary, model: <class 'langchain.llms.aviary.Aviary'>
name: azure, model: <class 'langchain.llms.openai.AzureOpenAI'>
name: azureml_endpoint, model: <class 'langchain.llms.azureml_endpoint.AzureMLOnlineEndpoint'>
name: bananadev, model: <class 'langchain.llms.bananadev.Banana'>
name: baseten, model: <class 'langchain.llms.baseten.Baseten'>
name: beam, model: <class 'langchain.llms.beam.Beam'>
name: cerebriumai, model: <class 'langchain.llms.cerebriumai.CerebriumAI'>
name: chat_glm, model: <class 'langchain.llms.chatglm.ChatGLM'>
name: clarifai, model: <class 'langchain.llms.clarifai.Clarifai'>
name: cohere, model: <class 'langchain.llms.cohere.Cohere'>
name: ctransformers, model: <class 'langchain.llms.ctransformers.CTransformers'>
name: ctranslate2, model: <class 'langchain.llms.ctranslate2.CTranslate2'>
name: databricks, model: <class 'langchain.llms.databricks.Databricks'>
name: deepinfra, model: <class 'langchain.llms.deepinfra.DeepInfra'>
name: deepsparse, model: <class 'langchain.llms.deepsparse.DeepSparse'>
name: edenai, model: <class 'langchain.llms.edenai.EdenAI'>
name: fake-list, model: <class 'langchain.llms.fake.FakeListLLM'>
name: forefrontai, model: <class 'langchain.llms.forefrontai.ForefrontAI'>
name: google_palm, model: <class 'langchain.llms.google_palm.GooglePalm'>
name: gooseai, model: <class 'langchain.llms.gooseai.GooseAI'>
name: gpt4all, model: <class 'langchain.llms.gpt4all.GPT4All'>
name: huggingface_endpoint, model: <class 'langchain.llms.huggingface_endpoint.HuggingFaceEndpoint'>
name: huggingface_hub, model: <class 'langchain.llms.huggingface_hub.HuggingFaceHub'>
name: huggingface_pipeline, model: <class 'langchain.llms.huggingface_pipeline.HuggingFacePipeline'>
name: huggingface_textgen_inference, model: <class 'langchain.llms.huggingface_text_gen_inference.HuggingFaceTextGenInference'>
name: human-input, model: <class 'langchain.llms.human.HumanInputLLM'>
name: koboldai, model: <class 'langchain.llms.koboldai.KoboldApiLLM'>
name: llamacpp, model: <class 'langchain.llms.llamacpp.LlamaCpp'>
name: textgen, model: <class 'langchain.llms.textgen.TextGen'>
name: minimax, model: <class 'langchain.llms.minimax.Minimax'>
name: mlflow-ai-gateway, model: <class 'langchain.llms.mlflow_ai_gateway.MlflowAIGateway'>
name: modal, model: <class 'langchain.llms.modal.Modal'>
name: mosaic, model: <class 'langchain.llms.mosaicml.MosaicML'>
name: nebula, model: <class 'langchain.llms.symblai_nebula.Nebula'>
name: nibittensor, model: <class 'langchain.llms.bittensor.NIBittensorLLM'>
name: nlpcloud, model: <class 'langchain.llms.nlpcloud.NLPCloud'>
```

图 3-23

这个功能使得在不同应用场景中切换和管理语言模型配置变得非常简单。无论在多个项目之间共享配置，还是在不同的语言模型之间进行切换，LangChain 都提供了简便的工具。

## 3.8.3 使用 Hugging Face

LangChain 提供了两种使用 Hugging Face 的方法。

（1）使用 Hugging Face Hub 托管的模型，对应的对象为 `langchain.llms.HuggingFaceHub`。

（2）将 Hugging Face 下载到本地，对应的对象为 `langchain.llms.HuggingFacePipeline`。

在使用 Hugging Face Hub 托管的模型之前，需要设置 `HUGGINGFACEHUB_API_TOKEN` 环境变量。

Token可以在Hugging Face配置地址中获取。[1]

```
import os

os.environ["HUGGINGFACEHUB_API_TOKEN"] = HUGGINGFACEHUB_API_TOKEN
```

使用方法也很简单，只需通过 langchain.HuggingFaceHub 初始化即可，代码如下。

```
from langchain import HuggingFaceHub

llm = HuggingFaceHub(
    repo_id='google/flan-t5-xxl',
    model_kwargs={'temperature':0.7, 'max_length':500}
)
print(llm('who are you?'))
```

想要将 Hugging Face 下载到本地，只需使用 langchain.HuggingFacePipeline.from_model_id 方法即可，代码如下。

```
from langchain import HuggingFacePipeline

llm = HuggingFacePipeline.from_model_id(
    model_id='google/flan-t5-base',
    task='text2text-generation',
    model_kwargs={'max_length': 128},
)
print(llm('who are you?'))
```

用到的参数也很简单，repo_id 和 model_id 是 Hugging Face 中模型仓库的名称。model_kwargs 是模型的一些配置参数，比如 temperature、Token 最大长度等。需要特别说明的是，langchain.HuggingFacePipeline.from_model_id方法里面的task参数目前只接收三个值：text-generation、text2text-generation 和 summarization。这三个值对应了 Hugging Face 上的三种模型分类，如图 3-24 所示。目前，langchain.HuggingFacePipeline.from_model_id 方法只能用这三种类型的模型。

1 请参考链接 3-9。

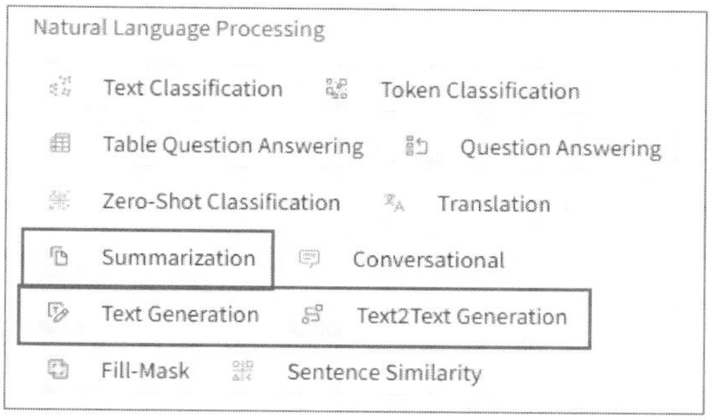

Natural Language Processing
Text Classification　Token Classification
Table Question Answering　Question Answering
Zero-Shot Classification　Translation
Summarization　Conversational
Text Generation　Text2Text Generation
Fill-Mask　Sentence Similarity

图 3-24

2022 年 10 月，Hugging Face发布了一个名为Text Generation Inference的开源项目，它是用Python和Rust编写的。这个项目的主要作用是快速为Hugging Face上的大语言模型建立本地的gRPC服务。搭建方法非常简单，官方提供了Docker镜像，具体的搭建和使用方法可以在官方文档中找到。[1]

LangChain 为调用这个服务提供了相应的支持，使用起来非常简单，只需使用 `langchain.llms.HuggingFaceTextGenInference` 对象即可，具体代码如下。

```
from langchain.llm import HuggingFaceTextGenInference

llm = HuggingFaceTextGenInference(
    inference_server_url='http://localhost:8080/',
    max_new_tokens=512,
    top_k=10,
    top_p=0.95,
    typical_p=0.95,
    temperature=0.01,
    repetition_penalty=1.03,
)

print(llm('who are you?'))
```

其中，`inference_server_url` 参数是 Text Generation Inference 的服务地址，其他参数是 Text Generation Inference 服务对应的大语言模型的参数，这里不再赘述。

1　请参考链接 3-10。

# 第 4 章 大语言模型及 Prompt（提示）

## 4.1 Prompt 工程

### 4.1.1 组成 Prompt 的要素

Prompt（提示）是一段文本，其主要作用是引导模型理解问题、任务或上下文的关键信息。在模型做自然语言处理任务时，它有助于确定任务的性质和范围。因为 Prompt 是提示的意思，所以我们在和 AI 交流时，并不是直接下达命令，而是更多地通过提示与引导让 AI 回答正确的内容。

通常，Prompt 由三部分组成：目标、上下文和输入。下面详细解释它们的作用。

（1）**目标**：目标部分确定了 Prompt 提问的整体框架和目的。它告诉模型在处理输入文本时应该关注什么，是一种任务定义。

（2）**上下文**：上下文部分包含了与任务或问题相关的背景信息，既可以是文章、对话、问题的历史记录，也可以是任何其他与任务相关的信息。上下文提供了模型理解问题所需的上下文信息，有助于模型更好地理解任务的背景和要求。比如，当我们的目标为总结一篇文章时，上下文的内容就是这篇文章的内容，以及我们的输出要求；当目标是提问某个领域的问题时，上下文就变成了角色设定、回答的语气风格等。

（3）**输入**：输入部分通常包含模型需要处理的具体文本或问题。这是用户或应用程序向模型提出的具体问题描述或任务描述。输入与上下文和目标一起构成了完整的提示，以便模型能够生成相应的回应或执行相应的任务。

通过合理构建和设计 Prompt，我们可以有效地引导模型生成准确、有针对性的回答或执行特定的任务。不同的任务和问题需要不同的 Prompt 设计，以确保模型能够理解并满足用户的需求。通过上面的三要素，我们可以自己组合出多种 Prompt 模板，比如，人设+背景+任务+输出格式、任务+上下文+输出格式等。

## 4.1.2 Prompt 的书写技巧

### 1. 使用清晰、明确的描述词

应尽量避免使用模糊不清的描述词，效果较差的描述词和更推荐的描述词如表 4-1 所示。

表 4-1

| 效果较差的描述词 | 更推荐的描述词 |
| --- | --- |
| 请帮我用比较少的文字来总结这篇文章，不要太长 | 请帮我将这篇文章总结成概要，不超过 100 个汉字 |
| 请帮我写一首诗 | 请帮我写一首描写春天的七言绝句，风格模仿李清照的诗 |

### 2. 设置界定符和占位符

界定符一般用###或者"""，作用是将要执行的任务和待处理的内容区分开。通过界定符我们可以让大语言模型更好地理解我们的意图，同时能有效地避免他人对我们的 Prompt 发起 Prompt Injection（指令注入）攻击。效果较差的描述词和更推荐的描述词如表 4-2 所示。

表 4-2

| 效果较差的描述词 | 更推荐的描述词 |
| --- | --- |
| 请帮我总结下面的一段话。要总结的内容 | 请帮我总结下面的一段话。"""要总结的内容""" |

占位符一般用<>或者{}，多用于输出要求。比如，我们写一个让大语言模型随机生成两个随机用户信息的例子，结果如图 4-1 所示。可以看到，它很好地按照占位符中提示的内容生成了对应的用户信息。

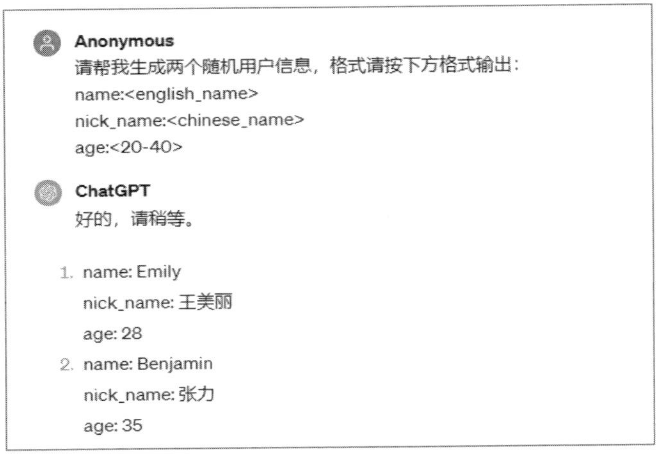

**Anonymous**

请帮我生成两个随机用户信息，格式请按下方格式输出：

name:<english_name>

nick_name:<chinese_name>

age:<20-40>

**ChatGPT**

好的，请稍等。

1. name: Emily

   nick_name: 王美丽

   age: 28
2. name: Benjamin

   nick_name: 张力

   age: 35

图 4-1

### 3. 设置“围栏”

围栏就是告诉大语言模型什么该生成，什么不该生成。如果你使用过 Stable Diffusion 这款 AI 绘画软件，就会知道在填写提示词的时候，需要设置两种提示词：正向提示词和反向提示词。一般来说，正向提示词就是描述需要生成什么样的画面，反向提示词就是限定它不要生成什么样的画面，比如不要多根手指等。这其实就是在设置“围栏”。

比如，我们写一个小故事，并且明确地告知不要出现的内容，结果如图 4-2 所示。可以看到，大语言模型很好地规避了“恶龙”这两个字的出现。

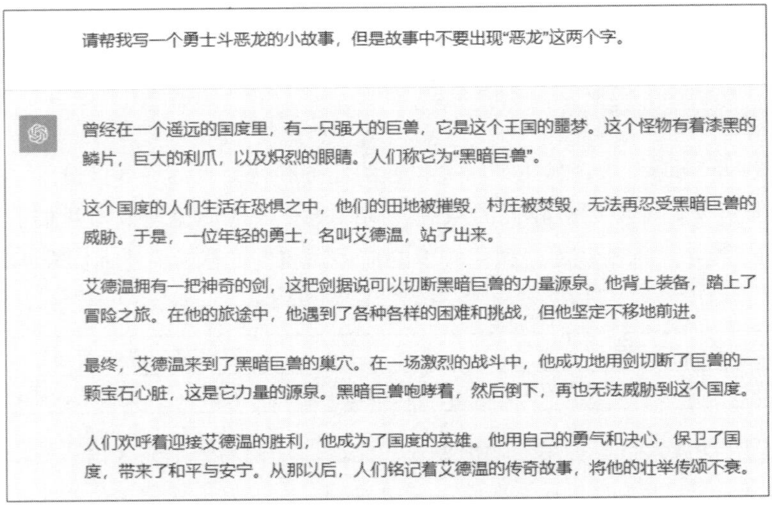

请帮我写一个勇士斗恶龙的小故事，但是故事中不要出现“恶龙”这两个字。

曾经在一个遥远的国度里，有一只强大的巨兽，它是这个王国的噩梦。这个怪物有着漆黑的鳞片，巨大的利爪，以及炽烈的眼睛。人们称它为“黑暗巨兽”。

这个国度的人们生活在恐惧之中，他们的田地被摧毁，村庄被焚毁，无法再忍受黑暗巨兽的威胁。于是，一位年轻的勇士，名叫艾德温，站了出来。

艾德温拥有一把神奇的剑，这把剑据说可以切断黑暗巨兽的力量源泉。他背上装备，踏上了冒险之旅。在他的旅途中，他遇到了各种各样的困难和挑战，但他坚定不移地前进。

最终，艾德温来到了黑暗巨兽的巢穴。在一场激烈的战斗中，他成功地用剑切断了巨兽的一颗宝石心脏，这是它力量的源泉。黑暗巨兽咆哮着，然后倒下，再也无法威胁到这个国度。

人们欢呼着迎接艾德温的胜利，他成为了国度的英雄。他用自己的勇气和决心，保卫了国度，带来了和平与安宁。从那以后，人们铭记着艾德温的传奇故事，将他的壮举传颂不衰。

图 4-2

比如，我们希望输出的结果为 JSON 格式，就可以明确地告知它直接返回文本，不要用 Markdown 语法，以防止在页面上对格式进行渲染，结果如图 4-3 所示。

请帮我生成2个随机用户信息，格式请按下方格式输出，并且输出的格式为 JSON，请使用文本返回，不要使用 Markdown 语法返回。
###
name: <english_name>
nick_name:<chinese_name>
age: <20-40>

```
{
"user1": {
"name": "Emily Johnson",
"nick_name": "李小明",
"age": 32
},
"user2": {
"name": "Michael Davis",
"nick_name": "王丽华",
"age": 27
}
}
```

图 4-3

### 4. 角色扮演

让大语言模型扮演特定领域专家已成为一种受欢迎的 Prompt 应用技巧。然而有些人可能会错误地认为，让大语言模型扮演某个角色会增强它的能力，但实际上是约束了它的通用性。大语言模型原本拥有广泛的知识，但在实际生活中，不同领域存在着对立的观点和方法。比如，不同的学术流派在看待问题和解决问题时的出发点是不同的，这使得大语言模型在回答特定领域的问题时角色可能变得模糊。角色扮演是为了突出模型在某领域的专业性，为我们的交流设定了界限，有助于使沟通更专注，减少外界干扰。因此，角色扮演其实也是设置“围栏”的一种方式。

比如，我们需要大语言模型给我们做一份减肥计划表，这时我们就可以将它设定为一个减肥教练，以它的知识帮助我们做一个减肥计划表。

**提问：**

你是一个专业、优秀的减肥教练。请利用你的运动科学知识为我制订一个每天晚上的室内减肥运动计划。

**回答：**

当制订室内减肥运动计划时，重要的是综合考虑身体健康状况和个人目标。以下是一个每天晚上的室内减肥运动计划，包括有氧运动和肌肉训练，以帮助你提高代谢，燃烧脂肪，增强肌肉。

```
注意：
在开始任何新的锻炼计划之前，请咨询医生或专业健身教练，以确保它适合你的健康状况。
每天晚上的室内减肥运动计划：
1. 热身（5 分钟）：
- 轻松步行或跑步在原地，以提高心率和准备身体。
2. 有氧运动（20-30 分钟）：
- 跳绳：跳绳是一项出色的有氧运动，可以帮助你燃烧大量卡路里。
- 高膝跑步：在原地高膝跑步，提高心率，增强腿部肌肉。
- 仰卧起坐：进行仰卧起坐以加强核心肌肉。
3. 肌肉训练（15-20 分钟）：
- 俯卧撑：进行俯卧撑以锻炼胸部、肩部和手臂肌肉。
- 深蹲：深蹲是一个出色的下半身训练，可以加强大腿和臀部肌肉。
- 仰卧推举：使用哑铃或水瓶进行仰卧推举，锻炼背部和手臂。
4. 伸展和冷却（5 分钟）：
- 进行全身伸展以减少肌肉酸痛和促进灵活性。
5. 深呼吸和冥想（5 分钟）：
- 结束运动计划时，进行深呼吸和冥想，有助于减轻压力和促进身体恢复。
重要提示：
- 始终确保保持适度的水分摄入，以避免脱水。
- 注意身体信号，如果感到任何不适或疼痛，请立即停止锻炼。
- 逐渐增加运动强度和时间，以避免过度训练和受伤。
- 结合健康饮食，以达到减肥目标。
```

这个运动计划可以帮助你在室内进行全身锻炼，提高代谢，促进减肥。但请记住，成功的减肥既需要坚持运动，也需要健康饮食。如果有任何疑问或需要进一步的指导，请咨询专业健身教练或医生。

### 5. 添加示例

在讨论示例时，我们必须深入探讨 3 个基本概念。

- **Zero-Shot**：Zero-Shot 指的是仅提供任务描述，不提供任何示例，大语言模型就能够生成答案。在之前提到的例子中，大部分都可以归类为 Zero-Shot。
- **One-Shot**：与 Zero-Shot 不同，One-Shot 需要在任务描述之外提供一个示例，以便大语言模型可以根据这个示例来生成回答。它的作用是为大语言模型提供更具体的上下文，以确保生成的答案更加贴切和准确。
- **Few-Shot**：Few-Shot 指在任务描述之外提供多个示例，以帮助大语言模型更好地理解和回答问题。相比于 One-Shot，Few-Shot 提供了更多的信息，通过提供多个示例，大语言模型可以学习更广泛的知识和上下文，以生成更准确的答案。

这些概念在自然语言处理领域中起着重要的作用，它们代表了不同的信息输入方式，我们可以根据具体任务的要求来选择合适的方式，以确保能获得最佳的结果。

比如，现在我们让大语言模型帮助我们根据给定的文本对情绪进行分类，示例结果如图 4-4 所示。可以看出，大语言模型很好地学习了我们的示例，并正确地对情绪进行了分类。

请学习我给定的例子，并判断我给出的提问：
""""
文本：今天阳光明媚，真好！
情绪：正向

文本：今天又下雨了，天气真糟糕！
情绪：反向

文本：今天穿上了新衣服！
情绪：正向

文本：今天衣服又弄脏了！
情绪：反向
""""
文本：今天又被批评了！
情绪：

根据您提供的例子：

文本：今天又被批评了！
情绪：反向

根据这个例子，情感是负面的，因为作者提到自己再次被批评，表达了一种不满或消极情感。

图 4-4

### 6. 思维链（Chain-of-Thought，CoT）

思维链技术是当前提示工程领域中最具创新性和影响力的技术之一，它能够提升大语言模型在决策过程中的表现。与传统的提示方法不同，思维链强调将推理过程分解成中间步骤，而不是仅关注直接的输入和输出。这种方法模拟了人类的认知过程，它可以将复杂的问题分解为更小、更可管理的部分。这有助于大语言模型更清晰地理解问题，并使其决策更有条理。思维链代表了一种更接近人类思维方式的方法，显著地提升了大语言模型回答的准确性。

简单来说，思维链就是在提示词中给出问题的解决方法或者实现步骤，让大语言模型先理解和学习对这个问题的思考过程，然后一步步去处理你给出的问题。

当然，思维链也有 Zero-Shot、One-Shot 和 Few-Shot。接下来先看一个思维链的 Zero-Shot 的例子。在这个例子中，我们只需告诉它需要“一步一步计算（Let's think step by step）”，它就会在分步计算后，给出正确的结果，如图 4-5 所示。

公交车上有10个人，第一站上去7人，第二站下去3人，上去5人，第三站上去6人，下去3人，第四站下去5人，最后一站上去2人，公交车现在还有几人。

公交车现在还有6人。

公交车上有10个人，第一站上去7人，第二站下去3人，上去5人，第三站上去6人，下去3人，第四站下去5人，最后一站上去2人，请一步一步计算，公交车现在还有几人。

好的，一步一步计算：

1. 初始上车人数：10人
2. 第一站上去7人：10 + 7 = 17人
3. 第二站下去3人：17 - 3 = 14人
4. 上去5人：14 + 5 = 19人
5. 第三站上去6人：19 + 6 = 25人
6. 下去3人：25 - 3 = 22人
7. 第四站下去5人：22 - 5 = 17人
8. 最后一站上去2人：17 + 2 = 19人

所以，公交车现在还有19人。

图 4-5

我们再看一个思维链的 One-Shot 的例子，如图 4-6 所示。我们在提问时，先给它一个解题思路。

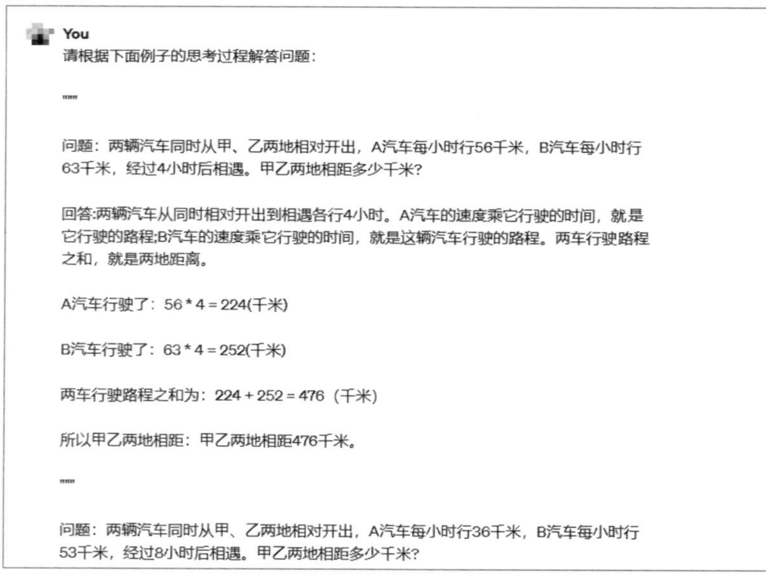

You
请根据下面例子的思考过程解答问题：
""""
问题：两辆汽车同时从甲、乙两地相对开出，A汽车每小时行56千米，B汽车每小时行63千米，经过4小时后相遇。甲乙两地相距多少千米?
回答:两辆汽车从同时相对开出到相遇各行4小时。A汽车的速度乘它行驶的时间，就是它行驶的路程;B汽车的速度乘它行驶的时间，就是这辆汽车行驶的路程。两车行驶路程之和，就是两地距离。
A汽车行驶了：56 * 4 = 224(千米)
B汽车行驶了：63 * 4 = 252(千米)
两车行驶路程之和为：224 + 252 = 476（千米)
所以甲乙两地相距：甲乙两地相距476千米。
""""
问题：两辆汽车同时从甲、乙两地相对开出，A汽车每小时行36千米，B汽车每小时行53千米，经过8小时后相遇。甲乙两地相距多少千米?


图 4-6

如图 4-7 所示，它根据我们的思路给出了解题过程和正确的结果。

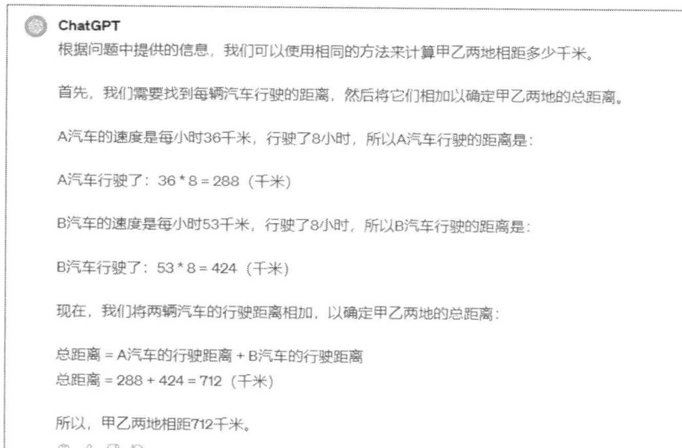


图 4-7

### 4.1.3 Prompt 的生命周期

Prompt 的生命周期通常包含以下几个阶段。

（1）**设计**：首先需要明确 AI 的预期输出需求。确定 AI 应该执行的任务，以及需要它提供何种类型的回应。明确的目标将有助于设计初始提示词。

（2）**测试**：在测试阶段，将设计好的初始提示词输入 AI 模型，观察模型的响应并将其与预期结果进行比较并评估。

（3）**细化**：基于测试评估的结果，对提示词进一步细化。通过调整措辞或添加更多上下文信息，改进根据提示词返回的结果在不同上下文中的鲁棒性。

（4）**迭代**：在细化提示词后，需要再次测试优化后的提示词，并评估其效果。这个测试、评估和细化的过程会被不断重复，直到生成令人满意的结果。

（5）**部署**：一旦最终测试评估通过，提示词将被集成到生产环境中，准备与最终用户进行交互。

（6）**维护**：即使在部署之后，也需要持续监视提示词的性能。如果性能下降或出现新的需求，则可能需要重新评估和优化提示词，重新进入生命周期的前几个阶段。

因为提示工程并不是本书的重点，所以这里不会花费过多的篇幅进行详细讲解。但是，其实本书前面已经讲解了很多与提示工程相关的内容，相信通过对前面内容的学习及对后续 LangChain Prompt 相关内容的学习，你一定能够创建出非常出色的应用。

编写提示词就像与人沟通一样，提供尽可能多的上下文有助于提高沟通的效率以及减少沟通的成本。同时需要多多练习，并且需要经常去看一些优秀的提示词模板进行学习，所以在本节的最后，推荐三个与提示词相关的项目，它们可以帮助大家深入学习。

（1）**LangGPT**：可以通过一句话创建高质量的提示词，并且项目中提供了大量提示词模板供大家学习[1]。

（2）**gpt-prompt-engineer**：可以根据你的意图自动生成多个高质量的提示词，自动对这些提示词进行测试，并使用ELO评级系统进行评分，相当于自动完成上面提到的Prompt生命周期中的测试、细化和迭代，从而帮助你找到最优的提示词[2]。

（3）**OpenAI Prompt Engineering**：OpenAI 官方也提供了一部非常好的提示工程教程，其中介绍了非常棒的提示工程技巧以及提供了大量的提示词示例，非常值得我们学习。LangChain 作者的开源项目 auto-openai-prompter 就是将这个教程作为系统提示词来优化用户所提供的提示词。

## 4.2 提示词模板

提示词模板是 LangChain 提供的一种强大能力，它可以帮助你在使用不同的大语言模型时更加高效地生成定制化的提示词。提示词模板的主要特点和优势如下。

（1）**预定义**：提示词模板是事先定义好的结构，你可以根据你的需要选择适合的模板。这些模板包括了各种常见的提示词形式，比如问题、任务描述或上下文信息，从而适用于多种情境。

（2）**动态注入**：提示词模板允许你根据具体的任务和需求在模板中注入关键词、问题或上下文信息。这意味着你可以根据特定的情境创建个性化的提示词，使其与你的应用场景完全契合。

（3）**与模型无关**：这些模板的设计目标与特定的大语言模型无关。这意味着你可以将相同的提示词模板应用于不同的大语言模型或 AI 系统，且无须大幅修改模板，提高模板跨平台或跨模型的可用性。

（4）**参数化**：提示词模板可以参数化，这使得你能够根据输入、输出或其他因素自定义模板的具体内容。这为你提供了更强的灵活性，你可以根据需要微调模板以满足不同的任务和情境。

下面介绍几个具体的提示词模板。

1 请参考链接 4-1。

2 请参考链接 4-2。

### 4.2.1 PromptTemplate

目前，实例化 `PromptTemplate` 的方法有两种。

（1）使用 `PromptTemplate.from_template` 方法实例化 `PromptTemplate`，具体代码如下。

```
from langchain.prompts import PromptTemplate

prompt = PromptTemplate.from_template('请给我讲{num}个笑话')
```

（2）使用 `PromptTemplate` 类实例化 `PromptTemplate`，具体代码如下。

```
from langchain.prompts import PromptTemplate

prompt = PromptTemplate(
    template='请给我讲{num}个笑话',
    input_variables=['num']
)
```

我们看 `PromptTemplate.from_template` 的源码就会发现，其实它最后重新实例化了一个 `PromptTemplate` 对象，因此这两种实例化的方法实际上都返回了一个 `PromptTemplate` 对象。并且，它实例化时所设置的参数和 `PromptTemplate` 对象实例化时所设置的参数大部分是相同的。

下面是参数解释。

- `template`：就是将我们的需要转换成 Prompt 模板。
- `template_format`：模板格式化类型，默认为 Python 的“f-string”。这个参数还可以被设置成“jinja2”，这样我们就可以在模板中使用 jinja2 语法了。
- `partial_variables`：这个变量可以在 `PromptTemplate` 实例化时对一部分变量进行预设置。比如，当我们的模板为“请给我讲{num}个关于{type}的笑话”时，此时我们就是将该参数设置成了`{'type':'程序员'}`。在调用 `format` 时，会自动将这个字典和 `format` 方法传进来的变量字典合并成一个字典，然后填充成完整的 Prompt。
- `input_variables`：输入变量。在使用 `PromptTemplate` 对象实例化时，这个参数是需要单独设置的。在 `PromptTemplate.from_template` 方法中，会根据 `template_format` 类型自动解析并设置这个值。这个值将表明你后期要动态地去设置哪些变量，类型为列表。还是以“请给我讲`{num}`个笑话”为例，这里的变量就是`['num']`。
- `validate_template`：当使用 `PromptTemplate` 方法时，如果 `input_variables` 中的变量和 `template` 中的变量不相符则会报错。如果不希望去验证这两个变量是否相符，则可以将该值设置为 `False`。

使用 `PromptTemplate` 类实例化 `PromptTemplate` 的方法很简单，只需直接调用它的 `format`

方法即可。比如，在下面这个示例中，需求是用 Python、Java 和 C++这三种语言打印 hello world 的示例代码。

```
from langchain.llms import OpenAI
from langchain.prompts import PromptTemplate

template = '请帮我生成用{language}打印"hello world"的示例代码'
prompt_tpl = PromptTemplate.from_template(template)

llm = OpenAI(temperature=0.1)
for language in ['Python', 'Java', 'C++']:
    prompt = prompt_tpl.format(language=language)
    print(f'{"="* 10} {language} {"="* 10}')
    print(llm(prompt))
```

执行结果如图 4-8 所示。

```
========== Python ==========


print("Hello World")
========== Java ==========


public class HelloWorld {
    public static void main(String[] args) {
        System.out.println("Hello World!");
    }
}
========== C++ ==========


#include <iostream>

int main()
{
    std::cout << "Hello World!" << std::endl;
    return 0;
}
```

图 4-8

## 4.2.2 PartialPromptTemplate

当我们为模板提供数据时，有时我们不能一次性设置所有相应的数据，而是需要设置某些变量的数据，然后执行其他操作后再设置其他变量的数据，或者需要动态地设置模板中的数据。在这种情境下，LangChain 提供的模板部分填充功能就变得尤为重要。

LangChain 通过两种方式支持这一功能。

（1）使用字符串的方式进行部分填充。

```
from langchain.prompts import PromptTemplate

prompt_tpl = PromptTemplate.from_template(
    '请给我讲{num}个关于{type}的笑话，'
    '并且不要出现{location1}和{location2}'
)

partial_prompt1 = prompt_tpl.partial(num='3')
partial_prompt2 = partial_prompt1.partial(
    location1='办公室',
    location2='学校'
)
print(partial_prompt2.format(type='程序员'))

# 输出结果:
# >> 请给我讲 3 个关于程序员的笑话，并且不要出现办公室和学校
```

可以看到，在 prompt_tpl 中我们设置了四个变量。在 partial_prompt1 中，我们设置了 num 这个变量的值。在 partial_prompt2 中，我们分别设置了 location1 和 location2 这两个变量的值。最后，我们在使用 format 方法将模板转换成 Prompt 字符串时，设置了 type 参数的值。

（2）使用返回字符串的函数的方式进行部分填充。

```
from datetime import datetime
from langchain.prompts import PromptTemplate


        def get_date():
    return datetime.now().strftime('%Y-%m-%d')


prompt_tpl = PromptTemplate.from_template(
    '你是一个优秀的{role}助手，你的知识库截止日期是{date}'
)

partial_prompt = prompt_tpl.partial(date=get_date)
    print(partial_prompt.format(role='AI'))

# 输出结果:
# >> 你是一个优秀的 AI 助手，你的知识库截止日期是 2023-10-08
```

可以看到，在 prompt_tpl 中我们设置了两个变量。在 partial_prompt 中，我们将 date 这

个变量设置为了 get_date 函数。在最后执行 format 方法时，我们设置了 role 变量，此时程序计算出了 get_date 函数的值，并设置到了模板中。

当然，我们也可以在一开始的时候就把 date 对应的 get_date 函数设置好。get_date 函数并不会立即被执行，而是在最后转换成 prompt 字符串时，才会被执行，并将计算得出的值设置到 date 变量所在的位置，代码如下。

```
from datetime import datetime
from langchain.prompts import PromptTemplate


def get_date():
    return datetime.now().strftime('%Y-%m-%d')


prompt_tpl = PromptTemplate.from_template(
    '你是一个优秀的{role}助手，你的知识库截止日期是{date}',
    partial_variables={'date': get_date}
)

print(prompt_tpl.format(role='AI'))

# 输出结果：
# >> 你是一个优秀的 AI 助手，你的知识库截止日期是 2023-10-08
```

### 4.2.3 PipelinePromptTemplate

LangChain 还提供了一种将多个提示词组合在一起来构建提示词的方式。当你想要复用部分提示词时，这种方式就很有用。这里我们以 4.1 节中的 Few-Shot 的例子为例，看看如何使用这个功能，代码如下。

```
from langchain.prompts.prompt import PromptTemplate
from langchain.prompts.pipeline import PipelinePromptTemplate

full_template = '''
{expect}
{example}
{question}
'''
full_prompt = PromptTemplate.from_template(full_template)
```

```
expect_prompt = PromptTemplate.from_template(
    '请学习我给定的例子，并判断我给出的提问：'
)

example_prompt = PromptTemplate.from_template('''"""
文本：今天阳光明媚，真好！
情绪：正向

文本：今天又下雨了，天气真糟糕！
情绪：反向

文本：今天衣服又弄脏了！
情绪：反向
"""''')

question_prompt = PromptTemplate.from_template('''
文本：{input}！
情绪：
''')

input_prompts = [
    ('expect', expect_prompt),
    ('example', example_prompt),
    ('question', question_prompt)
]

pipeline_prompt = PipelinePromptTemplate(
    final_prompt=full_prompt,
    pipeline_prompts=input_prompts
)

print(pipeline_prompt.format(input='今天又被批评了'))
```

可以看到，在 full_template 中，首先，我们搭建了一个模板框架，一共分为三部分：expect（预期）、example（例子）和 question（问题）。

然后，我们分别生成了每一部分的模板：expect_prompt、example_prompt 和 question_prompt。

接着，我们在 input_prompts 中，给每一个变量和对应的模板都建立起了对照关系。

最后，我们实例化了一个 PipelinePromptTemplate 对象。其中有两个必填参数：final_prompt 和 pipeline_prompts。final_prompt 参数需要设置为我们的模板框架 full_template，而

pipeline_prompts 参数需要设置为存放各个部分变量和模板对应关系的 pipeline_prompt，执行结果如图 4-9 所示。

```
请学习我给定的例子，并判断我给出的提问：
"""
文本：今天天气阳光明媚，真好！
情绪：正向

文本：今天又下雨了，天气真糟糕！
情绪：反向

文本：今天衣服又弄脏了！
情绪：反向
"""

文本：今天又被批评了！
情绪：
```

图 4-9

## 4.2.4 FewShotPromptTemplate

当然，在构建 Few-Shot 提示词模板时还可以使用 LangChain 自带的 FewShotPromptTemplate 类。这个类使用起来也很简单，我们仍以 4.1 节的 Prompt 为例，代码如下。

```
from langchain.prompts.prompt import PromptTemplate
from langchain.prompts.few_shot import FewShotPromptTemplate

example_prompt = PromptTemplate.from_template(
    '文本：{text}\n 情绪：{mood}'
)

examples = [
    {'text': '今天阳光明媚，真好！', 'mood': '正向'},
    {'text': '今天又下雨了，天气真糟糕！', 'mood': '反向'},
    {'text': '今天衣服又弄脏了！', 'mood': '反向'},
]

prompt = FewShotPromptTemplate(
    prefix='请学习我给定的例子，并判断我给出的提问：\n"""',
    example_prompt=example_prompt,
    examples=examples,
    suffix='"""\n 文本：{input}！\n 情绪：',
    input_variables=['input']
)
```

```
print(prompt.format(input='今天又被批评了！'))
```

其中，FewShotPromptTemplate 类在实例化时，有以下几个关键参数。

- prefix：示例之前的 Prompt，非必填参数。
- example_prompt：每一个示例的结构模板。
- examples：示例数据的列表，每一个示例都是一个字典。其中，键为 example_prompt 中的变量，值为这个变量对应的值。
- suffix：示例之后的 Prompt，多为提问内容。
- input_variables：suffix 中需要设置的变量列表，用于在调用 format 函数时设置。

## 4.2.5　自定义提示词模板

自定义一个提示词模板非常简单，我们只需继承 langchain.prompts.base.StringPromptTemplate 类，并实现 format 和_prompt_type 方法即可。比如，我们实现一个示例，即在使用 format 方法设置变量时，可以像 partial_variables 参数一样，不仅能支持字符串，还能支持函数，完整代码如下。

```
import types
import random

from langchain.utils.formatting import formatter
from langchain.prompts.base import StringPromptTemplate


class FunctionPromptTemplate(StringPromptTemplate):
    template = ''

    def format(self, **kwargs) -> str:
        kwargs = self._merge_partial_and_user_variables(**kwargs)

        for key, value in kwargs.items():
            if isinstance(value, types.FunctionType):
                kwargs[key] = value()

        return formatter.format(self.template, **kwargs)

    @property
    def _prompt_type(self) -> str:
        return 'function_prompt'
```

```
def get_num():
    return random.randint(0, 10)


prompt = FunctionPromptTemplate(
    template='请给你我讲{num}个笑话',
    input_variables=['num'],
)


print(prompt.format(num=get_num))
```

首先，我们继承了 langchain.prompts.base.StringPromptTemplate 类，并且设置了一个类变量 template。需要注意的是，因为 template 这个类变量并没有在 StringPromptTemplate 类中实现，所以需要我们自己来自定义，否则在实例化的时候直接使用会报错。

然后，我们实现 format 和_prompt_type 两个方法。

在 format 方法中，我们先用当前类自带的_merge_partial_and_user_variables 方法将传入的变量字典和在实例化时使用 partial_variables 参数设置的字典合并成一个字典。

接着，遍历这个字典，如果值的类型是函数，那么就执行这个函数并保存返回值。

最后，使用 langchain.utils.formatting.formatter.format 方法将变量填充到模板中。其中，langchain.utils.formatting.formatter.format 方法是 LangChain 自带的处理 f-string 类型模板的方法。

_prompt_type 方法需要返回一个提示模板类型，用于在调用 dict 方法时作为_type 键的值。

### 4.2.6 提示词模板的序列化和反序列化

提示词模板的序列化很简单，与大语言模型对象一样，直接调用实例化对象上的 save 方法即可，目前支持被保存为 JSON 和 YAML 两种格式，示例代码如下。

```
from langchain.prompts import PromptTemplate

prompt = PromptTemplate(
    template='请给我讲{num}个笑话',
    input_variables=['num'],
)
prompt.save('prompt.json')
```

提示词模板反序列化也很简单，只需使用 langchain.prompts.loading.load_prompt 方法即可，示例代码如下。

```
from langchain.prompts.loading import load_prompt

prompt = load_prompt('prompt.json')
    print(prompt)
```

被序列化的 JSON 和 YAML 文件还支持文件嵌套，比如下面这个 PromptTemplate。在 simple_template.txt 文件中，我们定义了模板内容。

```
Please tell me {num} a joke
```

在序列化后的 **JSON** 文件中，我们可以使用 template_path 这个字段直接设置该 JSON 文件的路径。

```
{
    "_type": "prompt",
    "input_variables": ["num"],
    "template_path": "simple_template.txt"
}
```

在 FewShotPromptTemplate 序列化的例子中，我们可以将示例模板和示例都存储成独立的文件，之后在 FewShotPromptTemplate 序列化模板中引用。比如，首先，将示例模板放到 example_prompt.json 中。

```
{

    "_type": "prompt",

    "input_variables": ["input", "output"],

    "template": "Input: {input}\nOutput: {output}"

}
```

然后，将示例放到 examples.json 中。

```
[
    {"input": "happy", "output": "sad"},
    {"input": "tall", "output": "short"}
]
```

最后，在序列化的文件中通过使用 example_prompt_path 和 examples 字段来引用这两个路径。

```
{
    "_type": "few_shot",
    "input_variables": ["adjective"],
    "prefix": "Write antonyms for the following words.",
    "example_prompt_path": "example_prompt.json",
    "examples": "examples.json",
    "suffix": "Input: {adjective}\nOutput:"
}
```

需要注意的是，目前 load_prompt 方法只支持反序列化 PromptTemplate 和 FewShotPromptTemplate。可以序列化的模板类型在 langchain.prompts.loading.type_to_loader_dict 中查看。

同时需要注意的是，并不是所有的提示词模板都可以使用 save 方法。比如，4.2.7 节讲到的 ChatPromptTemplate 虽然有 save 方法，但是在笔者撰写本书时，还没被实现。

### 4.2.7 ChatPromptTemplate

ChatPromptTemplate 是用于构建聊天模型的模板类，主要支持两种实例化的方式。

（1）通过 ChatPromptTemplate 对象实例化，代码如下。

```
from langchain.prompts import (
    ChatPromptTemplate,
    SystemMessagePromptTemplate,
    HumanMessagePromptTemplate,
    ChatMessagePromptTemplate
)

messages = [
    SystemMessagePromptTemplate.from_template(
        '你的名字是{name}'),
    HumanMessagePromptTemplate.from_template(
        '你叫什么名字？')
]

# 或者使用 ChatMessagePromptTemplate.from_template 方法
# 但是需要设置对应的 role 参数
# messages = [
#     ChatMessagePromptTemplate.from_template(
```

```
#         '你的名字是{name}', role='system'),
#     ChatMessagePromptTemplate.from_template(
#         '你叫什么名字？', role='human')
# ]

prompt_tpl = ChatPromptTemplate(
    messages=messages,
    input_variables=['name']
)

print(prompt_tpl)
```

（2）通过 ChatPromptTemplate.from_messages 方法实例化，代码如下。

```
from langchain.prompts import ChatPromptTemplate


messages = [
    ('system', '你的名字是{name}'),
    ('human', '你叫什么名字？')
]

prompt_tpl = ChatPromptTemplate.from_messages(
    messages=messages
)
```

可以看到，使用 ChatPromptTemplate.from_messages 方法实例化要比使用 ChatPromptTemplate 对象实例化简单得多，只需通过一组元组的列表即可快速生成一个提示词模板。元组的第一个值是角色（Role），第二个值是提示词消息。其中，用户角色可以使用 human 或 user，AI 角色可以使用 ai 或 assistant，系统角色是 system。

将 ChatPromptTemplate 格式化成 message 列表也很简单，只需调用 format_messages 方法即可，完整代码如下。

```
from langchain.prompts import ChatPromptTemplate
from langchain.chat_models import ChatOpenAI

messages = [
    ('system', '你的名字是{name}'),
    ('human', '你叫什么名字？')
]

prompt_tpl = ChatPromptTemplate.from_messages(
```

```
    messages=messages
)

prompt = prompt_tpl.format_messages(name='小明')

llm = ChatOpenAI()
print(llm(prompt))
```

### 4.2.8 MessagesPlaceholder

LangChain 还提供了 `MessagesPlaceholder`，它就像一个“消息的临时占位符”，允许用户先构建 message 列表，之后在一些后续需要动态设置信息的地方使用 `MessagesPlaceholder` 来进行占位，在最后使用模板的 `format` 方法生成最终的 Prompt 时，就可以将预先设置的占位符用真实的 message 列表替换掉。

下面来看一个简单的使用场景，我们在和 AI 进行长时间的对话后，希望 AI 能够将我们的对话总结一下，以减少上下文的 Token 数量，具体代码如下。

```
from langchain.prompts import (
    ChatPromptTemplate,
    SystemMessagePromptTemplate,
    HumanMessagePromptTemplate,
    MessagesPlaceholder
)
from langchain.schema import AIMessage, HumanMessage
from langchain.chat_models import ChatOpenAI


messages = [
    SystemMessagePromptTemplate.from_template(
        '请用不超过{text_number}个字来总结以下对话'),
    MessagesPlaceholder(variable_name='context'),
    HumanMessagePromptTemplate.from_template(
        '###请开始总结上面的对话')
]

prompt_tpl = ChatPromptTemplate.from_messages(messages)

human_message = HumanMessage(content='如何学好英语？')
ai_message = AIMessage(
    content='学好英语需要每天持续实践，均衡地练习听、说、读、写四大技能，'
            '不断扩充词汇和掌握语法。利用现代技术工具可增强学习效果，'
```

```
            '考虑沉浸式学习方法并参与相关课程与学习小组。逐渐增加阅读难度，'
            '模仿优秀的英语说话者，定期反思并调整学习方法，'
            '并始终保持积极的学习态度。'
)

prompt_messages = prompt_tpl.format_messages(
    context=[human_message, ai_message], text_number=20)

for message in prompt_messages:
    print(repr(message))

llm = ChatOpenAI()
print('\n' + repr(llm(prompt_messages)))
```

可以看到，在构建 message 列表时，先使用了 `MessagesPlaceholder` 进行了占位，并设置了后期用于替代这个占位符的参数名称 `context`。后面在使用模板的 `format` 方法时，设置了 `context` 对应的用于替换占位符的 message 列表`[human_message, ai_message]`，最终拼成了一个完整的 message 列表。打印的输出结果如图 4-10 所示。

```
SystemMessage(content='请用不超过20个字来总结以下对话')
HumanMessage(content='如何学好英语？')
AIMessage(content='学好英语需要每天持续实践，均衡地练习听、说、读、写四大技能，不断扩充词汇和掌握语法。利用现代技术工具可增强学习效果，考虑沉浸式学习方法并参与相关课程与学习小组。
HumanMessage(content='###请开始总结上面的对话')

AIMessage(content='持续实践，均衡技能，利用工具，沉浸学习，积极态度')
```

图 4-10

## 4.2.9　FewShotChatMessagePromptTemplate

当然，LangChain 也为聊天模型提供了一个 Few-Shot 的 Prompt 模板 `FewShotChatMessagePromptTemplate`。它的用法非常简单，我们直接来看代码。

```
from langchain.prompts import (
    ChatPromptTemplate,
    FewShotChatMessagePromptTemplate
)

examples = [
    {'input': '2+2', 'output': '4'},
    {'input': '2+3', 'output': '5'},
]

example_prompt = ChatPromptTemplate.from_messages(
    [
```

```
        ('human', '{input}'),
        ('ai', '{output}'),
    ]
)
few_shot_prompt = FewShotChatMessagePromptTemplate(
    example_prompt=example_prompt,
    examples=examples,
)

print(few_shot_prompt.format())
```

FewShotChatMessagePromptTemplate 和之前介绍的 FewShotPromptTemplate 模板对象的使用方式很像。FewShotChatMessagePromptTemplate 在实例化时需要接收两个参数：example_prompt 和 examples。example_prompt 参数需要一个 ChatPromptTemplate 模板对象。examples 参数需要一个示例列表，其中的每个示例依然是一个字典，键为 example_prompt 中的变量，值为这个变量对应的值。

## 4.3 示例选择器

在当前的大语言模型应用开发中，我们经常面临一个难题：如何在有限的 Token 限制内，保证给定示例的准确性与有效性。为了解决这个问题，开发人员需要从大量的样本示例数据中筛选出最具代表性的部分，并将其包含在提示词中。这样，模型就可以在有限的输入空间内获得更为准确和全面的信息，从而输出更为贴切的结果。

示例选择器正是为了解决这个问题而被提出的关键组件，它通常与 FewShotPromptTemplate 模板对象配合使用。它不仅可以帮助开发人员从海量数据中挑选出有价值的样本，还可以保证这些样本在 Token 数量上满足大语言模型的限制。

### 4.3.1 LengthBasedExampleSelector

在大语言模型应用开发中，管理输入的长度至关重要，因为每个模型都有其固定的 Token 上限，超出这个上限，模型将无法处理。LengthBasedExampleSelector（基于长度的示例选择器）可以基于长度来选择使用哪些示例。对于较长的输入，它会选择包含较少的示例；而对于较短的输入，它则会选择更多的示例。它会根据输入的长度动态地选择合适数量的示例，以确保 Token 的总数不超过限制，是一种高效的策略，示例代码如下。

```
from langchain.prompts import PromptTemplate
```

```
from langchain.prompts import FewShotPromptTemplate
from langchain.prompts.example_selector import LengthBasedExampleSelector

example_prompt = PromptTemplate.from_template(
    'Input: {input}\noutput: {output}'
)

examples = [
    {'input': 'happy', 'output': 'sad'},
    {'input': 'tall', 'output': 'short'},
    {'input': 'hot', 'output': 'cold'},
    {'input': 'fast', 'output': 'slow'},
    {'input': 'rich', 'output': 'poor'},
]

example_selector = LengthBasedExampleSelector(
    example_prompt=example_prompt,
    examples=examples,
    max_length=10,
)

prompt = FewShotPromptTemplate(
    example_selector=example_selector,
    prefix='Please learn examples and answer questions:',
    example_prompt=example_prompt,
    suffix='Input: {input}\nOutput:',
    input_variables=['input']
)

print(prompt.format(input='open'))
```

首先，我们实例化一个用于填充示例模板对象的 example_prompt。然后，创建一个示例列表 examples，这些都和 4.2.4 节的 FewShotPromptTemplate 例子中的一样。

接着，我们实例化一个 LengthBasedExampleSelector 类，这个类在实例化时有两个必填的参数：example_prompt 和 examples。这两个参数对应了我们刚才创建的两个变量。第三个参数 max_length 用于设置示例模板的长度，默认为 2048。在实例化 FewShotPromptTemplate 时，只需将 example_selector 参数设置成 LengthBasedExampleSelector 实例化后的对象即可，执行结果如图 4-11 所示。

```
Please learn examples and answer questions:

Input: happy
output: sad

Input: tall
output: short

Input: open
Output:
```

图 4-11

LengthBasedExampleSelector 类在实例化时还有一个比较重要的参数 get_text_length。我们需要为这个参数传入一个用于计算示例长度的函数，默认值为 langchain.prompts.example_selector.length_based._get_length_based，函数源码如下。

```
def _get_length_based(text: str) -> int:
    return len(re.split("\n| ", text))
```

可以看到，这个函数很简单，就是将传入的示例字符串用\n 或空格拆分开，变成一个列表，然后计算这个列表的个数。需要特别注意的是，这个默认函数只对以空格来分词的语言有效，但对于如汉语、日语和韩语等不使用空格作为词的分隔符的语言，这种默认设置是不合适的。因此，当你的示例用的是汉语时，这里的计算就不准确了，需要你自己实现一个计算汉语句子 Token 的函数，并在实例化 LengthBasedExampleSelector 类时设置到 get_text_length 参数上。

当然，LengthBasedExampleSelector 类也支持先实例化，再添加示例，只需调用 add_example 方法即可，代码如下。

```
new_example = {'input': 'big', 'output': 'small'}
dynamic_prompt.example_selector.add_example(new_example)
```

## 4.3.2 SemanticSimilarityExampleSelector

SemanticSimilarityExampleSelector（语义相似性示例选择器）的设计初衷是确保在众多示例中选择与提问内容最为接近的 $K$ 个示例。这不仅能够提高输出内容的相关性和准确性，还能够提供更为专业和具体的回答。

在自然语言处理和深度学习中，语义相似性指两段文本在意义上的相似程度。传统的文本相似性通常基于词汇的重叠和匹配，但语义相似性则更侧重于文本的深层含义。比如，“购买”和“采购”在字面上可能不完全相同，但在语义上它们是相似的。

SemanticSimilarityExampleSelector 利用语义匹配技术，通过计算每个示例向量化处理后的向量和提问的向量化处理后的向量，来衡量提问与每个示例之间的相似性。它会为每个示例分配一个得分，并按照得分从高到低进行排序，选取得分最高的 $K$ 个示例，具体代码如下。

```
from langchain.vectorstores import Chroma
from langchain.embeddings import OpenAIEmbeddings
from langchain.prompts import SemanticSimilarityExampleSelector
from langchain.prompts import FewShotPromptTemplate, PromptTemplate

examples = [
    {'input': 'happy', 'output': 'sad'},
    {'input': 'tall', 'output': 'short'},
    {'input': 'hot', 'output': 'cold'},
    {'input': 'fast', 'output': 'slow'},
    {'input': 'rich', 'output': 'poor'},
]

example_selector = SemanticSimilarityExampleSelector.from_examples(
    examples=examples,
    embeddings=OpenAIEmbeddings(),
    vectorstore_cls=Chroma,
    k=1
)

example_prompt = PromptTemplate.from_template(
    'Input: {input}\noutput: {output}'
)


prompt = FewShotPromptTemplate(
    example_selector=example_selector,
    prefix='Please learn examples and answer questions:',
    example_prompt=example_prompt,
    suffix='Input: {input}\nOutput:',
    input_variables=['input']
)

print(prompt.format(input='sunny'))
```

在 SemanticSimilarityExampleSelector 中，我们需要设置四个参数：

- examples：设置示例列表。
- embeddings：设置一个用于将文本向量化处理的对象，这里我们使用的是 OpenAI 的 OpenAIEmbeddings 对象。
- vectorstore_cls：设置一个向量数据库，用于存储文本向量化后生成的向量数据，这里我们使用的是轻量本地向量数据库 Chroma。

- k：返回得分最高的示例条数，这里我们返回的是 1 条。

执行结果如图 4-12 所示。可以看到，与 sunny（开朗的）最接近的示例是 happy（开心的）这一组。

```
Please learn examples and answer questions:

Input: happy
output: sad

Input: sunny
Output:
```

图 4-12

### 4.3.3 MaxMarginalRelevanceExampleSelector

在大数据应用中，仅选择与输入最为相似的示例可能会导致输出单一化，缺乏多样性。而多样性对于避免信息偏见、捕捉到更广泛的关联信息，以及为用户提供更全面的答案至关重要。MaxMarginalRelevanceExampleSelector（最大边际相关性示例选择器）正是为了解决这一问题而设计的。

MaxMarginalRelevanceExampleSelector 在计算哪些示例与输入最为相似的同时，也根据其多样性来选择示例，具体代码如下。

```
from langchain.vectorstores import Chroma
from langchain.embeddings import OpenAIEmbeddings
from langchain.prompts import MaxMarginalRelevanceExampleSelector
from langchain.prompts import FewShotPromptTemplate, PromptTemplate

examples = [
    {'input': 'happy', 'output': 'sad'},
    {'input': 'tall', 'output': 'short'},
    {'input': 'hot', 'output': 'cold'},
    {'input': 'fast', 'output': 'slow'},
    {'input': 'rich', 'output': 'poor'},
]

example_selector = MaxMarginalRelevanceExampleSelector.from_examples(
    examples=examples,
    embeddings=OpenAIEmbeddings(),
```

```
    vectorstore_cls=Chroma,
    k=2
)

example_prompt = PromptTemplate.from_template(
    'Input: {input}\noutput: {output}'
)


prompt = FewShotPromptTemplate(
    example_selector=example_selector,
    prefix='Please learn examples and answer questions:',
    example_prompt=example_prompt,
    suffix='Input: {input}\nOutput:',
    input_variables=['input']
)

print(prompt.format(input='sunny'))
```

整体代码和 4.3.2 节的相似，只是把 `SemanticSimilarityExampleSelector` 换成了 `MaxMarginalRelevanceExampleSelector`，并且为了更直观地看到效果，参数 `k` 也设置成了 2。`MaxMarginalRelevanceExampleSelector` 在选择示例时，调用了向量数据库对象的 `max_marginal_relevance_search` 方法从最相近的 `fetch_k`（默认值为 20）条中计算出最多样化的 $k$ 条示例。

### 4.3.4 NGramOverlapExampleSelector

`NGramOverlapExampleSelector`（N-Gram 重叠示例选择器）的核心功能是根据示例与输入之间的 n-gram 重叠得分来选择和排序示例。n-gram 重叠得分实际上是一种衡量两段文本相似度的方法，其得分范围在 0.0 至 1.0。得分越接近 1.0，说明两段文本的重叠度越高，即相似度越高。

在使用该选择器时，用户可以设定一个阈值分数。这个阈值起到了过滤的作用。具体来说，如果某个示例的 n-gram 重叠得分小于或等于这个设定的阈值，那么这个示例就会被排除在外，不被考虑。

在默认情况下，该选择器的阈值被设置为-1.0。这意味着它不会排除任何示例，但它还是会根据 n-gram 重叠得分进行排序，得分高的示例会被优先考虑。如果用户把阈值设置为 0.0，那么那些与输入内容完全没有 n-gram 重叠的示例，会被直接排除。我们来看下面的代码。

```
from langchain.prompts import NGramOverlapExampleSelector
from langchain.prompts import FewShotPromptTemplate, PromptTemplate

examples = [
    {'input': 'See Spot run.', 'output': 'Ver correr a Spot.'},
    {'input': 'My dog barks.', 'output': 'Mi perro ladra.'},
    {'input': 'Spot can run.', 'output': 'Spot puede correr.'},
]

example_prompt = PromptTemplate.from_template(
    'Input: {input}\noutput: {output}'
)

example_selector = NGramOverlapExampleSelector(
    examples=examples,
    example_prompt=example_prompt,
    threshold=-1,

)

prompt = FewShotPromptTemplate(
    example_selector=example_selector,
    prefix='Please learn examples and answer questions:',
    example_prompt=example_prompt,
    suffix='Input: {input}\nOutput:',
    input_variables=['input']
)


for threshold in [-0.1, 0.01, 1.0]:
    print(f'\n======= threshold: {threshold} =======')
    example_selector.threshold = threshold
    print(prompt.format(input='Spot can run fast.'))
```

执行结果如图 4-13 所示。在这个例子中我们设置了 NGramOverlapExampleSelector 的 threshold 参数值分别为-0.1、0.01 和 1.0。可以看到，当 threshold 为-0.1（小于 0）时，选择器按 n-gram 重叠得分对示例进行了排序，没有排除任何示例；当 threshold 为 1.0（或大于 1.0）时，选择器排除了所有示例；当 threshold 为 0.01（0～1）时，选择器根据 n-gram 重叠得分对示例进行了排序，并且排除了与输入没有 n-gram 重叠的示例。

```
====== threshold: -0.1 ======
Please learn examples and answer questions:

Input: Spot can run.
output: Spot puede correr.

Input: See Spot run.
output: Ver correr a Spot.

Input: My dog barks.
output: Mi perro ladra.

Input: Spot can run fast.
Output:

====== threshold: 0.01 ======
Please learn examples and answer questions:

Input: Spot can run.
output: Spot puede correr.

Input: See Spot run.
output: Ver correr a Spot.

Input: Spot can run fast.
Output:

====== threshold: 1.0 ======
Please learn examples and answer questions:

Input: Spot can run fast.
Output:
```

图 4-13

## 4.3.5　自定义示例选择器

LangChain 提供了自定义示例选择器的功能。首先，我们需要继承 langchain.prompts.example_selector.base.BaseExampleSelector 类。然后，实现 add_example 和 select_examples 这两个方法。其中，add_example 方法用于在 examples 列表中添加新的示例，select_examples 方法用于计算并返回最终被选定的示例。

比如，我们想要实现一个随机从给定的示例中选出 *N* 个示例的示例选择器，代码如下。

```
import random
from typing import Dict, List
```

```
from langchain.prompts import FewShotPromptTemplate, PromptTemplate
from langchain.prompts.example_selector.base import BaseExampleSelector


class RandomExampleSelector(BaseExampleSelector):
    def __init__(self, examples: List, count: int = 2):
        self.examples = examples
        self.count = count

    def add_example(self, example: Dict) -> None:
        self.examples.append(example)

    def select_examples(self, input_variables: Dict) -> List:
        return random.sample(self.examples, self.count)


examples = [
    {'input': 'happy', 'output': 'sad'},
    {'input': 'tall', 'output': 'short'},
    {'input': 'hot', 'output': 'cold'},
    {'input': 'fast', 'output': 'slow'},
    {'input': 'rich', 'output': 'poor'},
]

example_selector = RandomExampleSelector(examples, 3)

example_prompt = PromptTemplate.from_template(
    'Input: {input}\noutput: {output}'
)

prompt = FewShotPromptTemplate(
    example_selector=example_selector,
    prefix='Please learn examples and answer questions:',
    example_prompt=example_prompt,
    suffix='Input: {input}\nOutput:',
    input_variables=['input']
)

print(prompt.format(input='sunny'))
```

可以看到，实现起来很简单，我们在__init__方法中定义了两个参数，一个是用来接收示例列表的 examples，另一个是我们最终要输出的示例个数 count。在 add_example 方法中，我们直接使用了列表的 append 方法向示例列表中添加新的示例。在 select_examples 方法中，我们直接使用了内置 random 库的 sample 方法随机地从我们的示例列表中选取了 $N$ 个示例并返回。

# 4.4　输出解析器

大语言模型通常返回的都是文本数据，但是在程序开发过程中，我们更希望能够获得结构化的数据，以便后续的程序进行处理。下面我们看一个实际的例子。假设我们有一个大语言模型，它可以回答与天气相关的问题。原始的输出可能是：“北京今天的气温是 25℃，晴朗”。但是，为了适应某些应用或系统的需求，我们可能需要将这些信息转换成下面的结构。

```
{
    "城市": "北京",
    "温度": 25,
    "天气": "晴朗"
}
```

在这种情况下，输出解析器的任务就是从原始的文本输出中提取关键信息，并将其转换为上述的结构化格式。这种工具在将语言模型与其他系统集成时，非常有价值。LangChain 提供了多种输出解析器的类，使开发人员可以轻松地将非结构化的文本转换为结构化的数据。

## 4.4.1　CommaSeparatedListOutputParser

CommaSeparatedListOutputParser 输出解析器可以将返回的结果转换成一个以逗号分隔的列表，代码如下。

```
from langchain.llms import OpenAI
from langchain.prompts import PromptTemplate
from langchain.output_parsers import CommaSeparatedListOutputParser

output_parser = CommaSeparatedListOutputParser()
instructions = output_parser.get_format_instructions()

print(f'instructions: {instructions}')

prompt_tpl = PromptTemplate.from_template(
    template='请返回 3 个最有代表性的{input}.\n{instructions}',
    partial_variables={'instructions': instructions}
)

llm = OpenAI(model_name='gpt-3.5-turbo-instruct')
```

```
prompt = prompt_tpl.format(input='编程语言')

output = llm(prompt)
print(f'output: {output}, type: {type(output)}')

output_format = output_parser.parse(output)
print(f'output format: {output_format}, type: {type(output_format)}')
```

首先，实例化 CommaSeparatedListOutputParser 得到 output_parser。

然后，调用 get_format_instructions 方法获取这个输出解析器的提示词。

接着，在实例化 PromptTemplate 对象时，先在 template 参数中定义一些变量作为占位符，这样你就可以在模板中预留位置，等待后续内容的填充。再使用 partial_variables 参数将变量和刚才获取的解析器的最终提示词以字典的形式传入模板。

最后，使用模板的 format 方法将提示词模板转成完整的提示词，用于后续的提问。

这里的模型使用的是 OpenAI 的 GPT-3.5-turbo-instruct 模型，它的质量和 GPT-3.5-turbo 一致，但是可以用在大语言模型对象上。需要特别说明的是，为了获得 JSON 格式的输出，确保使用的大语言模型具有足够的处理能力是至关重要的，所以要尽量使用质量较高的大语言模型，否则可能会产生非预期的输出。

上面代码的执行结果如图 4-14 所示。可以看到，在使用大语言模型后，返回的是一个用逗号隔开的列表，是字符串类型。下面使用 output_parser.parse 方法，将这个字符串转换成我们预期想要的列表形式。

```
instructions: Your response should be a list of comma separated values, eg: `foo, bar, baz`
output:

Java, Python, JavaScript, type: <class 'str'>
output format: ['Java', 'Python', 'JavaScript'], type: <class 'list'>
```

图 4-14

## 4.4.2 DatetimeOutputParser

DatetimeOutputParser 解析器可以将返回的数据转换成 Python 的 datetime 对象，代码如下。

```
from langchain.llms import OpenAI
from langchain.prompts import PromptTemplate
from langchain.output_parsers import DatetimeOutputParser
```

```
output_parser = DatetimeOutputParser()
instructions = output_parser.get_format_instructions()

print(f'instructions: {instructions}')

prompt_tpl = PromptTemplate.from_template(
    template='北京举办奥运会开幕式是哪一年的几点.\n{instructions}',
    partial_variables={'instructions': instructions}
)

llm = OpenAI(model_name='gpt-3.5-turbo-instruct')
prompt = prompt_tpl.format()

output = llm(prompt)
print(f'output: {output}, type: {type(output)}')

output_format = output_parser.parse(output)
print(f'output format: {output_format}, type: {type(output_format)}')
```

执行结果如图 4-15 所示。可以看到它返回了正确的结果，并且很好地将结果转换成了 datetime 对象。

```
instructions: Write a datetime string that matches the
            following pattern: "%Y-%m-%dT%H:%M:%S.%fZ". Examples: 369-04-05T20:15:31.537537Z, 1585-09-27T10:20:00.905533Z, 982-11-22T12:53:31.390465Z
output:


2008-08-08T20:00:00.000000Z, type: <class 'str'>
output format: 2008-08-08 20:00:00, type: <class 'datetime.datetime'>
```

图 4-15

### 4.4.3 EnumOutputParser

EnumOutputParser 是一个特定类型的输出解析器，它的核心目标是确保语言模型的返回结果在一个预定义的枚举列表中。这不仅可以帮助我们确保结果的一致性，还可以在某些应用场景中降低错误率，尤其适合预期的答案集的数量有限制的情况，代码如下。

```
from enum import Enum

from langchain.llms import OpenAI
from langchain.prompts import PromptTemplate
from langchain.output_parsers import EnumOutputParser
```

```
class Color(Enum):
    BLUE = 'blue'
    RED = 'red'
    GREEN = 'green'


output_parser = EnumOutputParser(enum=Color)
instructions = output_parser.get_format_instructions()

print(f'instructions: {instructions}')

prompt_tpl = PromptTemplate.from_template(
    template='天空是什么颜色？\n{instructions}',
    partial_variables={'instructions': instructions}
)

llm = OpenAI(model_name='gpt-3.5-turbo-instruct')
prompt = prompt_tpl.format()

output = llm(prompt)
print(f'output: {output}, type: {type(output)}')

output_format = output_parser.parse(output)
print(f'output format: {output_format}, type: {type(output_format)}')
```

首先，我们创建一个包含现有选项的枚举类 Color。然后，在实例化 EnumOutputParser 类时，使用 enum 参数设置这个枚举类。

执行结果如图 4-16 所示。可以看到，它返回了正确的结果，并且很好地将结果转换成了 Color 枚举对象。

```
instructions: Select one of the following options: blue, red, green
output:

blue, type: <class 'str'>
output format: Color.BLUE, type: <enum 'Color'>
```

图 4-16

如果返回的结果不是这个枚举对象中的值，那么它会抛出一个 langchain.schema.output_parser.OutputParserException 异常。我们可以通过捕获这个异常来处理返回的结果不在预期之中的情况。

## 4.4.4 XMLOutputParser

XMLOutputParser 输出解析器可以将返回的数据转换成 XML 格式的文本，代码如下。

```
from langchain.llms import OpenAI
from langchain.prompts import PromptTemplate
from langchain.output_parsers import XMLOutputParser

output_parser = XMLOutputParser(
    tags=['movies', 'movie', 'name', 'director', 'year']
)
instructions = output_parser.get_format_instructions()

print(f'instructions: {instructions}')

prompt_tpl = PromptTemplate.from_template(
    template='请列举两个最有代表性的中国电影，请用中文回答.\n{instructions}',
    partial_variables={'instructions': instructions}
)

llm = OpenAI(model_name='gpt-3.5-turbo-instruct')
prompt = prompt_tpl.format()

output = llm(prompt)
print(f'output: {output}, type: {type(output)}')

output_format = output_parser.parse(output)
print('\noutput_format: ')
for movie in output_format['movies']:
    print(movie)
```

执行结果如图 4-17 所示。我们在实例化 XMLOutputParser 类时，使用 tags 参数给定了每个 tag 的名称（如果不设置这个参数，则它会自动命名每个 tag 的名称）。从结果来看，它很好地按照我们给定的 tag 设置了对应的数据，并转换成了 XML 格式的文本。当我们调用输出解析器的 parse 方法时，还会自动将 XML 格式的文本转换成一个字典。

```
instructions: The output should be formatted as a XML file.
1. Output should conform to the tags below.
2. If tags are not given, make them on your own.
3. Remember to always open and close all the tags.

As an example, for the tags ["foo", "bar", "baz"]:
1. String "<foo>
   <bar>
      <baz></baz>
   </bar>
</foo>" is a well-formatted instance of the schema.
2. String "<foo>
   <bar>
   </foo>" is a badly-formatted instance.
3. String "<foo>
   <tag>
   </tag>
</foo>" is a badly-formatted instance.

Here are the output tags:
```
['movies', 'movie', 'name', 'director', 'year']
```

output:
<movies>
    <movie>
        <name>霸王别姬</name>
        <director>陈凯歌</director>
        <year>1993</year>
    </movie>
    <movie>
        <name>活着</name>
        <director>张艺谋</director>
        <year>1994</year>
    </movie>
</movies>, type: <class 'str'>

output_format:
{'movie': [{'name': '霸王别姬'}, {'director': '陈凯歌'}, {'year': '1993'}]}
{'movie': [{'name': '活着'}, {'director': '张艺谋'}, {'year': '1994'}]}
```

图 4-17

## 4.4.5 StructuredOutputParser

StructuredOutputParser 输出解析器可以将大语言模型返回的内容根据我们定义的结构转换成 JSON 格式的字符串，代码如下。

```
from langchain.output_parsers import (
    StructuredOutputParser,
    ResponseSchema
```

```
)
from langchain.prompts import PromptTemplate
from langchain.llms import OpenAI

response_schemas = [
    ResponseSchema(
        name='answer',
        description='提问的回答内容。'
    ),
    ResponseSchema(
        name='source',
        description='回答内容的出处网址。'
    )
]
output_parser = StructuredOutputParser.from_response_schemas(
    response_schemas)

instructions = output_parser.get_format_instructions()

    print(f'instructions: {instructions}')

prompt_tpl = PromptTemplate.from_template(
    template='请尽可能地回答用户所提的问题。\n{input}\n{instructions}',
    partial_variables={'instructions': instructions}
)

llm = OpenAI(model_name='gpt-3.5-turbo-instruct')
prompt = prompt_tpl.format(input='中国有多少个民族？')

output = llm(prompt)
    print(f'output: {output}, type: {type(output)}')

output_format = output_parser.parse(output)
    print('\noutput_format:')
for name, value in output_format.items():
    print(name, value)
```

首先，使用 ResponseSchema 对象来定义这个 JSON 字符串都有哪些字段。ResponseSchema 对象有以下 3 个参数。

- name：定义 JSON 中的字段名。
- Description：用于描述这个字段的作用。这个参数非常关键，大语言模型会根据这个描述来设置对应的数据。

- type：字段类型，默认为 string 字符串。

然后，使用 StructuredOutputParser.from_response_schemas 方法传入使用 ResponseSchema 对象构建好的 JSON 结构列表来实例化 StructuredOutputParser 对象，之后使用的方法就和常规解析器使用的方法是一样的了。

执行结果如图 4-18 所示。可以看到，它返回了一个由 Markdown JSON 语法包裹的 JSON 字符串。当使用输出解析器的 parse 方法时，它返回了一个字典。

````
instructions: The output should be a markdown code snippet formatted in the following schema, including the leading and trailing "```json" and "```":

```json
{
        "answer": string  // 提问的回答内容。
        "source": string  // 回答内容的出处网址。
}
```
output:


```json
{
        "answer": "中国有56个民族。",
        "source": "https://baike.baidu.com/item/%E4%B8%AD%E5%9B%BD%E6%B0%91%E6%97%8F/111037?fr=aladdin"
}
```
, type: <class 'str'>

output_format:
answer 中国有56个民族。
source https://baike.baidu.com/item/%E4%B8%AD%E5%9B%BD%E6%B0%91%E6%97%8F/111037?fr=aladdin
````

图 4-18

## 4.4.6 PydanticOutputParser

PydanticOutputParser 输出解析器是一个可以将结果输出成 pydantic.BaseModel 对象的解析器。在下面的例子中，我们将使用 PydanticOutputParser 输出解析器解析豆瓣电影网页，并将电影信息保存成一个 Python 字典，代码如下。

```
import requests
from bs4 import BeautifulSoup

from langchain.pydantic_v1 import BaseModel, Field
from langchain.output_parsers import PydanticOutputParser
from langchain.prompts import (
    ChatPromptTemplate,
    HumanMessagePromptTemplate
)
from langchain.chat_models import ChatOpenAI


class MovieInfo(BaseModel):
```

```
    name: str = Field(description='电影名称')
    director: str = Field(description='电影导演')
    scriptwriter: str = Field(description='电影编剧')
    language: str = Field(description='电影语言')
    release_date: str = Field(description='电影上映日期')
    movie_type: str = Field(description='电影类型')
    rating: float = Field(description="电影评分")
    length: str = Field(description='电影片长')


def get_movie_html(url):
    """解析并拼接关系数据的 HTML"""
    response = requests.get(
        url, headers={
            'User-Agent': (
                'Mozilla/5.0 (Windows NT 10.0; Win64; x64) '
                'AppleWebKit/537.36 (KHTML, like Gecko) '
                'Chrome/116.0.0.0 '
                'Safari/537.36'
            )}
    )
    html_markup = ''
    if response.status_code == 200:
        html_markup = response.text
        soup = BeautifulSoup(html_markup, 'html.parser')
        html_markup = str(soup.h1)

        element = soup.find(id='info')
        html_markup += str(element)

        element = soup.find(id='interest_sectl')
        html_markup += str(element)

    return html_markup


def chatgpt_parse(html):
    """解析内容"""
    parser = PydanticOutputParser(pydantic_object=MovieInfo)

    messages = [HumanMessagePromptTemplate.from_template(
        template=('从以下 HTML 中提取电影信息:\n{html}.\n'
                  '{format_instructions}\n'),
    )]
```

```
    prompt_tpl = ChatPromptTemplate(messages=messages).format_prompt(
        html=html,
        format_instructions=parser.get_format_instructions()
    )
    model = ChatOpenAI(temperature=0.0)
    _output = model(prompt_tpl.to_messages())
    recipe = parser.parse(_output.content)
    return recipe


movie_url[1] = 'https://movie.doub**.com/subject/1292063/'
html_str = get_movie_html(movie_url)

data = chatgpt_parse(html_str)

    print(f'type: {type(data)}')
for key, value in data.dict().items():
    print(f'{key}: {value}')
```

首先，我们定义了一个 `MovieInfo`，它继承自 `pydantic.BaseModel` 类。在这个类中我们定义了需要收集哪些信息。

然后，我们实现了一个 `get_movie_html` 函数。这个函数的作用是获取我们给定的豆瓣电影网页的 HTML 结构，为了减少 Token 的开销，以及防止 HTML 文本过大导致超过大语言模型的最大 Token，这里又对 HTML 结构做了进一步的处理。我们将需要提取的关键部分的 HTML 进行了拼接，这样即可减少上下文的 Token。当然，如果你使用 16000 个 Token 的模型，就不需要做这一步了。

接着，我们实现了 `chatgpt_parse` 函数，这个函数就是用来请求大语言模型的。在这个函数中，我们使用了 `ChatPromptTemplate`。我们先实例化了 `PydanticOutputParser` 对象，并设置 `pydantic_object` 参数为我们上面定义的 `MovieInfo`。在 `ChatPromptTemplate` 对象初始化后调用 `format_prompt` 方法时，设置 `format_instructions` 参数，将输出解析器生成的 Prompt 传入模板中。

最后，我们使用模板对象的 `to_messages` 方法将模板转换成 HumanMessage 对象列表，并传入大语言模型对象中用于请求。

执行结果如图 4-19 所示。可以看到，它最后返回的对象是 `MovieInfo` 对象，并且对每个字段都进行了正确的设置。

---

1 请参考链接 4-3。

```
type: <class '__main__.MovieInfo'>
name: 美丽人生 La vita è bella
director: 罗伯托·贝尼尼
scriptwriter: 温琴佐·切拉米 / 罗伯托·贝尼尼
language: 意大利语 / 德语 / 英语
release_date: 2020-01-03(中国大陆) / 1997-12-20(意大利)
movie_type: 剧情 / 喜剧 / 爱情 / 战争
rating: 9.6
length: 116分钟(国际版) / 125分钟
```

图 4-19

## 4.4.7 OutputFixingParser

OutputFixingParser 输出解析器的作用是当提示词模板使用的解析器无法正确解析时，可以使用这个解析器调用大语言模型，修复之前输出的内容，从而正确地输出结果并对结果进行解析，代码如下。

```
from langchain.llms import OpenAI
from langchain.pydantic_v1 import BaseModel, Field
from langchain.schema.output_parser import OutputParserException
from langchain.output_parsers import (
    PydanticOutputParser,
    OutputFixingParser,
)


class MovieInfo(BaseModel):
    name: str = Field(description='电影名称')
    director: str = Field(description='电影导演')


parser = PydanticOutputParser(pydantic_object=MovieInfo)
error_info = "{'name': '美丽人生', 'director': '罗伯托·贝尼尼'}"

try:
    parser.parse(error_info)
except OutputParserException as e:
    print(e)
    fix_parser = OutputFixingParser.from_llm(
        parser=parser, llm=OpenAI()
    )
    print(fix_parser.parse(error_info))
```

我们先使用 PydanticOutputParser 输出解析器来进行解析，因为 error_info 中的字典形式的字符串没有使用双引号，所以解析出错，报错信息如下。

```
Failed to parse MovieInfo from completion {'name': '美丽人生', 'director': '罗伯托·贝尼尼'}. Got: Expecting property name enclosed in double quotes: line 1 column 2 (char 1)
```

首先，我们捕获到了这个异常。

然后，使用 OutputFixingParser.from_llm 方法实例化了 OutputFixingParser 对象。该对象有两个参数，一个是 parser 参数，它设置的值是 PydanticOutputParser 这个输出解析器。另一个参数是用来修复输出结果的大语言模型对象。

最后，调用 OutputFixingParser 对象的 parse 方法获取正确的解析结果。

### 4.4.8 RetryWithErrorOutputParser

由于 OutputFixingParser 只能修复格式上的错误，但在实际生产中可能会出现返回的数据不全这种情况，此时，RetryWithErrorOutputParser 输出解析器就派上了用场，我们来看下面的例子。

```
from langchain.llms import OpenAI
from langchain.schema.output_parser import OutputParserException
from langchain.output_parsers import (
    PydanticOutputParser,
    RetryWithErrorOutputParser,
)


class Action(BaseModel):
    action: str = Field(description='要执行的动作')
    action_input: str = Field(description='动作的输入')


parser = PydanticOutputParser(pydantic_object=Action)
prompt = PromptTemplate(
    template='请回答用户的问题.\n{instructions}\n{query}\n',
    input_variables=['query'],
    partial_variables={
        'instructions': parser.get_format_instructions()
    },
)
```

```
prompt_value = prompt.format_prompt(query='西游记的作者是谁？ ')
bad_response = '{"action": "search"}'

try:
    parser.parse(bad_response)
except OutputParserException as e:
    retry_parser = RetryWithErrorOutputParser.from_llm(
        parser=parser, llm=OpenAI(temperature=0)
    )
    print(retry_parser.parse_with_prompt(bad_response, prompt_value))
```

可以看到，在 Action 对象中，我们定义了两个字段：action 和 action_input。但是在需要解析的 bad_response 内容中只有 action 这一个字段，所以我们在用 PydanticOutputParser 解析时会就报错。因为此时不仅格式有错误，内容也不全，所以使用 OutputFixingParser 是无法修复的。

因此这里使用了 RetryWithErrorOutputParser 输出解析器。它在通过 from_llm 方法初始化时，需要传入 PydanticOutputParser 对象和待修复的大语言模型对象两个参数。并且在解析时，需要将提示词模板对象也传入 parse_with_prompt 方法中。

我们在导入 RetryWithErrorOutputParser 类时，发现还有一个 RetryOutputParser 类。这两个类的区别在于，RetryWithErrorOutputParser 类会将解析错误时的报错信息也作为修复提示词的一部分发送给大语言模型，这意味着它提供了更多的关于如何修复它的信息。因此推荐使用 RetryWithErrorOutputParser 类。

## 4.4.9　自定义输出解析器

LangChain 提供了自定义输出解析器的功能。首先，我们需要继承 langchain.schema.output_parser.BaseOutputParser 类。然后，实现 get_format_instructions、parse 和_type 这三个方法。

- get_format_instructions：定义用于驱动大语言模型返回期望结果的提示词。
- parse：解析和格式化大语言模型返回的结果。
- _type：指定输出解析器的类型。

下面我们实现一个 UML 输出解析器，代码如下。

```
import re

from langchain.llms import OpenAI
from langchain.prompts import PromptTemplate
```

```
from langchain.schema.output_parser import BaseOutputParser


class UMLOutputParser(BaseOutputParser):
    def get_format_instructions(self):
        return (
            'The output should be a markdown code snippet '
            'formatted in the following schema, '
            'including the leading and trailing "```uml" and "```":\n'
            '```uml\n'
            '@startuml\n'
            '......\n'
            '@enduml\n'
            '```'
        )

    def parse(self, text: str):
        match = re.search(r"```(uml)?(.*)```", text, re.DOTALL)
        uml_str = match.group(2).strip()
        return uml_str

    @property
    def _type(self):
        return 'uml'


output_parser = UMLOutputParser()
instructions = output_parser.get_format_instructions()

prompt_tpl = PromptTemplate.from_template(
    template='请画一张{content}。\n{instructions}',
    partial_variables={'instructions': instructions}
)

prompt = prompt_tpl.format(content='采购审批流程图')

llm = OpenAI(model_name='gpt-3.5-turbo-instruct')
output = llm(prompt)

output_format = output_parser.parse(output)
print(output_format)
```

首先，定义一个 UMLOutputParser 类，在 get_format_instructions 方法中，我们定义了期望大语言模型输出的 UML Markdown 结构的提示词。在 parse 方法中，我们用正则表达式将

UML Markdown 语法转换为只有 UML 语法的字符串。在_type 方法中，我们设置了它的类型为 **uml**。最终执行结果如图 4-20 所示。

```
@startuml
title 采购审批流程图

start
:提交采购申请;
:部门经理审批;
if (金额 <= 5000) then (是)
  :审批通过;
  else (否)
  :提交给总经理;
endif
:总经理审批;
if (金额 <= 10000) then (是)
  :审批通过;
  else (否)
  :提交给财务部;
endif
:财务部审批;
if (金额 <= 20000) then (是)
  :审批通过;
  else (否)
  :提交给采购部;
endif
:采购部审批;
:生成采购订单;
:采购商品;
:收到商品并验收;
:付款;
stop
@enduml
```

图 4-20

# 第 5 章 Data Connection（数据连接）

## 5.1 检索增强生成

### 5.1.1 什么是检索增强生成

检索增强生成（Retrieval-Augmented Generation，RAG）代表了近年来自然语言处理技术的新发展方向，它成功地将检索系统与大语言模型相结合，旨在为用户提供更加精确和相关的答案。具体来说，当我们提出一个问题时，检索系统首先从海量的文本资料中筛选出与之相关的文本片段，这些片段被称为“上下文”。随后，大语言模型会利用这些上下文，作为额外的输入信息来生成相关的答案。

这种结合方法的优越性在于，传统的语言模型往往依赖其训练数据来回答问题，而 RAG 机制能够“引导”模型根据特定的、外部的上下文来形成答案。这意味着，即使面对模型在其原始训练数据中从未见过的问题，只要该问题相关的上下文可以被检索到，RAG 机制就能够协助模型生成合理的答案。

### 5.1.2 检索增强生成的工作流程

检索增强生成的工作流程可以简要地分为以下两个主要阶段。

1. 索引阶段

- **知识库构建**：在这个步骤中，首先需要收集和整理大量的文本资料。这些资料可以是各种来源，如学术论文、新闻报道、维基百科等。这些文本资料构成了所谓的“知识库”。
- **文本预处理**：对收集到的文本进行分析和预处理，如分词、去除停用词、标注词性等。这可以帮助后续的检索系统更快速、准确地找到相关信息。
- **建立索引**：使用特定的算法，如对预处理后的文本内容向量化处理后进行索引。这样在后续的查询阶段，可以迅速定位与查询相关的文本片段。

2. 查询阶段

- **问题解析**：当用户提出一个问题或查询请求时，首先需要对其进行解析，确定关键词或关键短语，以便进行高效的检索。
- **上下文检索**：基于前一步解析出的关键信息，查询系统从知识库中检索出与之相关的文本片段，即上下文。
- **生成回答**：拥有相关的上下文信息后，大语言模型（LLM）会将其作为输入，结合问题生成最终的答案。这使得答案更加精确和具有针对性。

LangChain 提供了多种先进的技术能力，其中“检索增强生成”是其最主要的功能之一。LangChain 的工作流程如图 5-1 所示。

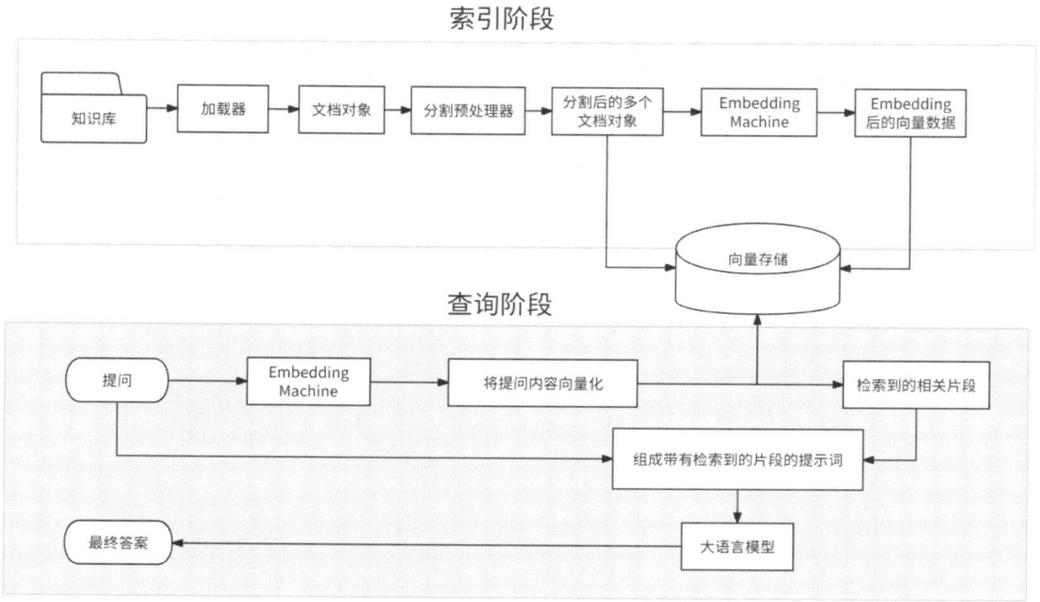

图 5-1

### 5.1.3 什么是 Embedding（嵌入）

人类的大脑拥有一种令人惊叹的能力，可以识别和处理语言中的细微差异，使我们能够理解词语和短语的意义、关系与情感。在我们大脑的某个神秘角落，存在一个复杂的神经网络，使我们理解“儿童”和“孩子”在本质上表示同一个概念，知道“红色”和“绿色”都属于颜色的范畴，并能够辨识“高兴”“快乐”和“兴高采烈”这些词汇都描述了积极的情感，尽管它们的强度各有不同。

然而，这种对语言的直观理解是如何形成的呢？我们很难具体解释。当我们学习和使用语言时，这种理解似乎是自然而然地嵌入脑海的。

相对地，LLM 采用了一种不同的方法来理解语言。它们不依赖于生物神经网络，而是通过计算机算法来学习和理解语言。在这些模型中，词语和短语被转化为数字向量，这些向量被称为“嵌入”。这些嵌入捕捉了词汇的多种属性，包括其语义、语法、感情色彩等。通过这种方式，LLM 可以获得对语言的深入理解，与人类的直观理解相似，但又具有数学的严格性。

一个关键的技术挑战是如何将人类的文字语言有效地转化为这些数字向量。这需要一种翻译器，不是从一种自然语言翻译为另一种自然语言，而是从自然语言翻译为人工智能（AI）的数字语言。我们将这个翻译器称为“Embedding Machine”。

如图 5-2 所示，自然语言通过 Embedding Machine 之后会被转化为多维向量，即被编码成 AI 能理解的语言形式。在这个多维空间中，每种自然语言的表达都被映射为一个点。两个点之间的距离越近，说明它们代表的语言含义越相似。当我们使用检索功能时，其实就是在进行向量计算。当用户提出一个问题时，系统首先会将这个问题转换为一个向量，然后在已存在的多维空间中寻找与之最接近的点，也就是计算问题的向量与其他向量之间的距离。通过这种方式，系统能够快速准确地找到与用户问题最匹配的答案。

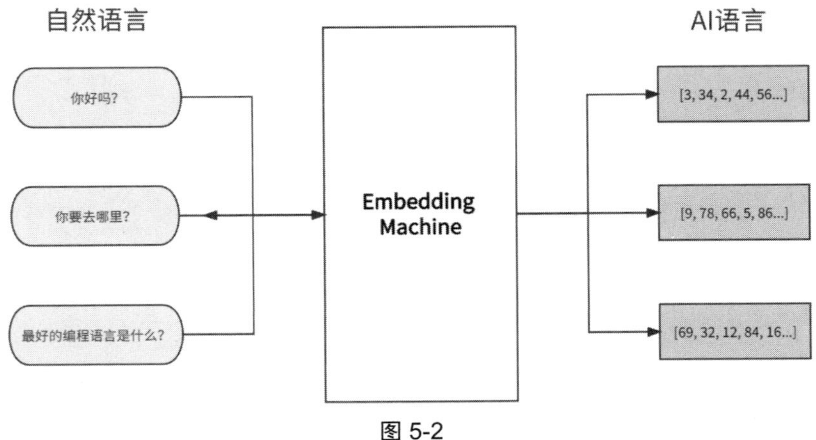


图 5-2

决定使用 RAG 还是微调需要考虑项目的具体需求和场景。以下是一些参考建议。

1. 使用 RAG 的场景

**（1）需要外部信息源**：当应用需要回答关于现实世界的特定问题时，RAG 具有独特的优势。例如，对于最新的科技新闻、历史事件或特定的科学事实等，RAG 能够从外部信息源（如维基百科）中检索并生成答案。

**（2）有限的训练数据**：对于那些只有有限训练数据的项目，RAG 可以利用其检索功能从更大的数据集中学习，从而弥补训练数据的不足。

2. 使用微调的场景

**（1）追求高精度**：微调针对特定任务优化模型，使其更加专业和精确。当准确性是关键需求时，如医学诊断或金融预测，微调是首选方法。

**（2）充足的训练数据**：微调需要大量的任务相关训练数据。当你拥有这些数据时，通过微调，模型可以在特定领域获得更好的表现。

**（3）追求快速响应**：尽管微调可能会使模型稍显复杂，但它仍然比 RAG 更快。因为微调模型直接生成答案，不需要进行外部信息的检索。当应用场景需要快速反馈，例如紧急响应系统时，微调是更好的选择。

## 5.1.4 重要的文本预处理

在构建数据库索引时，文本预处理环节的重要性不言而喻。这一过程确保检索引擎能够快速、高效、准确地检索到相关数据。通常，文本预处理可概括为以下两个核心步骤。

**（1）加载**：首先，系统需要从其原始存储位置获取知识库的全部内容。这可能涉及从硬盘、云存储、数据库或其他存储介质中读取数据。在这一步中，确保数据的完整性和准确性是至关重要的，因为任何错误或遗漏都可能对后续检索造成影响。

**（2）分割转换**：加载完数据后，接下来的任务是将这些知识分割为适当大小的块，以便能够更好地存入检索系统。这并不仅仅是简单地随机分割文本，而是需要确保每个分割出的数据片段在语义上是完整的，并且需要删除冗余内容，这样当用户查询特定信息时，返回的片段将是有意义和相关性的。

LangChain 的出现无疑为数据库的文本预处理环节带来了极大的便利。对于上述两个关键步骤——加载和分割，LangChain 提供了一系列的工具类，使得对知识库的内容预处理变得更为简单而高效。不仅如此，这些工具类都是基于广泛的实践经验和深入的技术研究而设计的，确保用户能够获得最优的预处理效果。在接下来的章节中会详细介绍每一个主要的工具类，包括它们的功能、使用方法和最佳实践，帮助读者深入理解并掌握 LangChain 的强大之处。

## 5.2 Document Loader（文档加载器）

在读取外部数据时，LangChain 会针对不同的数据类型提供特定的文档加载器。完成数据读取后，它会返回一个名为 Document 的对象。这个 Document 对象包含了一段文本及其相关的元数据。举例来说，有的加载器专门用于读取简单的 txt 文件，有的则能够提取网页的文本内容，还有的能加载 YouTube 视频的字幕。LangChain 提供了许多这样的加载器，每一种加载器都是为特定的数据类型或来源定制的，确保能够准确地解析并转化数据，在 langchain.document_loaders 模块中可以看到 LangChain 提供的所有加载器。接下来将详细介绍其中几种具有代表性且常用的加载器。

### 5.2.1 CSV 加载器

CSV 加载器专门用于读取和加载 CSV 文件，它会将文件中的每一行转化为一个 Document 对象，具体代码如下。

```
from langchain.document_loaders.csv_loader import CSVLoader

loader = CSVLoader(
    'sample_data/california_housing_test.csv',
    source_column='housing_median_age'
)

for x in loader.load()[:10]:
    print(x)
```

CSVLoader 中的 source_column 是一个可选参数，允许我们选择指定的列数据，并将其放入 Document 对象的 metadata 部分。当我们从 CSV 文件中加载文档并将其作为链式回答问题的数据源时，这一功能显得尤为重要。

### 5.2.2 文件目录加载器

文件目录加载器允许我们轻松地从指定的目录中加载所需的文件，具体代码如下。

```
from langchain.document_loaders import DirectoryLoader
```

```
loader = DirectoryLoader('sample_data/')
for x in loader.load():
    print(x)
```

DirectoryLoader 中有几个关键参数，具体如下。

- glob：此参数允许用户使用正则表达式来筛选需要加载的特定文件或文件类型。例如，如果只希望加载后缀为 md 的文件，则可以将此参数设置为**/*.md。
- show_progress：在文件加载过程中，如果加载时间预计较长，则可以将此参数设置为 True，这样会显示一个加载进度条。此功能依赖于 tqdm 库。
- use_multithreading：在默认设置下，文件的加载是单线程进行的。如果需要加载的文件数量很大，则可以考虑将此参数设置为 True，从而启用多线程加载。
- loader_cls：在默认情况下，每个文件都会使用 UnstructuredLoader 进行加载。如果希望采用其他类型的加载器，或者需要使用自定义的加载器对象，则可以通过此参数进行设置。
- silent_errors：在文件加载过程中，一旦某个文件出现错误，默认情况下整个加载过程会终止。如果希望程序在出现错误时继续加载其他文件，则可以将此参数设置为 True。
- loader_kwargs：当需要给 loader_cls 所指定的加载器传递额外的参数时，可以使用这个参数进行设置。

## 5.2.3 HTML 加载器

HTML 加载器（UnstructuredHTMLLoader）允许我们轻松地将 HTML 文本转化为 Document 对象，具体代码如下。

```
from langchain.document_loaders import UnstructuredHTMLLoader

loader = UnstructuredHTMLLoader(
    'example_data/fake-content.html'
)

for x in loader.load():
    print(x)
```

如果想要把 HTML 文本的 title 放入 metadata，则可以使用 BSHTMLLoader 加载器。

## 5.2.4 JSON 加载器

JSON 加载器允许我们轻松地将 JSON 文本转化为 Document 对象。它可以加载 JSON 和 JSONL 两种格式的文件。此外，它支持 jq 库的过滤语法，为处理 JSON 数据提供了便利，具体代码如下。

```
from langchain.document_loaders import JSONLoader

loader = JSONLoader(
    file_path='example_data/facebook_chat.json',
    jq_schema='.messages[].content',
)

for x in loader.load():
    print(x)
```

比如，在JSON文件中存在一个名为messages的键，它对应的值是一个列表。这个列表里的每一项都是一个字典，而在这些字典中都有一个名为content的键。通过设置jq_schema参数为.messages[].content就可以将每个content键对应的值都转化为一个Document对象。如果想了解更多关于jq的语法，则可以查阅相关文档[1]。

同时，JSONLoader 支持自定义处理 metadata 的函数，只需将 metadata_func 设置为用于处理的函数即可，例如：

```
from langchain.document_loaders import JSONLoader

def metadata_func(record, metadata):
    metadata['Series'] = record['Series']
    return metadata

loader = JSONLoader(
    file_path='sample_data/anscombe.json',
    jq_schema='.[]',
    metadata_func=metadata_func,
    # 如果在 JSON 文件中有的值不是字符串，
    # 则需要将该值设置为 False
    text_content=False
)

for x in loader.load():
    print(x)
```

1 请参考链接 5-1。

## 5.2.5　Markdown 加载器

Markdown 加载器（UnstructuredMarkdownLoader）使我们可以便捷地将 Markdown 文本加载为 Document 对象，具体代码如下。

```
from langchain.document_loaders import UnstructuredMarkdownLoader

loader = UnstructuredMarkdownLoader(
    'sample_data/README.md'
)

for x in loader.load():
    print(x)
```

## 5.2.6　URL 加载器

### 1. WebBaseLoader

WebBaseLoader 基于 requests 和 aiohttp 库来加载网页，支持异步加载，具体代码如下。

```
from langchain.document_loaders import WebBaseLoader

loader = WebBaseLoader(
    'https://movie.doub**.com/subject/1292063/'[1]
)

for x in loader.load():
    print(x.page_content)
```

### 2. UnstructuredURLLoader

UnstructuredURLLoader 是一个用于将网页内容转换成 Document 对象的加载器，具体代码如下。

```
from langchain.document_loaders import UnstructuredURLLoader

loader = UnstructuredURLLoader(
    ['https://python.langcha**.com/docs/get_started/introduction'][2],
)
```

1　请参考链接 5-2。

2　请参考链接 5-3。

```
for x in loader.load():
    print(x.page_content)
```

可以看到它的使用很简单，在实例化 UnstructuredURLLoader 对象时，只需传入一个网址列表即可。它还有另一个比较重要的参数 mode。这个参数可以设置为两个值：single 和 elements，默认值为 single。其中，single 表示将整个网页内容转换成一个 Document 对象。elements 会将网页按元素进行拆分，为每个拆分的结果都创建一个 Document 对象。

因为 langchain.document_loaders 中带有 Unstructured 前缀的加载器实际上都是基于 unstructured 库的，所以这些类在实例化的时候都支持设置 unstructured 库中的 partition 方法相关参数，只需要设置 unstructured_kwargs 参数或者在实例化 Unstructured 前缀的加载器对象时设置对应的参数即可。

在使用 Unstructured 前缀的加载器的时候，只需要调用实例化后的对象的 load 方法即可。

#### 3. SeleniumURLLoader

SeleniumURLLoader 使用 Selenium 库来加载网页，可以加载到用 JavaScript 渲染的内容。具体代码如下。

```
from langchain.document_loaders import SeleniumURLLoader

loader = SeleniumURLLoader([
    'https://goo.gl/ma**/NDSHwePEyaHMFGwh8'[1]
])

for x in loader.load():
    print(x.page_content)
```

它也支持设置 Selenium 库的相关参数，只需在实例化的时候设置 arguments 即可。

#### 4. PlaywrightURLLoader

PlaywrightURLLoader 使用微软的 Playwright 库来加载网页，同样可以加载到用 JavaScript 渲染的内容，并且这个加载器支持异步加载。具体代码如下。

```
from langchain.document_loaders import PlaywrightURLLoader

loader = PlaywrightURLLoader([
    'https://goo.gl/ma**/NDSHwePEyaHMFGwh8'[1]
```

---

1 请参考链接 5-4。

```
])

for x in loader.load():
    print(x.page_content)
```

## 5.2.7 PDF 加载器

### 1. PyPDFLoader

PyPDFLoader 是使用 pypdf 库加载 PDF 文件的加载器。具体代码如下。

```
from langchain.document_loaders import PyPDFLoader

loader = PyPDFLoader(
    'example_data/2302.03803.pdf',
    extract_images=True
)

for x in loader.load():
    print(x.page_content)

for x in loader.load_and_split():
    print(x.page_content)
    print('\n\n')
```

如果需要加载的 PDF 是图片类型的，那么 PyPDFLoader 也支持将图片转成文字，只需要在实例化 PyPDFLoader 的时候，设置 extract_images 参数为 True 即可。

### 2. MathpixPDFLoader

MathpixPDFLoader是专门用于加载PDF文件的工具，其特点是能够利用mathpix API 把PDF格式转换为其他文本格式后再进行加载。它的最大亮点在于可以将PDF文件中的数学公式也转化为文本格式。因为这一功能采用了mathpix的转换服务，所以在使用前需要配置对应的mathpix API KEY。创建mathpix API KEY的详细步骤可以参考官方文档[2]。

案例的具体代码如下。

```
from langchain.document_loaders import MathpixPDFLoader
```

1 请参考链接 5-5。

2 请参考链接 5-6。

```
loader = MathpixPDFLoader(
    'example_data/2302.03803.pdf',
    mathpix_api_key='xxxxxxx',
    processed_file_format='md'
)

for x in loader.load():
    print(x.page_content)
```

在实例化 MathpixPDFLoader 时，需要设置 MathpixPDFLoader 的 mathpix_api_key 为我们申请的 mathpix API KEY，或者设置环境变量 MATHPIX_API_KEY。MathpixPDFLoader 的 processed_file_format 参数用于设置要将 PDF 文件转换成什么类型的文本，可以设置为 md、docx、tex.zip、html，默认值是 md。

### 3. UnstructuredPDFLoader

UnstructuredPDFLoader 是一个利用了 Unstructured 库的专门用于加载 PDF 文件的加载器。需要特别说明的是，LangChain 中的 PDF 加载器基本都支持加载网络地址的 PDF 文件，具体代码如下。

```
from langchain.document_loaders import UnstructuredPDFLoader

loader = UnstructuredPDFLoader(
    'https://arxiv.o**/pdf/2302.03803.pdf'[1]
)

for x in loader.load():
    print(x.page_content)
```

### 4. PDFMinerPDFasHTMLLoader

PDFMinerPDFasHTMLLoader 的主要功能是先将 PDF 文件转换为 HTML 文本，然后进行加载。这样的设计使我们在未来可以轻松地通过解析 HTML 进行文本分割和其他预处理操作。具体代码如下。

```
from langchain.document_loaders import PDFMinerPDFasHTMLLoader

loader = PDFMinerPDFasHTMLLoader(
    'example_data/2302.03803.pdf'
)
```

1　请参考链接 5-7。

```
for x in loader.load():
    print(x.page_content)
```

### 5. PyMuPDFLoader

PyMuPDFLoader 是基于业界领先的、速度极快的 PDF 解析库 PyMuPDF 构建的。具体代码如下。

```
from langchain.document_loaders import PyMuPDFLoader

loader = PyMuPDFLoader(
    'example_data/2302.03803.pdf'
)

for x in loader.load():
    print(x.page_content)
```

### 6. PyPDFDirectoryLoader

PyPDFDirectoryLoader 能够直接从指定目录中加载 PDF 文件。对于其中每一个加载的 PDF 文件，实际上都采用了 PyPDFLoader 加载器进行处理。具体代码如下。

```
from langchain.document_loaders import PyPDFDirectoryLoader

loader = PyPDFDirectoryLoader(
    'example_data/'
)

for x in loader.load():
    print(x.page_content)
```

### 7. AmazonTextractPDFLoader

AmazonTextractPDFLoader 通过调用 Amazon Textract Service 将 PDF 文件转换为文档对象。该加载器目前主要执行纯粹的 OCR 功能，但根据用户的需求，计划在未来增加更多的功能。它能够处理最多包含 3000 页、单页文件大小达到 512MB 的单页或多页文档。AmazonTextractPDFLoader 除了支持 PDF 格式，还支持 JPEG、PNG 和 TIFF 格式，以及非原生的 PDF 格式。当然，使用 AmazonTextractPDFLoader 之前需要先创建一个 AWS 账户。具体代码如下。

```
from langchain.document_loaders import AmazonTextractPDFLoader

loader = AmazonTextractPDFLoader(
    file_path='s3://pdfs/myfile.pdf'
```

```
)

for x in loader.load():
    print(x.page_content)
```

## 5.2.8 自定义加载器

LangChain 提供了极大的灵活性，支持自定义加载器。创建一个自定义加载器的步骤非常简单。首先，需要继承 `langchain.document_loaders.base.BaseLoader` 类，并实现其 `load` 方法。接下来实现一个简单的 TXT 文本加载器，具体代码如下。

```
from typing import List, Optional

from langchain.docstore.document import Document
from langchain.document_loaders.base import BaseLoader


class TxtLoader(BaseLoader):
    def __init__(
            self,
            filepaths: List[str],
            split_str: Optional[str] = None
    ):
        self.filepaths = filepaths
        self.split_str = split_str

    def load(self) -> List[Document]:
        documents = []
        for filepath in self.filepaths:
            self._generate_documents(filepath, documents)

        return documents

    def _generate_documents(self, filepath, documents):
        with open(filepath) as f:
            data = f.read().strip()

        metadata = {
            'filepath': filepath,
            'split_str': self.split_str
        }
        if self.split_str is not None:
```

```
            for split_data in data.strip(self.split_str):
                documents.append(
                    Document(
                        page_content=split_data,
                        metadata=metadata
                    ))
        else:
            documents.append(
                Document(page_content=data, metadata=metadata)
            )


txt_loader = TxtLoader([
    'sample_data/sample.txt',
    'sample_data/sample2.txt'
    ])

print(txt_loader.load())
```

在实例化 TxtLoader 时需要两个关键参数。第一个参数 filepaths 是我们希望加载的文件路径列表。第二个参数 split_str 是用于进一步细分每个文件内容的分隔符，这是一个可选参数。为 split_str 设定了具体值后，加载器在读取并加载每个文件之后，会使用这个分隔符对文档内容进行进一步的分割处理。这为按文档段落或章节对内容进行分割提供了便利。

load 方法的任务是返回一个 Document 对象的列表。每个 Document 对象有以下两个主要参数。

- page_content：这个参数用于储存文档的具体内容。
- metadata：这个参数用于记录加载过程中的信息或者文档的其他相关元数据。虽然它是一个可选参数，但在某些情境下，存储这些额外信息可能是非常有价值的。

## 5.3 Document Transformer（文档转换器）

在现代的计算应用中，处理和转换文档已经成为一种标准的工作流程。无论是为了数据清洗，还是为了特定的应用需求，文档的预处理通常是必不可少的步骤。它能够确保信息以最合适的格式和结构供程序或模型使用。

此时，LangChain 就展现出了它的价值。它拥有许多内置的文档转换器，不仅可以轻松地将长文本分割成小块，还可以进行组合、过滤、提取特征等多种操作。这为开发者提供了巨大的便利，开发者不再需要手动编写复杂的代码来完成这些操作。

总之，随着数据量的增长和应用的复杂化，高效的文档处理工具如 LangChain 变得日益重要。通过使用这样的工具，开发者可以更加专注于核心的业务逻辑，而不是花费大量时间处理数据。

## 5.3.1 文本分割

在分割长篇文本时，确保每一部分的语义完整性尤为重要，这无疑是一项极具挑战性的任务。虽然表面上看似简单，只需要切割文本即可，但实际上涉及的逻辑和步骤却颇为复杂。在理想状态下，我们希望确保被切割的文本片段在语义上是相关且完整的，这就要求我们深入理解文本的结构和含义。例如，在一个故事中，我们可能希望保持一个完整的情节段落；而在学术论文中，我们可能会考虑保持一个完整的论点或证据。

文本分割器的工作流程可以简化为以下步骤：

首先，需要将文本分割成小块，这些小块在语义上是有意义的。这通常意味着按句子或段落来分割文本。

接下来，将这些小块组合成更大的块。这些块的大小是有限制的，通常是基于某种度量函数来判定的，如字数或句子数量。

当一个块达到所需的大小时，为了保持块与块之间的语义连贯性，新的块会与前一个块有所重叠。

因此，在分割文本时，有两个核心维度需要考虑：

- **分割策略**：如何细致地切割文本，是按句子、段落，还是有其他的标准？
- **大小度量**：使用哪种方法来确定文本块的大小？是基于字数、句子数量，或是其他复杂的度量标准？

LangChain 提供了多种文本分割器，每种分割器都有独特的特性和适用场景。接下来将详细介绍几种 LangChain 提供的具有代表性的文本分割器。

### 1. CharacterTextSplitter

`CharacterTextSplitter` 是 LangChain 中最简单的文本分割器。它是基于分隔符分割文本的，并且按字符数计算每个块的长度。我们来看如下代码：

```
from langchain.text_splitter import CharacterTextSplitter


doc_str = """Spacewar! \n\nis a space combat video game developed \n\n
in 1962 by Steve Russell in collaboration with Martin Graetz, \n\n
```

```
Wayne Wiitanen, Bob Saunders, Steve Piner, and others. \n\n
The first video game known to be played at multiple \n\n
computer installations, \n\nit was popular in the small \n\n
American programming community in the 1960s. \n\n
Players wage a dogfight between two spaceships with limited \n\n
weaponry and fuel in the gravity well of a star.\n\n"""

text_splitter = CharacterTextSplitter(
    separator="\n\n",
    chunk_size=250,
    chunk_overlap=80,
    length_function=len,
)

docs = text_splitter.create_documents([doc_str])
for doc in docs:
    print(doc)
    print(f'length: {len(doc.page_content)}')
    print('=' * 66)
```

执行结果如图 5-3 所示。

```
page_content='Spacewar! \n\nis a space combat video game developed \n\n\nin 1962 by Steve Russell in
 collaboration with Martin Graetz, \n\n\nWayne Wiitanen, Bob Saunders, Steve Piner, and others. \n\n\nThe first
 video game known to be played at multiple'
length: 228
==================================================================
page_content='The first video game known to be played at multiple \n\n\ncomputer installations, \n\nit was
 popular in the small \n\n\nAmerican programming community in the 1960s. \n\n\nPlayers wage a dogfight between
 two spaceships with limited'
length: 219
==================================================================
page_content='Players wage a dogfight between two spaceships with limited \n\n\nweaponry and fuel in the gravity
 well of a star.'
length: 111
==================================================================
```

图 5-3

CharacterTextSplitter 对象在实例化的时候有 4 个参数比较重要：

- separator：这个参数用于设置拆分每个块的分隔符，它会通过这个参数将文本分割成多个小块。类型是字符串，默认值为"\n\n"。
- chunk_size：每个块的长度。文本分割器首先依据 separator 设定的分隔符来将整体文本分割。随后，它将依赖 chunk_size 值来组合这些块。在此过程中，首要任务是判断第一个块的长度是否至少达到了 chunk_size 的标准。如果达到，那么这个块将直接被实例化为一个 Document 对象。值得注意的是，CharacterTextSplitter 对象分割出的块的大小并不完全依赖于 chunk_size。实际上，系统首先依赖 separator 进行分割，并确保每个独立的块完整无缺。仅在这些块保持完整的前提下，系统才会进一步组合它们以形成更大的块。如果第一个块的长度不足 chunk_size，则系统会检查前两个块加起来的长度是否满足该标准。如果大于该值，那么仍然只会将第一个块单独实例化为 Document 对象。因此，chunk_size 实际上是为组合块设定的最大长度限制。例如，在图 5-3 中，尽管我们为 chunk_size 设定了 250 这个值，但实际上每个分割块的长度都未能达到此标准。

- chunk_overlap：这个参数定义了不同块之间的字符重叠长度。其核心计算逻辑是：通过前述方法，我们能够得到一个文本小块列表，其中所有小块的文本总长度不会超出 chunk_size。接着，这些小块会被拼接成一字符串，并被实例化为一个 Document 对象。在实例化此对象后，系统会检查该列表中对象拼接起来的字符串的长度是否超过了 chunk_overlap。如果超过了，那么列表中的第一个元素会被移除。此后，再次检查更新后的拼接的字符串的长度。这一过程会不断重复，直到该字符串的长度满足 chunk_overla 的要求。一旦满足，该列表便会进入下一个由 separator 分隔的小块，并开始新一轮的 chunk_size 计算。如果想深入了解此部分的具体实现，则可以查阅其 _merge_splits 方法。
- length_function：这个参数用于设定计算每个块长度的方法。默认情况下，它采用了 Python 内置的 len 函数。如果采用 CharacterTextSplitter.from_tiktoken_encoder 方法来创建分割器，则 length_function 参数会自动调整为一个基于 Token 来计算文本长度的函数。

### 2. RecursiveCharacterTextSplitter

对于常规的文本分割，我们更倾向于推荐使用 RecursiveCharacterTextSplitter 文本分割器。与 CharacterTextSplitter 的主要区别在于，其分隔符参数从原先的 separator 变为了 separators，从单词语义上就可以看出，这里需要传入一个列表，默认值为["\n\n", "\n", " ", ""]。

该分割器的工作流程如下。

（1）系统会从 separators 列表中的第一个分隔符开始遍历，尝试查找能够分割所提供文本的合适的分隔符。

（2）一旦找到合适的分隔符，系统就会利用其对文本进行分割。

（3）对分割出的文本块进行遍历。如果某个文本块的长度小于 chunk_size，则该文本块会被加入一个新的列表，待后续与其他文本块进行合并。这一合并逻辑与 CharacterTextSplitter 相似。

（4）如果某文本块长度超出 chunk_size，则系统会继续检查 separators 列表中当前分隔符之后的其他分隔符，试图找出能进一步分割该文本块的分隔符。

（5）找到合适的分隔符后，文本块会进一步被细分，随后再进行 chunk_size 的判断。

这种分割方法通过递归地应用多个分隔符，保证了在保持文本块完整性的前提下，更为精细和灵活地进行文本分割。因此，这些文本片段在语义上通常看起来关联性最为紧密。

具体代码如下。

```
from langchain.text_splitter import RecursiveCharacterTextSplitter

doc_str = """Spacewar!
is a space combat
video game developed
in 1962, by Steve
Russell in
collaboration
with Martin Graetz, Wayne Wiitanen,
Bob Saunders,
Steve Piner,
and others. """

text_splitter = RecursiveCharacterTextSplitter(
    chunk_size=80,
    chunk_overlap=30,
)

docs = text_splitter.create_documents([doc_str])
for doc in docs:
    print(doc)
    print(f'length: {len(doc.page_content)}')
    print('=' * 66)
```

执行结果如图 5-4 所示。

```
page_content='Spacewar! \nis a space combat \nvideo game developed \nin 1962, by Steve'
length: 69
==================================================================
page_content='in 1962, by Steve \nRussell in \ncollaboration'
length: 44
==================================================================
page_content='Russell in \ncollaboration \nwith Martin Graetz, Wayne Wiitanen, \nBob Saunders,'
length: 77
==================================================================
page_content='Bob Saunders,\nSteve Piner,\nand others.'
length: 38
==================================================================
```

图 5-4

这个分割器还有一个比较重要的参数就是 `keep_separator`。这个参数用于设置文档中是否保留原来的分隔符，因为默认为 `True`，所以在图 5-5 中可以看到，`Document` 对象中保留了分隔符`\n`。

如果读者对这一部分感兴趣，则可以访问在线的Text Splitter Playground。读者可以通过调整各种选项直观地查看最终的分割结果，这将有助于加深理解 [1]。

Text Splitter Playground
Split a text into chunks using a Text Splitter. Parameters include:
chunk_size: Max size of the resulting chunks (in either characters or tokens, as selected)
chunk_overlap: Overlap between the resulting chunks (in either characters or tokens, as selected)
length_function: How to measure lengths of chunks, examples are included for either characters or tokens
The type of the text splitter, this largely controls the separators used to split on
Chunk Size
1000
Chunk Overlap
200
Length Function
Characters
Select a Text Splitter
Character
from langchain.text_splitter import CharacterTextSplitter
length_function = len
splitter = CharacterTextSplitter(
separator = "\n\n", # Split character (default \n\n)
chunk_size=1000,
chunk_overlap=200,
length_function=length_function,
)
text = "foo bar"
splits = splitter.split_text(text)
Paste your text here:
Split Text

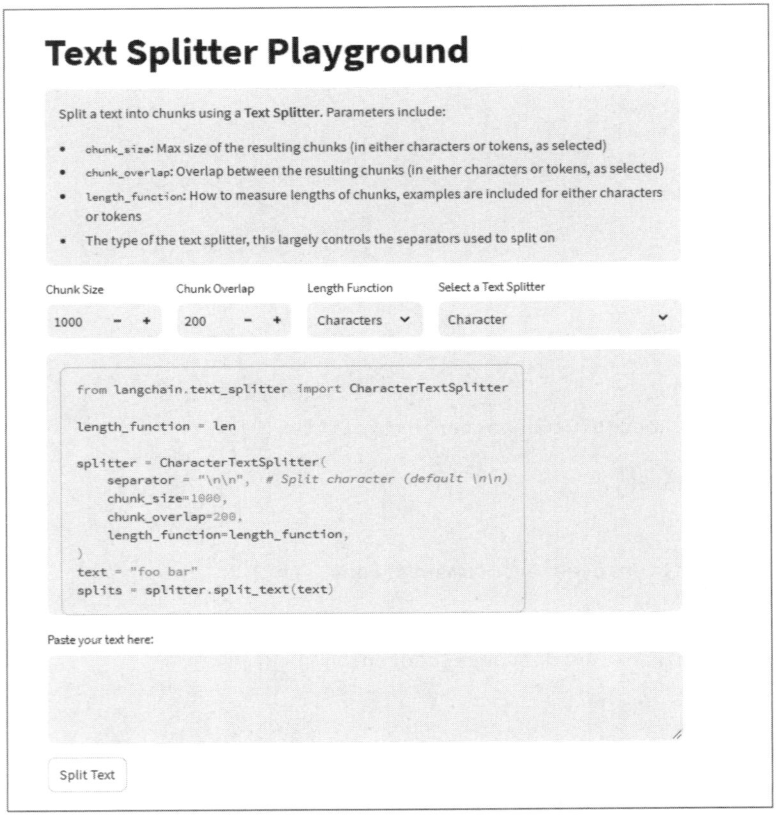

图 5-5

### 3. TokenTextSplitter

`TokenTextSplitter` 是一个依赖 Token 进行文本切割和长度计算的分割器。其基于 Token 的分割方法能更真实地捕捉到文本的结构特性。例如，当处理文本时，纯粹基于字符的分割方式可能会误切一个完整的词汇，而 `TokenTextSplitter` 确保每个 Token 保持完整。此外，TokenTextSplitter 不仅能够分割文本，它还能利用 Token 准确计算文本长度，确保每个分割后的

---

1 请参考链接 5-8。

文本块的 Token 数都不会超过所设置的最大长度，具体代码如下。

```
import tiktoken
from langchain.text_splitter import TokenTextSplitter

doc_str = """Spacewar! is a space combat video game developed
in 1962, by Steve Russell in collaboration with Martin Graetz,
Wayne Wiitanen, Bob Saunders,Steve Piner, and others. """

text_splitter = TokenTextSplitter(
    encoding_name='gpt2',
    chunk_size=12,
    chunk_overlap=0
)

docs = text_splitter.create_documents([doc_str])

token_encoder = tiktoken.get_encoding('gpt2')
for doc in docs:
    print(doc)
    token_len = len(token_encoder.encode(doc.page_content))
    print(f'length: {token_len}')
    print('=' * 66)
```

在实例化 TokenTextSplitte 时，有两个特有的参数 encoding_name 和 model_name。关于这两个参数可以设置的具体值，在第 3 章已经做过深入的解读，此处不再赘述。

执行结果如图 5-6 所示。可以看到，每个 Document 中的文本的最大 Token 数都是 12。

```
page_content='Spacewar! is a space combat video game developed'
length: 12
==================================================================
page_content=' \nin 1962, by Steve Russell in collaboration with Martin'
length: 12
==================================================================
page_content=' Graetz, \nWayne Wiitanen, Bob'
length: 12
==================================================================
page_content=' Saunders,Steve Piner, and others. '
length: 10
==================================================================
```

图 5-6

### 4. 自定义 Text Splitter

实现一个自定义文本分割器也很简单，只需要继承 langchain.text_splitter.TextSplitter，并且实现 split_text 方法即可。下面实现一个简单的句子文本分割器，具体代码如下。

```
import re
from langchain.text_splitter import TextSplitter


class SimpleSentenceTextSplitter(TextSplitter):
    def __init__(self, separators=None, **kwargs):
        super().__init__(**kwargs)
        self.separators = separators or [
            ',', '.', '?', '!', ';',
            '，', '。', '？', '！', '；'
        ]

    def split_text(self, text):
        pattern = '|'.join(map(re.escape, self.separators))
        return [t.strip() for t in re.split(pattern, text)
                if t.strip()]


doc_str = """有一个兕怪，把唐师父拿于洞里，是老孙寻上门与他交战一场，
那厮的神通广大，把老孙的金箍棒抢去了，因此难缚魔王。"""

text_splitter = SimpleSentenceTextSplitter()

docs = text_splitter.create_documents([doc_str])
for doc in docs:
    print(repr(doc))
    print('=' * 66)
```

执行结果如图 5-7 所示。每个 Document 对象中的文本是通过标点符号进行分隔的。

```
Document(page_content='有一个兕怪')
==================================================================
Document(page_content='把唐师父拿于洞里')
==================================================================
Document(page_content='是老孙寻上门与他交战一场')
==================================================================
Document(page_content='那厮的神通广大')
==================================================================
Document(page_content='把老孙的金箍棒抢去了')
==================================================================
Document(page_content='因此难缚魔王')
==================================================================
```

图 5-7

## 5.3.2 文本元数据提取

在处理大量文档时，获取其中的关键元数据不仅能够帮助我们更好地理解内容，还可以为后续的分析工作提供有价值的信息。想象一下，当你面前有成千上万关于书籍的文档时，单纯地阅读每一篇显然是不现实的。如果我们能够提取出书籍的名称、作者、发表日期等核心信息，那么文档的管理、检索和分析将变得容易许多。

从文档中提取元数据有助于执行各种任务，包括：

- **分类**：通过提取和分析文档的元数据，我们可以更轻松地对大量文档进行分类，进而快速找到所需的内容。
- **数据挖掘**：将非结构化的文档转化为结构化的数据集，使得数据分析师可以利用现代的数据处理工具进行深入的数据分析。
- **风格转换**：调整文本的书写风格，使之更贴近预期的用户输入，从而优化向量检索的结果。

为了帮助用户更高效地从文档中提取关键元数据，LangChain 提供了 DoctranPropertyExtractor 工具。使用起来很简单，我们来看具体代码。

```
import json
import asyncio

from langchain.schema import Document
from langchain.document_transformers import DoctranPropertyExtractor


doc_str = '《在细雨中呼喊》是作家余华的第一部长篇小说，首发于《收获》1991 年第 6 期。'
documents = [Document(page_content=doc_str)]

properties = [
    {
        'name': '名称',
        'description': '作品名称',
        'type': 'string',
        'required': True
    },
    {
        'name': '作者',
        'description': '作者名称',
        'type': 'string',
        'required': True
    },
    {
        'name': '期刊名称',
```

```
            'description': '发表到的期刊名称',
            'type': 'string',
            'required': True
        },
    ]

    async def extract_metadata():
        property_extractor = DoctranPropertyExtractor(
            openai_api_model='gpt-3.5-turbo',
            properties=properties,
        )
        extracted_document = await property_extractor.atransform_documents(
            documents
        )
        print(json.dumps(
            extracted_document[0].metadata,
            indent=2,
            ensure_ascii=False,
        ))


    asyncio.run(extract_metadata())
```

以上代码首先定义了一个名为 properties 的列表，详细列出了我们需要提取的元数据中的各个字段。接着创建了一个 DoctranPropertyExtractor 实例，它需要接收我们要使用的模型（名称为 openai_api_model）和元数据字段列表（properties）并作为参数。完成这些设置后，仅需调用 DoctranPropertyExtractor 对象的 atransform_documents 方法，便可以开始为传入的 Document 对象列表按照 properties 所定义的结构添加相应的 metadata 信息。

执行结果如图 5-8 所示。可以看到，程序已成功地从 Document 对象中提取了文本的元数据。

```
{
  "extracted_properties": {
    "名称": "在细雨中呼喊",
    "作者": "余华",
    "期刊名称": "收获"
  }
}
```

图 5-8

值得特别强调的是，在撰写本书时，Doctran 库中的相关文档转换器只实现了异步的 atransform_documents 方法。这是因为早期的 Doctran 库设计为只能进行异步调用。但在撰写本书时，Doctran 库已经调整为同步方法。因此，未来 LangChain 应该会实现同步版本的 transform_documents 方法。

除此之外，LangChain 还提供了 create_metadata_tagger 方法来实现同样的提取元数据的功能。具体代码如下。

```
from langchain.schema import Document
from langchain.chat_models import ChatOpenAI
from langchain.document_transformers.openai_functions import (
    create_metadata_tagger)

properties = {
    'properties': {
        'name': {'type': 'string', 'description': '作品名称'},
        'author': {'type': 'string', 'description': '作者姓名'},
        'journal': {'type': 'string', 'description': '发表到的期刊名称'},
    }
}

llm = ChatOpenAI(temperature=0)

document_transformer = create_metadata_tagger(
    metadata_schema=properties, llm=llm)

doc_str = '《在细雨中呼喊》是作家余华的第一部长篇小说，首发于《收获》1991 年第 6 期。'
documents = [Document(page_content=doc_str)]

enhanced_documents = document_transformer.transform_documents(
    documents)

print(json.dumps(
    enhanced_documents[0].metadata,
    indent=2,
    ensure_ascii=False,
))
```

执行结果如图 5-9 所示。

```
{
  "name": "在细雨中呼喊",
  "author": "余华",
  "journal": "收获"
}
```

图 5-9

## 5.3.3　文本翻译

在全球化的今天，处理多语言的文档已经成为许多组织和个人的工作常态。为了确保这些资料能够被所有人正确理解和利用，统一语言成为一种必然的需求。将多种语言的文本统一转换为一种特定的语言，不仅有助于内容的存储和管理，还能大大提高文档检索的效率。如果所有文档都已经被翻译为同一种语言，那么检索的结果将更准确和全面。因此，LangChain 提供了 DoctranTextTranslator 工具。

具体代码如下。

```
from langchain.schema import Document
from langchain.document_transformers import DoctranTextTranslator

doc_str = '《在细雨中呼喊》是作家余华的第一部长篇小说，首发于《收获》1991 年第 6 期。'
documents = [Document(page_content=doc_str)]

async def translate_documents():
    translator = DoctranTextTranslator(
        openai_api_model='gpt-3.5-turbo',
        language='english'
    )
    translated_documents = await translator.atransform_documents(
        documents)
    print(translated_documents[0].page_content)

asyncio.run(translate_documents())
```

首先实例化了 DoctranTextTranslator 对象，并提供了模型对象名 openai_api_model 和要翻译的语言 language 两个参数。然后调用 DoctranTextTranslator 对象的 atransform_documents 方法轻松实现了将 Document 对象中的中文文本转换成英文文本。

执行结果如下。

```
>> 《在细雨中呼喊》is the first novel by the writer Yu Hua, first published in the
6th issue of 'Harvest' in 1991.
```

## 5.3.4 生成文本问答

在向量存储的知识库中，文档通常以叙述或对话的形式存储。但实际上，大部分用户的查询都是以问题的形式出现的。如果在进行向量化之前能将文档转换为问答形式，就会拥有以下优势：

- **增强相关性**：通过将文档转换为问答格式，可以确保每个问题都有一个明确的答案，这样在用户提出相应的问题时，可以直接返回相关的答案。
- **降低噪音**：传统的叙述格式可能包含大量的背景信息和非核心内容。而问答格式更加精练，将主要焦点放在问题和答案上，从而降低不相关文档的检索可能性。

我们可以利用 LangChain 提供的 DoctranQATransformer 工具轻松地将文本转换为问答形式并存入元数据，具体代码如下。

```
from langchain.schema import Document
from langchain.document_transformers import DoctranQATransformer

doc_str = '《在细雨中呼喊》是作家余华的第一部长篇小说，首发于《收获》1991 年第 6 期。'
documents = [Document(page_content=doc_str)]


async def transform_documents():
    transformer = DoctranQATransformer(
        openai_api_model='gpt-3.5-turbo'
    )
    transformed_documents = await transformer.atransform_documents(
        documents)
    print(json.dumps(
        transformed_documents[0].metadata,
        indent=2,
        ensure_ascii=False,
    ))

asyncio.run(transform_documents())
```

执行结果如图 5-10 所示，它已成功地将 Document 对象中的文本转换为一系列优质的问答对。

```
{
  "questions_and_answers": [
    {
      "question": "《在细雨中呼喊》是谁的作品？",
      "answer": "余华"
    },
    {
      "question": "《在细雨中呼喊》是余华的第几部长篇小说？",
      "answer": "第一部"
    },
    {
      "question": "《在细雨中呼喊》首发于哪本杂志？",
      "answer": "《收获》"
    },
    {
      "question": "《在细雨中呼喊》首发于哪一年？",
      "answer": "1991年"
    },
    {
      "question": "《在细雨中呼喊》首发于《收获》的第几期？",
      "answer": "第6期"
    }
  ]
}
```

图 5-10

# 5.4 Embedding 与 Vector Store（嵌入与向量数据库）

## 5.4.1 Embedding

LangChain 在文本处理领域中的多功能性不仅体现为文本的分割与转换，更进一步地，它也为文本的向量化提供了支持。文本嵌入在自然语言处理领域已经变得非常普及和重要，文本嵌入提供了一种机制，可以将复杂的文本数据转换为具有固定维度的向量，这在很多机器学习和检索任务中非常有价值。

Embedding 类是 LangChain 的一个核心组件，专为与各种文本嵌入模型交互而设计。考虑到目前市场上有多家著名的嵌入模型提供者，如 OpenAI、Cohere 和 Hugging Face 等，Embeddings 类的目的是提供一个统一、标准化的接口，使开发者可以轻松地切换不同的嵌入服务，无须重新编写大量代码。

LangChain 的 Embedding 类提供了两个主要方法来支持这些操作：

- **文档嵌入方法**：这个方法能够接受多个文本片段作为输入，为每个片段生成一个向量。
- **查询嵌入方法**：这个方法专为处理检索查询设计。它会先将问题转换成一个向量，再检索相似的向量。

这里以 OpenAI 的 Embedding 为例，具体代码如下。

```
from langchain.embeddings import OpenAIEmbeddings

embeddings_model = OpenAIEmbeddings()

# 将文本转换成向量
embeddings = embeddings_model.embed_documents(
    [
        'Hi there!',
        'Oh, hello!',
        'What is your name?',
        'My friends call me World',
        'Hello World!'
    ]
)

# 检索相似向量
embedded_query = embeddings_model.embed_query(
    'What was the name mentioned in the conversation?')
```

考虑到使用 OpenAI 的 Embedding 功能将文本转换为向量是需要付费的，为了避免重复计算并减少费用和计算时间，我们更倾向于将已计算出的向量进行存储。而 LangChain 提供了 `CacheBackedEmbeddings` 功能来满足这一需求。具体代码如下。

```
import time
from langchain.storage import InMemoryStore, LocalFileStore
from langchain.embeddings import (
    OpenAIEmbeddings,
    CacheBackedEmbeddings
)


def calculate_embed_time(embedder):
    start = time.time()
    embedder.embed_documents(['hello', 'goodbye'])
    return time.time() - start


underlying_embeddings = OpenAIEmbeddings()

# 使用内存缓存
store = InMemoryStore()
embedder = CacheBackedEmbeddings.from_bytes_store(
    underlying_embeddings, store,
    namespace=underlying_embeddings.model
)
print(f'memory - no cache: {calculate_embed_time(embedder)}')
print(f'memory - cached: {calculate_embed_time(embedder)}')


# 使用文件缓存
store = LocalFileStore('./test_cache/')
embedder = CacheBackedEmbeddings.from_bytes_store(
    underlying_embeddings, store,
    namespace=underlying_embeddings.model
)
print(f'memory - no cache: {calculate_embed_time(embedder)}')
print(f'memory - cached: {calculate_embed_time(embedder)}')
```

执行结果如下。

```
>> memory - no cache: 2.6899333000183105
>> memory - cached: 0.0009987354278564453
>> memory - no cache: 1.1271624565124512
>> memory - cached: 0.0
```

## 5.4.2 本地向量存储

在实际生产应用中，我们不仅想要保存向量数据，更希望能够完整地记录 Document 对象的内容、已计算的向量及其元数据信息。当对提问的相关内容进行查询时，我们更期待的是获取对应的文本信息，而不仅仅是向量信息。向量存储正是专门为了保存嵌入数据并执行向量检索而设计的。

优秀的向量存储方案如今层出不穷，这些方案为大数据、机器学习和检索等领域的技术发展提供了坚实的基石。接下来介绍几种目前市场上最具代表性的向量存储技术。

### 1. Chroma

Chroma 是一个专为嵌入向量设计的基于 SQLite 的开源数据库。它易用、轻量、智能，并为开发者提供了友好的 API。为了优化存储和查询，Chroma 采用了乘积量化技术。通过将向量切分成多个段落，并对每个段落独立进行 k-means 聚类，Chroma 可以有效地压缩数据、减少存储空间，并提高查询效率。

下面看一下如何在 LangChain 中使用 Chroma。具体代码如下。

```
from langchain.vectorstores import Chroma
from langchain.embeddings.openai import OpenAIEmbeddings

texts = [
    '在这里！',
    '你好啊！',
    '你叫什么名字？',
    '我的朋友们都称呼我为小明',
    '哦，那太棒了！'
]

# 存储数据
db = Chroma.from_texts(
    texts, OpenAIEmbeddings(),
    persist_directory='./chroma_test/'
)

# 相关性搜索
query = '谈话中和名字相关的有哪些？'
docs = db.similarity_search(query, k=2)
for doc in docs:
    print(doc.page_content)
```

Chroma 对象为用户提供了两种不同的数据存储方法：from_texts 和 from_documents。如果用户持有的数据是以字符串列表形式存在的，如之前的示例代码，那么用户可以选择使用 from_texts 方法加载和存储字符串类型的数据。如果用户的数据是由 Document 对象组成的，那么应该选择 from_documents 方法。

尽管这两种方法在参数上基本相似，但其背后的操作有所不同。事实上，from_documents 方法会从 Document 对象列表中提取 page_content 和 metadata 的内容，将其转换为两个列表，之后再调用 from_texts 方法进行处理。

无论选择 from_texts 还是 from_documents，在使用时都需要注意一个非常关键的参数——persist_directory。该参数用于指定数据存储的目标路径。

Chroma 提供了多种相关性检索方法：

- similarity_search：通过文本进行相关性检索，并返回检索到的 Document 列表。
- similarity_search_by_vector：使用嵌入处理过的向量进行检索，并返回检索到的 Document 列表。
- similarity_search_with_relevance_scores：通过文本进行相关性检索，并返回检索到的 Document 对象和相关性分数组成的元组列表。
- max_marginal_relevance_search：使用文本进行最大边际相关性（MMR）检索，并返回检索到的 Document 列表。
- max_marginal_relevance_search_by_vector：使用经过向量化计算处理后的向量进行最大边际相关性检索，并返回检索到的 Document 列表。

上面几种检索方法返回的条数和它们共有的参数 k 有关，默认为 4。当然，上面的检索方法也都提供了异步的方法。

Chroma还支持通过Docker部署到服务器上，具体部署教程请参看Chroma文档[1]。

可以通过以下方式使用它：

```
import uuid
import chromadb
from chromadb.config import Settings
from langchain.vectorstores import Chroma
from langchain.embeddings.openai import OpenAIEmbeddings

client = chromadb.HttpClient(
    host='127.0.0.1',
```

1 请参考链接 5-9。

```
    port=8000,
    settings=Settings(allow_reset=True)
)
client.reset()
collection = client.create_collection('my_collection')

db = Chroma(
    client=client,
    collection_name='my_collection',
    embedding_function=OpenAIEmbeddings()
)

texts = [
    '在这里！',
    '你好啊！',
    '你叫什么名字？',
    '我的朋友们都称呼我为小明',
    '哦，那太棒了！'
]

# 存储数据
db = Chroma.add_texts(
    texts=texts,
     ids=[str(uuid.uuid1()) for _ in len(texts)]
)

query = '谈话中和名字相关的有哪些？'
docs = db4.similarity_search(query)
print(docs[0].page_content)
```

### 2. FAISS

FAISS 由 Facebook AI Research 开发，它是一个专门用于高效相关性检索的开源数据库。它的作用是处理和查询大规模的向量数据，为研究人员和开发者提供了一种快速、灵活的方法。FAISS 既支持 CPU 也支持 GPU 计算，这使得它在不同的硬件配置下都能发挥出高效的性能。用户可以选择多种索引方式，如 Flat、IVF、PQ 等，来提供不同的检索效率和满足不同的精确性需求。FAISS 为 Python 提供了一套完整的接口，这使得它可以与 Numpy 等数据处理库无缝衔接，为开发者提供了极大的便利。

下面看一下如何在 LangChain 中使用 FAISS。具体代码如下。

```
from langchain.vectorstores import FAISS
```

```
from langchain.embeddings.openai import OpenAIEmbeddings

texts = [
    '在这里！',
    '你好啊！',
    '你叫什么名字？',
    '我的朋友们都称呼我为小明',
    '哦，那太棒了！'
]

# 存储数据
db = FAISS.from_texts(
    texts, OpenAIEmbeddings()
)

# 相关性检索
query = '谈话中和名字相关的有哪些？'
embedding_vector = OpenAIEmbeddings().embed_query(query)
docs = db.similarity_search_by_vector(
    embedding_vector, k=2)
for doc in docs:
    print(doc.page_content)
```

以上代码采用了 similarity_search_by_vector 方法来进行相关性检索。其他使用方法与 Chroma 对象相同，因为它们都共同继承了 VectorStore 基类。这恰恰突显了 LangChain 的一个显著优势：将各种接口统一化。

FAISS 对象还提供了两个保存数据和加载数据的方法：

```
# 保存数据
db.save_local('faiss_index')

# 加载数据
new_db = FAISS.load_local('faiss_index', OpenAIEmbeddings())
```

## 5.4.3　云端向量存储

以下是关于云端向量存储的一些特点与考虑因素：

- **可扩展性**：云端环境的最大优势是其弹性和可扩展性。随着数据量的增长，可以轻松扩展存储和计算资源，确保向量检索的速度和效率。
- **高效的检索**：云端向量存储通常优化了相关性检索，以确保在海量数据中快速找到最相关的向量。

- **数据安全与备份**：在云环境中，数据的安全性和备份策略都是非常重要的。多数云服务提供商都会提供多重备份、加密存储等功能，确保用户数据的安全。
- **易于集成**：许多云端向量存储方案都提供了简单的 API 和 SDK，使得开发者可以轻松地将其集成到现有的应用或系统中。
- **成本考虑**：云服务通常是按需付费的，这意味着用户只为实际使用的资源付费。但随着数据量和查询次数的增长，费用可能会逐渐增加。
- **数据迁移和兼容性**：如果用户已经有一个现成的向量数据库，那么数据迁移可能是一个考虑因素。此外，不同的云服务商可能有不同的数据格式和 API 设计，因此兼容性也是一个重要的因素。

本节将以Pinecone向量数据库为例进行详细介绍。当我们谈及云端时，首先必然要进行注册，并获得相应的API Key。首先进行注册 [1]，完成注册并登录后，单击左侧的“API Keys”菜单，可以进入API Key的页面并创建API Key。

然后单击左侧“Indexs”创建数据库，然后开始填写以下信息：

- Name：数据库的名称，只支持小写字母、数字和中划线。
- Dimensions：因为这里使用的是OpenAI的text-embedding-ada-002 模型，所以设置的值为 1536。这个值可以在OpenAI的Embeddings文档中查到 [2]。
- Metric：计算方式选择默认的 cosine（余弦）即可。这个参数的各选项解释如下。
    - cosine：计算两个向量间夹角的余弦值，余弦值越大，向量越接近。
    - dotproduct：计算余弦相关度与向量大小（长度）的乘积，点积越大，向量越接近。
    - euclidean：计算向量空间中两点之间的直线距离。

Pod Type 选择“p1”，最后设置结果如图 5-11 所示。

通常，如果 Starter（免费）计划中的索引在 7 天内无任何活动，则它们将被删除。而对于某些开源项目（如 AutoGPT）创建的索引，如果在 1 天内没有任何活动，那么该索引会被归档并删除。为了避免这种情况的发生，可以向 Pinecone 发送任意 API 请求，这样计数器会被重置。

1 请参考链接 5-10。

2 请参考链接 5-11。

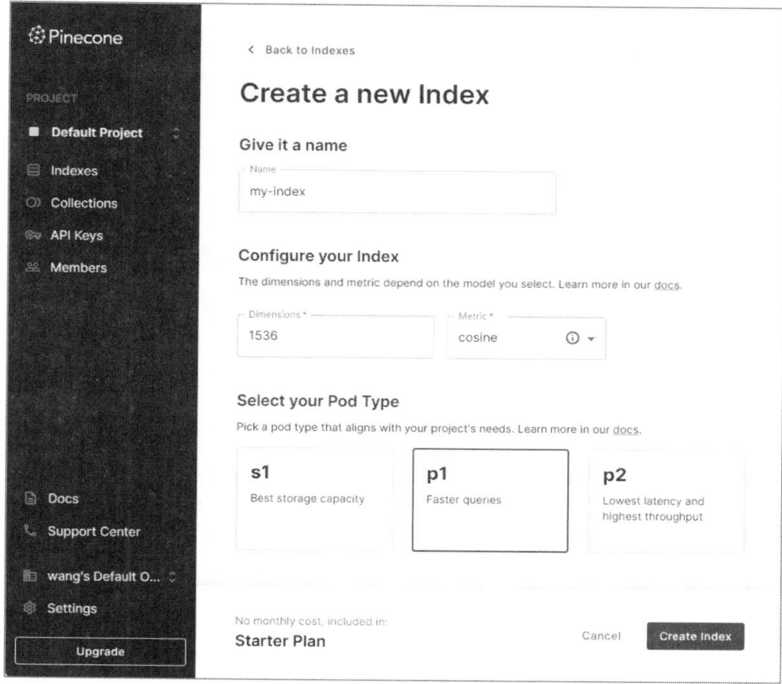


图 5-11

接下来，通过 LangChain 来使用这个数据库。首先，将数据存入数据库。具体代码如下。

```
import pinecone
from langchain.vectorstores import Pinecone
from langchain.embeddings.openai import OpenAIEmbeddings


pinecone.init(
    api_key='YOU_API_KEY',
    environment='YOU_ENVIRONMENT',
)

texts = [
    '在这里！',
    '你好啊！',
    '你叫什么名字？',
    '我的朋友们都称呼我为小明',
    '哦，那太棒了！'
]
```

```
docsearch = Pinecone.from_texts(
    texts,
    index_name='my-index',
    embedding=OpenAIEmbeddings()
)
```

通过 pinecone.init 来初始化 pinecone 数据库，必填参数是 api_key 和 environment，这两个值都可以在“API Keys”页面中查看到。然后依旧使用 from_texts 方法加载数据。此时数据已成功被加载到数据库中，如图 5-12 所示。

BROWSER METRICS NAMESPACES (1)

| | ID | VALUES |
|---|---|---|
| 1<br>SCORE<br>-0.0300 | 0c96b856-9f79-4417-b649-0b4...<br>METADATA<br>**text:** "我的朋友们都称呼我为小明" | -0.0109407771, -0.0197234806, ... |
| 2<br>SCORE<br>-0.0315 | 0cb69a9e-5aee-414f-8d53-dbc...<br>METADATA<br>**text:** "在这里！" | -0.0162728541, -0.0212361421, 0... |
| 3<br>SCORE<br>-0.0351 | 952b1e0e-4b8e-4b16-9018-88b...<br>METADATA<br>**text:** "哦，那太棒了！" | -0.00872875936, -0.0288562514... |

图 5-12

然后，直接加载已有的数据库进行相关性检索。具体代码如下。

```
import pinecone
from langchain.vectorstores import Pinecone
from langchain.embeddings.openai import OpenAIEmbeddings


pinecone.init(
    api_key='YOU_API_KEY',
    environment='YOU_ENVIRONMENT',
)

docsearch = Pinecone.from_existing_index(
```

```
    'my-index',OpenAIEmbeddings()
)

docs = docsearch.similarity_search_with_score(
    '谈话中和名字相关的有哪些？',
    k=2
)
for doc_info in docs:
    print(repr(doc_info[0]))
    print(f'score: {doc_info[1]}')
```

可以使用Pinecone.from_existing_index方法来指定索引数据库和用来进行向量化计算的对象来初始化检索器。用于检索的方法和之前讲的本地向量数据库的方法是一样的，这里使用的是 similarity_search_with_score 方法，它会返回检索到的 Document 对象和这个对象对应的相关度评分。

## 5.5 Retriever（检索器）

### 5.5.1 基础检索器

检索器是一个基于用户查询来检索存储在向量数据库中问题的工具。在前面的章节中，为了实现检索功能，主要使用了如 similarity_search 这样的方法。该方法基于相关度来检索内容，以找出与查询最匹配的结果。除此之外，还有另外的方法可以尝试，那就是使用 as_retriever 方法。这个方法可以将先前提到的检索功能转化为一个检索器，然后进行检索。并且，它也可以配合后面要讲到的 Chain 一起使用，同时支持 LangChain Expression Language（LCEL）语法。具体代码如下。

```
from langchain.vectorstores import Chroma
from langchain.embeddings.openai import OpenAIEmbeddings

texts = [
    '在这里！',
    '你好啊！',
    '你叫什么名字？',
    '我的朋友们都称呼我为小明',
    '哦，那太棒了！'
]

# 存储数据
```

```
db = Chroma.from_texts(
    texts, OpenAIEmbeddings(),
    persist_directory='./chroma_test/'
)

retriever = db.as_retriever(
    search_kwargs={'k': 2}
)

# 相关性检索
query = '谈话中和名字相关的有哪些？'
docs = retriever.invoke(query)
for doc in docs:
    print(doc.page_content)
```

首先使用 as_retriever 方法生成了一个 langchain.schema.vectorstore.VectorStoreRetriever 对象，然后使用这个对象的 invoke 方法进行检索。

其中 as_retriever 有两个重要的参数：

- search_type：检索的类型。支持 3 个值：similarity、mmr、similarity_score_threshold。
  - similarity 是这个参数的默认值，就是简单的相关性检索。类似数据库的 similarity_search 方法。
  - mmr：最大边际相关性检索，类似数据库的 max_marginal_relevance_search 方法。
  - similarity_score_threshold：表示先检索，然后通过设置的阈值按检索结果的得分进行过滤。
- search_kwargs：配合上面的类型在检索中设置的参数。
  - k：用于设置检索返回的条数，默认为 4。
  - score_threshold：当 search_type='similarity_score_threshold'时，用于设置返回得分的最小阈值。
  - fetch_k：当 search_type='mmr'时，用于设置 MMR 中的 fetch_k 值，默认为 20。
  - lambda_mult：当 search_type='mmr'时，用于确定结果之间的多样性程度，区间为 0～1。其中，0 代表最大的多样性，而 1 代表最小的多样性。默认值为 0.5。
  - filter：用于过滤文档的 metadata 的信息。

### 5.5.2 多重提问检索器

多重提问检索器（MultiQueryRetriever）的原理基于一个简单但非常有效的策略：通过生

成多个类似提问来扩大检索的范围以提高结果的准确性。它的核心思想是，当用户提出一个问题时，可能存在多种表达方式或与其密切相关的其他问题。如果仅基于用户的原始提问进行检索，则可能会遗漏一些相关但表述稍有不同的内容。

例如，当用户提问“如何烹饪三文鱼？”时，一个多重提问检索器可能会生成如“三文鱼烹饪方法是什么？”“三文鱼怎样煎炸？”等相似问题。通过这些衍生问题，可以从向量数据库中获取更广泛的相关信息，进而提高检索结果的覆盖率和准确率。

这种方法的优势是显而易见的：

- **增加检索的覆盖面**：由于可以捕获更多的相似或相关问题，这种方法可以确保不会错过任何与原始问题有关的重要文档。
- **提高准确性**：获取的文档集合更大，可以通过进一步的排序和筛选，确保最终向用户展示的答案是最相关和准确的。
- **适应用户的多样性**：不同的用户可能会使用不同的语言风格或词汇来描述同一个问题，多重提问检索器可以更好地满足各种用户的需求。

多重提问检索器的工作流程如图 5-13 所示，首先会将用户的问题提交给 LLM，该模型随后会产生 3 个相似的提问。然后，检索器将使用这些提问在向量数据库中进行相关性检索。

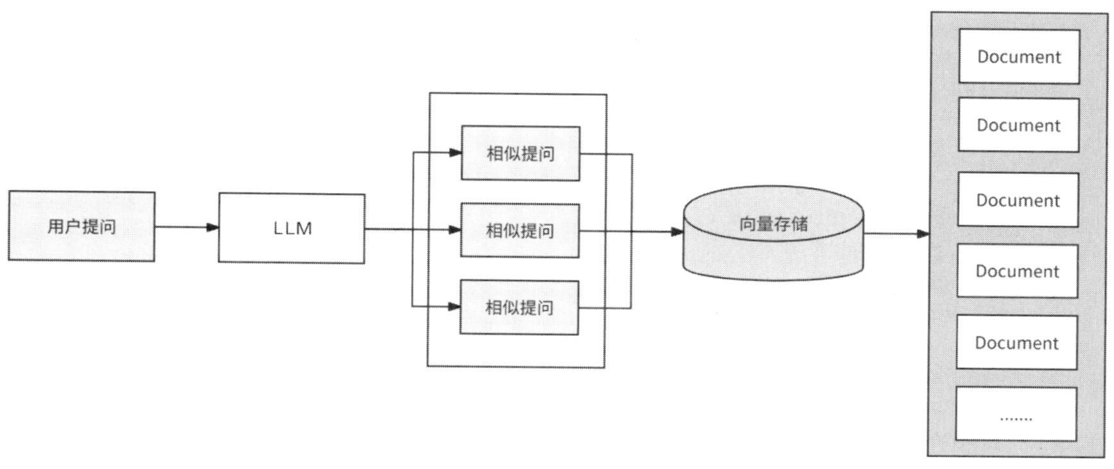


图 5-13

具体代码如下。

```
import logging
from langchain.llms import OpenAI
from langchain.vectorstores import Chroma
from langchain.document_loaders import WebBaseLoader
```

```
from langchain.embeddings.openai import OpenAIEmbeddings
from langchain.text_splitter import RecursiveCharacterTextSplitter
from langchain.retrievers import MultiQueryRetriever

# 加载网页数据
loader = WebBaseLoader(
    'https://blog.langchain.d**/introducing-langserve/'[1]
)
data = loader.load()

# 分割数据
splitter = RecursiveCharacterTextSplitter(
    chunk_size=500, chunk_overlap=0)
splits = splitter.split_documents(data)

# 存入向量数据
vectordb = Chroma.from_documents(
    documents=splits,
    embedding=OpenAIEmbeddings()
)

# 初始化 MultiQueryRetriever
llm = OpenAI(temperature=0)
retriever_from_llm = MultiQueryRetriever.from_llm(
    retriever=vectordb.as_retriever(), llm=llm
)

# 设置 langchain.retrievers.multi_query 日志级别
logging.basicConfig()
logging.getLogger(
    'langchain.retrievers.multi_query'
).setLevel(logging.INFO)

# 相关性检索
docs = retriever_from_llm.get_relevant_documents(
    query='Why use LangServe?'
)
```

使用 MultiQueryRetriever.from_llm 方法成功地实例化了一个 MultiQueryRetriever 对象。接下来，利用该对象中的 get_relevant_documents 方法执行相关性检索。在执行相关性搜索之前，将 langchain.retrievers.multi_query 的日志级别调整为 info。这样做能够使我们查看到

1 请参考链接 5-12。

在进行相关性检索之前，它所生成的三个相似提问是什么。

执行结果如下。

```
>> INFO:langchain.retrievers.multi_query:Generated queries: ['What are the benefits of using LangServe?', 'What is the purpose of LangServe?', 'What advantages does LangServe offer?']
```

生成相似提问的个数是由一个预定义好的 `PromptTemplate` 决定的，可以通过执行下面的代码查看这个模板：

```
from langchain.retrievers.multi_query import DEFAULT_QUERY_PROMPT

print(DEFAULT_QUERY_PROMPT.dict()['template'])
```

如果想自定义 Prompt 内容，比如我们期望返回 6 条相似提问，那么可以先创建一个 `PromptTemplate` 对象，然后在使用 `MultiQueryRetriever.from_llm` 方法的时候，设置 `prompt` 参数为自定义的 `PromptTemplate` 对象即可。以下是具体的代码：

```
import logging
from langchain.llms import OpenAI
from langchain.vectorstores import Chroma
from langchain.prompts import PromptTemplate
from langchain.document_loaders import WebBaseLoader
from langchain.embeddings.openai import OpenAIEmbeddings
from langchain.text_splitter import RecursiveCharacterTextSplitter

from langchain.retrievers import MultiQueryRetriever

# 加载网页数据
loader = WebBaseLoader(
    'https://blog.langchain.d**/introducing-langserve/'[1]
)
data = loader.load()

# 分割数据
splitter = RecursiveCharacterTextSplitter(
    chunk_size=500, chunk_overlap=0)
splits = splitter.split_documents(data)

# 存入向量数据
```

1 请参考链接 5-13。

```
vectordb = Chroma.from_documents(
    documents=splits,
    embedding=OpenAIEmbeddings()
)

prompt_tpl = PromptTemplate(
    input_variables=['question'],
    template="""You are an AI language model assistant. Your task is
    to generate 6 different versions of the given user
    question to retrieve relevant documents from a vector  database.
    By generating multiple perspectives on the user question,
    your goal is to help the user overcome some of the limitations
    of distance-based similarity search. Provide these alternative
    questions separated by newlines. Original question: {question}"""
)


# 初始化 MultiQueryRetriever
llm = OpenAI(temperature=0)
retriever_from_llm = MultiQueryRetriever.from_llm(
    retriever=vectordb.as_retriever(), llm=llm,
    prompt=prompt_tpl
)

# 设置 langchain.retrievers.multi_query 日志级别
logging.basicConfig()
logging.getLogger(
    'langchain.retrievers.multi_query'
).setLevel(logging.INFO)

# 相关性检索
docs = retriever_from_llm.get_relevant_documents(
    query='Why use LangServe?'
)
```

这里使用了和 langchain.retrievers.multi_query.DEFAULT_QUERY_PROMPT 一样的模板，只是将其中的 3 改为了 6。最后返回的相似提问内容如下。

```
INFO:langchain.retrievers.multi_query:Generated queries: ['1. What are the benefits of using LangServe?', '2. What makes LangServe a better choice than other language models?', '3. What advantages does LangServe offer?', '4. How does LangServe improve language processing?', '5. What features does LangServe provide?', '6. What makes LangServe a unique language model?']
```

### 5.5.3 上下文压缩检索器

在进行信息检索时，我们通常面临一个常见但又棘手的问题：将数据导入存储系统后，往往无法预测将来的特定查询需求。因此，与用户查询最相关的信息有可能藏在含有大量不相关文本的文档中。如果直接将整份文档传递给应用程序，那么不仅会增加 LLM 的调用成本，还可能增加整个过程的响应时间。

为了解决这个问题，上下文压缩应运而生。这个方法的核心思想非常简单：根据给定查询的上下文来压缩文档内容，以便仅返回与查询相关的信息，而不是毫无选择地返回检索到的整个文档。这里的"压缩"既包括减少单个文档中的内容量，也包括批量过滤不相关的文档。

具体来说，上下文压缩检索器的工作流程如下。

首先，它将用户的查询传递给基本检索器，以获取一组相关的初始文档。随后，这些文档被传递到文档压缩器。接着，文档压缩器评估每个文档的内容，并根据其与查询的相关性进行筛选和削减，最终仅保留最为关键和相关的信息，如图 5-14 所示。

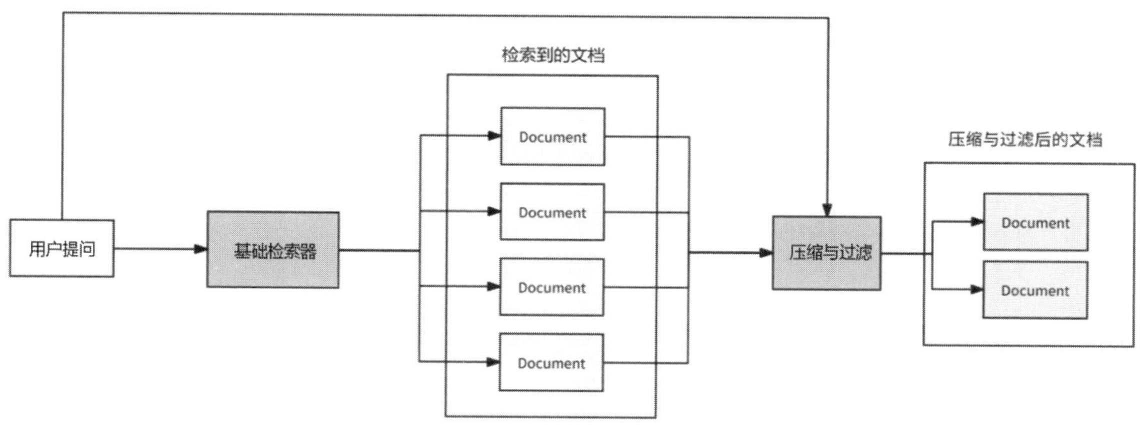


图 5-14

上下文压缩检索器的优势在于：

- **提高效率**：通过减少需要处理的文本量，减轻了 LLM 的负担，提高了响应速度。
- **增强准确性**：通过精准定位和返回与查询最为相关的信息，提高了检索结果的质量和准确性。
- **降低成本**：减少了使用的 Token 数量，从而降低了计算成本。

下面介绍一些比较常用的上下文压缩检索器。

### 1. LLMChainExtractor

LLMChainExtractor 能够根据问题从查询到的文档中提取与问题相关匹配的内容，从而有效地缩短每个文档的长度。

首先加载数据并切分，然后存入向量数据库，最后进行相关性查询。具体代码如下。

```
from langchain.vectorstores import Chroma
from langchain.document_loaders import WebBaseLoader
from langchain.embeddings.openai import OpenAIEmbeddings
from langchain.text_splitter import RecursiveCharacterTextSplitter

# 加载网页数据
loader = WebBaseLoader(
    'https://zh.wikiped**.org/wiki/%E6%A1%82%E8%8A%B1'[1]
)
data = loader.load()

# 分割数据
splitter = RecursiveCharacterTextSplitter(
    chunk_size=300, chunk_overlap=0)
splits = splitter.split_documents(data)

# 存入向量数据
vectordb = Chroma.from_documents(
    documents=splits,
    embedding=OpenAIEmbeddings()
)

retriever = vectordb.as_retriever()
docs = retriever.get_relevant_documents(
    '桂花的食用'
)

def print_docs(docs):
    doc_str_list = [
        f'Document {i + 1}:\n\n{d.page_content}'
        for i, d in enumerate(docs)
    ]
    print(f"\n{'-' * 99}\n".join(doc_str_list))


print_docs(docs)
```

1 请参考链接 5-14。

执行结果如图 5-15 所示。

```
Document 1:

食用[编辑]
桂花醪糟
桂花糕
桂花味辛，可入药。有化痰、止咳、生津、止牙痛等功效。
桂花味香，持久，可制糕点（桂花糕）、糖果，并可酿酒。此外，亦常制成桂花糖、桂花湯圓、桂花醰（與蜂蜜泡制而成）、桂花酱、桂花滷等。在中国南
中國國家林業局有訂定林業行業標準LY/T 1910-2010食用桂花栽培技術規程，其附表有列出可用的主要食用桂花品種。[4][5]
--------------------------------------------------------------------------------
Document 2:

取自“https://zh.wikipedia.org/w/index.php?title=桂花&oldid=76269857”
分类：可食用植物木樨属1790年描述的植物隐藏分类：CS1英语来源 (en)物种微格式条目含有拉丁語的條目
--------------------------------------------------------------------------------
Document 3:

桂花（学名：Osmanthus fragrans），又名梫、白桂、銀桂、銀木樨，常绿灌木或小乔木；叶子对生，多呈椭圆或长椭圆形，叶面光滑，革质，叶缘有锯齿
其种加词“Fragrans”意为芳香的、有着甜美气味的。
桂花有兩種，一種就是本條目所講的白色桂花“銀桂”，為其正種；另一種是黃色桂花“丹桂”，為銀桂的亞種。在中國，白色的銀桂主要用於觀賞和提升
--------------------------------------------------------------------------------
Document 4:

延伸阅读[编辑]
[在维基数据编辑]

 《欽定古今圖書集成·博物彙編·草木典·桂部》，出自陈梦雷《古今圖書集成》
 《植物名實圖考·桂》，出自吳其濬《植物名實圖考》
外部链接[编辑]



维基共享资源中相关的多媒体资源：桂花
桂花 Guihua （页面存档备份，存于互联网档案馆） 藥用植物圖像資料庫（香港浸會大學中醫藥學院）（中文）（英文）
連翹苷元 Phillygenin （页面存档备份，存于互联网档案馆） 中草藥化學圖像數據庫（香港浸會大學中醫藥學院）（中文）（英文）
```

图 5-15

然后使用 `LLMChainExtractor` 提取器对文档进行处理。具体代码如下。

```python
from langchain.llms import OpenAI
from langchain.retrievers import ContextualCompressionRetriever
from langchain.retrievers.document_compressors import LLMChainExtractor

llm = OpenAI(temperature=0)
compressor = LLMChainExtractor.from_llm(llm)
compression_retriever = ContextualCompressionRetriever(
    base_compressor=compressor,
    base_retriever=retriever
)

compressed_docs = compression_retriever.get_relevant_documents(
    '桂花的食用'
)
print_docs(compressed_docs)
```

执行结果如图 5-16 所示。从结果中可以看到，它有效地从之前的 4 个文档中筛选出了 2 个文档，并对这 2 个文档进行了内容提炼。

```
Document 1:

桂花醪糟、桂花糕、桂花糖、桂花湯圓、桂花釀（與蜂蜜泡制而成）、桂花醬、桂花滷等、桂花鴨、LY/T 1910-2010食用桂花栽培技術規程
________________________________________
Document 2:

銀桂（Osmanthus fragrans），又名梫、白桂、銀桂、銀木樨，常绿灌木或小乔木；叶子对生，多呈椭圆或长椭圆形，叶面光滑，革质，叶缘有锯齿；
```

图 5-16

### 2. LLMChainFilter

`LLMChainFilter` 通过使用 LLM 来判断哪些最初检索到的文档应该被过滤，以及哪些文档应该被返回，而这一切都不会对文档内容进行处理。具体代码如下。

```
from langchain.llms import OpenAI
from langchain.retrievers import ContextualCompressionRetriever
from langchain.retrievers.document_compressors import LLMChainFilter

llm = OpenAI(temperature=0)
_filter = LLMChainFilter.from_llm(llm)
compression_retriever = ContextualCompressionRetriever(
    base_compressor=_filter,
    base_retriever=retriever
)

compressed_docs = compression_retriever.get_relevant_documents(
    '桂花的食用'
)
print_docs(compressed_docs)
```

执行结果如图 5-17 所示。可以看到，LLM 根据文档与提问之间的相关性对文档进行了筛选，最终仅留下了一个文档。

```
Document 1:

食用[编辑]
桂花醪糟
桂花糕
桂花味辛，可入药。有化痰、止咳、生津、止牙痛等功效。
桂花味香，持久，可制糕点（桂花糕）、糖果，并可酿酒。此外，亦常制成桂花糖、桂花湯圓、桂花釀（與蜂蜜泡制而成）、桂花醬、桂花滷等。在中国南京，加工盐水鸭的过程中，加入桂花，增加香味，
中國國家林業局有訂定林業行業標準LY/T 1910-2010食用桂花栽培技術規程，其附表有列出可用的主要食用桂花品種。[4][5]
```

图 5-17

### 3. EmbeddingsFilter

`LLMChainFilter` 存在一个缺点，即需要调用 LLM 对检索到的文档的取舍进行判断，这将导致额外的费用并增长响应时间。相对地，`EmbeddingsFilter` 通过将文档和查询转换为向量形式计算相关度，并按照给定的 `similarity_threshold` 值只返回与查询高度相关的文档对象，提供了一个更经济、更快速的解决方案。具体代码如下。

```
from langchain.embeddings import OpenAIEmbeddings
from langchain.retrievers import ContextualCompressionRetriever
from langchain.retrievers.document_compressors import EmbeddingsFilter

embeddings = OpenAIEmbeddings()
embeddings_filter = EmbeddingsFilter(
    embeddings=embeddings,
    similarity_threshold=0.87
)
compression_retriever = ContextualCompressionRetriever(
    base_compressor=embeddings_filter,
    base_retriever=retriever
)

compressed_docs = compression_retriever.get_relevant_documents(
    '桂花的食用'
)
print_docs(compressed_docs)
```

执行结果如图 5-18 所示。通过设置 `similarity_threshold` 的阈值，过滤器仅保留了一个文档。

```
Document 1:

食用[编辑]
桂花醪糟
桂花糕
桂花味辛，可入药。有化痰、止咳、生津、止牙痛等功效。
桂花味香，持久，可制糕点（桂花糕）、糖果，并可酿酒。此外，亦常制成桂花糖、桂花湯圓、桂花釀（與蜂蜜泡制而成）、桂花醬、桂花滷等。在中国南京，加工盐水鸭的过程中，
中國國家林業局有訂定林業行業標準LY/T 1910-2010食用桂花栽培技術規程，其附表有列出可用的主要食用桂花品種。[4][5]
```

图 5-18

### 4. DocumentCompressorPipeline

使用 `DocumentCompressorPipeline` 可以方便地将多个压缩器按顺序组合在一起。除了压缩器，还可以在该管道中加入基础的文档转换器。这些转换器不进行上下文压缩，只对文档集进行简单的转换操作。例如，`TextSplitters` 可作为文档转换器将文档拆分成更小的部分，`EmbeddingsRedundantFilter` 可以根据文档和提问的嵌入相关性来筛除冗余的文档。

接下来将构建一个压缩器管道：首先把文档拆分成小片段，接着筛除冗余文档，最后根据与查询的相关性对文档进行过滤。具体代码如下。

```
from langchain.document_transformers import EmbeddingsRedundantFilter
from langchain.retrievers.document_compressors import (
    DocumentCompressorPipeline
)
from langchain.text_splitter import CharacterTextSplitter
```

```
splitter = CharacterTextSplitter(
    chunk_size=180,
    chunk_overlap=0,
    separator='。'
)
redundant_filter = EmbeddingsRedundantFilter(
    embeddings=embeddings
)
relevant_filter = EmbeddingsFilter(
    embeddings=embeddings,
    similarity_threshold=0.865
)
pipeline_compressor = DocumentCompressorPipeline(
    transformers=[splitter, redundant_filter, relevant_filter]
)

compression_retriever = ContextualCompressionRetriever(
    base_compressor=pipeline_compressor,
    base_retriever=retriever
)

compressed_docs = compression_retriever.get_relevant_documents(
    '桂花的食用'
)
print_docs(compressed_docs)
```

执行结果如图 5-19 所示。利用 DocumentCompressorPipeline 将 CharacterTextSplitter、EmbeddingsRedundantFilter 和 EmbeddingsFilter 按顺序链接在一起。这样，首先会对检索到的文档内容进行进一步拆分，接着执行冗余内容的过滤，以及根据与提问内容的相关性程度进行，确保返回的内容既简练又精确。

```
Document 1:

过去台湾桂花多半种植在茶园旁，作为提升茶香气陪衬，也因此易染病需施农药，不能食用居多。
中國國家林業局有訂定林業行業標準LY/T 1910-2010食用桂花栽培技術規程，其附表有列出可用的主要食用桂花品種。[4][5]
----------------------------------------------------------------------------------------------------
Document 2:

食用[编辑]
桂花醪糟
桂花糕
桂花味辛，可入药。有化痰、止咳、生津、止牙痛等功效。
桂花味香，持久，可制糕点（桂花糕）、糖果，并可酿酒。此外，亦常制成桂花糖、桂花湯圓、桂花釀（與蜂蜜泡制而成）、桂花醬、桂花滷等。在中国南京，加工盐水鸭的过程中，加入桂花，
----------------------------------------------------------------------------------------------------
Document 3:

桂花有兩種，一種就是本條目所講的白色桂花“銀桂”，為其正種；另一種是黃色桂花“丹桂”，為銀桂的亞種。在中國，白色的銀桂主要用於觀賞和提升香氣，黃色的丹桂主要用於甜點食用。
```

图 5-19

## 5.5.4 集成检索器

EnsembleRetriever接受一系列检索器作为输入，使用多个检索器对向量数据库中的内容进行检索，再基于倒数排序融合算法（RRF）对结果进行整理和排序[1]。

通过综合不同算法的特点，EnsembleRetriever 往往能够展现出比任何单独算法都要出色的性能。

最常见的组合方式是将稀疏检索器（例如 BM25 算法）与密集检索器（如基于嵌入的相关性检索）融合，因为两者各有所长，相辅相成。这种策略也被称为“混合检索”。具体来说，稀疏检索器擅长基于关键词精确查找文档，而密集检索器则侧重于根据语义的深度相关性来发现相关文档。

EnsembleRetriever 的执行流程如图 5-20 所示。

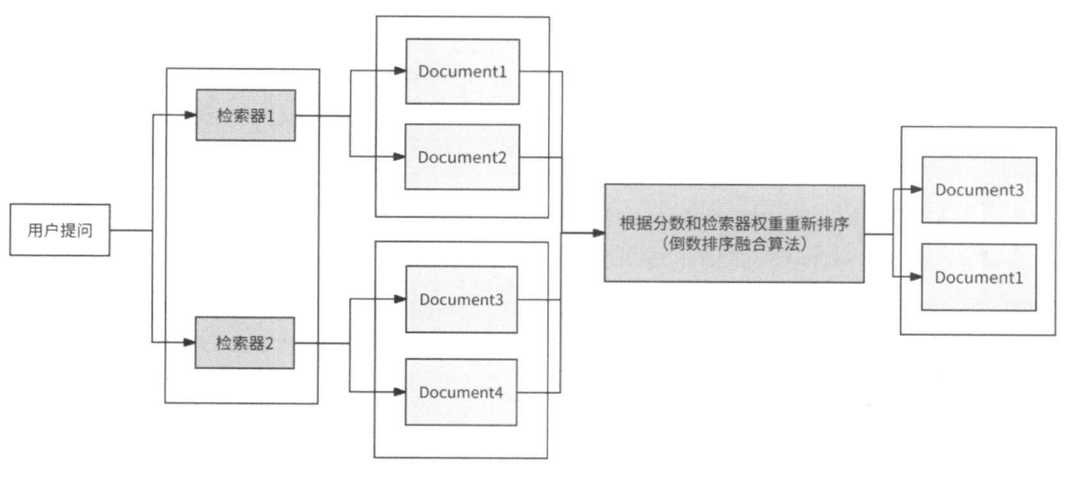


图 5-20

具体代码如下。

```
from langchain.vectorstores import Chroma
from langchain.embeddings import OpenAIEmbeddings
from langchain.retrievers import BM25Retriever, EnsembleRetriever


doc_list = [
```

1 请参考链接 5-15。

```
        'I like apples',
        'I like oranges',
        'Apples and oranges are fruits',
    ]

    bm25_retriever = BM25Retriever.from_texts(doc_list)
    bm25_retriever.k = 2

    embedding = OpenAIEmbeddings()
    vectorstore = Chroma.from_texts(doc_list, embedding)
    retriever = vectorstore.as_retriever(search_kwargs={'k': 2})

    ensemble_retriever = EnsembleRetriever(
        retrievers=[bm25_retriever, retriever],
        weights=[0.5, 0.5]
    )

    docs = ensemble_retriever.get_relevant_documents('apples')
    for doc in docs:
        print(repr(doc))
```

首先，通过实例化 EnsembleRetriever 时的 retrievers 参数设置了我们要使用的检索器。同时，通过 weights 参数来设置两个检索器的权重。最后，通过使用集成检索器的 get_relevant_documents 方法进行问题检索。

## 5.5.5 父文档检索器

在拆分文档并进行检索的过程中，我们经常面临两个相互矛盾的需求：

- 希望文档短小，这样文档在向量化处理时可以更精确地捕捉其含义。如果文档过长，那么在向量化时可能无法准确地捕获其关键内容。
- 希望文档足够长，以确保保留了每个部分的上下文信息。

为了协调这两个需求，ParentDocumentRetriever 采用了一种方法，通过拆分和存储较小的文档片段来实现平衡。在检索过程中，首先检索这些小片段，然后根据这些片段对应的“父文档”的 ID 返回较大的文档。具体执行流程如图 5-21 所示。

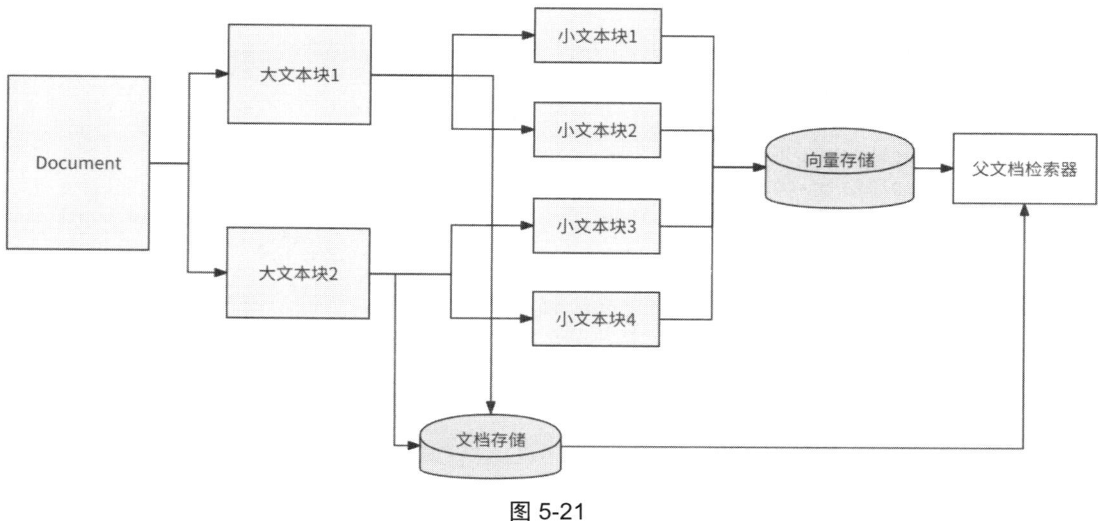


图 5-21

具体代码如下。

```
from langchain.vectorstores import Chroma
from langchain.storage import InMemoryStore
from langchain.document_loaders import WebBaseLoader
from langchain.embeddings.openai import OpenAIEmbeddings
from langchain.retrievers import ParentDocumentRetriever
from langchain.text_splitter import RecursiveCharacterTextSplitter

# 加载网页数据
loader = WebBaseLoader(
    'https://raw.githubuserconte**.com/run-llama/llama_index/'
    'main/examples/paul_graham_essay/data/paul_graham_essay.txt'[1]
)
data = loader.load()
parent_splitter = RecursiveCharacterTextSplitter(chunk_size=2000)

# 创建用于将文档分割为更小块的分割器
child_splitter = RecursiveCharacterTextSplitter(chunk_size=400)
# 创建用于存储小块的矢量存储
vectorstore = Chroma(
    embedding_function=OpenAIEmbeddings()
)
```

1 请参考链接 5-16。

```
# 创建用于存储大块的本地存储
store = InMemoryStore()

retriever = ParentDocumentRetriever(
    vectorstore=vectorstore,
    docstore=store,
    child_splitter=child_splitter,
    parent_splitter=parent_splitter,
)

# 将原始文档和 ParentDocumentRetrieve 关联
# 使用 parent_splitter 分割原始文档并生成大文本块和对应 ID，存入 InMemoryStore
# 用 child_splitter 分割大文本块
# 将分割好的小文本块存入 Chroma，同时每个小文本块也会记录大文本块的 ID
retriever.add_documents(data)

# 进行检索
retrieved_docs = retriever.get_relevant_documents('code related')
print(retrieved_docs)

# 也可以通过 vectorstore.similarity_search 方法查看对应检索到的小文本块
sub_docs = vectorstore.similarity_search('code related')
print(sub_docs)
```

## 5.5.6 多向量检索器

多向量检索器可以被视为父文档检索器的进阶版本。除了像父文档检索器那样能够通过检索小片段来获得大块内容的功能，它还允许通过检索大块内容的摘要来获取其原文，或者通过检索大块内容对应的假设问题来定位到相应的父文档。

### 1. 通过摘要检索文档

具体执行流程如图 5-22 所示。首先，将原始文档分解为若干文本块。接着，为每个文本块生成相应的摘要。这些摘要带有文本块的 ID 并存入向量数据库。与此同时，已经拆分的文本块也会连同其 ID 一起存入文档存储。当检索器收到查询请求时，它首先会基于查询内容检索相关摘要，然后利用摘要中 metadata 所存储的文本块 ID 在文档存储中定位并提取对应的文本块。

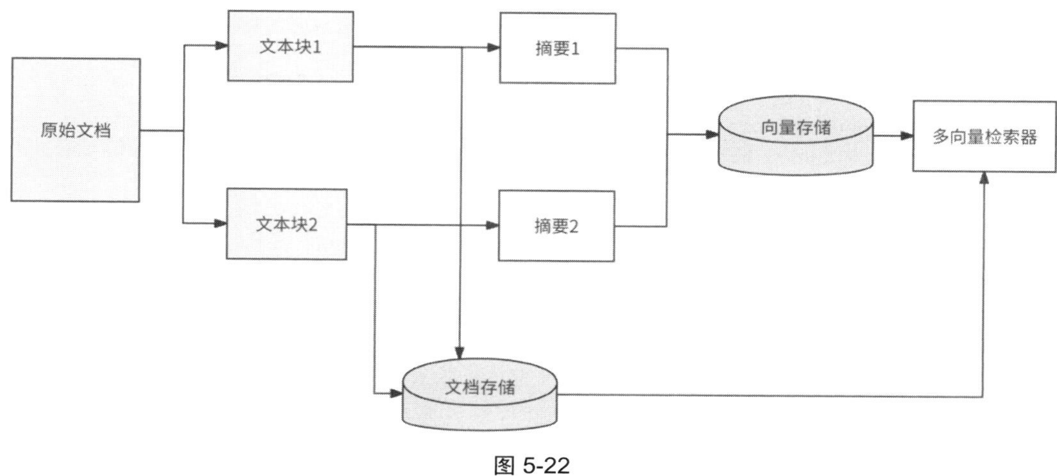


图 5-22

具体代码如下。

```
import uuid

from langchain.vectorstores import Chroma
from langchain.storage import InMemoryStore
from langchain.chat_models import ChatOpenAI
from langchain.schema.document import Document
from langchain.prompts import ChatPromptTemplate
from langchain.embeddings import OpenAIEmbeddings
from langchain.document_loaders import WebBaseLoader
from langchain.schema.output_parser import StrOutputParser
from langchain.retrievers.multi_vector import MultiVectorRetriever
from langchain.text_splitter import RecursiveCharacterTextSplitter

# 加载网页数据
loader = WebBaseLoader(
    'https://raw.githubuserconte**.com/run-llama/llama_index/'
    'main/examples/paul_graham_essay/data/paul_graham_essay.txt'[1]
)
data = loader.load()

# 分割文档块
text_splitter = RecursiveCharacterTextSplitter(
    chunk_size=10000
)
```

1 请参考链接 5-17。

```
docs = text_splitter.split_documents(data)

# 通过 chain 批量对文本块生成摘要
# 关于 chain 的相关内容，在第 6 章会进行详细讲解
summary_tpl = ChatPromptTemplate.from_template(
    'Summarize the following document:\n\n{doc}'
)

chain = (
    {'doc': lambda x: x.page_content}
    | summary_tpl
    | ChatOpenAI(max_retries=0)
    | StrOutputParser()
)
summaries = chain.batch(docs, {'max_concurrency': 5})

# 创建用于存储总结的向量存储
vectorstore = Chroma(
    collection_name='summaries',
    embedding_function=OpenAIEmbeddings()
)

# 创建用于存储文本块的文档存储
store = InMemoryStore()

# 创建多向量检索器
id_key = 'doc_id'
retriever = MultiVectorRetriever(
    vectorstore=vectorstore,
    docstore=store,
    id_key=id_key,
    search_kwargs={'k': 4}
)

# 批量生成文档对应的 ID
doc_ids = [str(uuid.uuid4()) for _ in docs]

# 创建带有摘要和文档 ID 的 Document 列表
summary_docs = [
    Document(page_content=s, metadata={id_key: doc_ids[i]})
    for i, s in enumerate(summaries)
]

# 将摘要 Document 列表存入向量存储
retriever.vectorstore.add_documents(summary_docs)
```

```
# 将文本块和对应的 ID 存入本地存储
retriever.docstore.mset(list(zip(doc_ids, docs)))

# 进行检索
retrieved_docs = retriever.get_relevant_documents('code related')
print(retrieved_docs)

# 也可以通过 vectorstore.similarity_search 方法查看对应检索到的摘要
sub_docs = vectorstore.similarity_search('code related')
print(sub_docs)
```

### 2. 通过假设性提问检索文档

这种方法的核心思路是针对给定的分块内容生成假设性提问。具体来说，系统首先会对每一个分块内容产生多个与其内容相关的假设性提问。生成的这些提问不仅涵盖了分块的关键信息，还为后续的检索提供了更具针对性的参考。一旦这些假设性提问被生成，系统就会将它们转化为向量形式并存入专门的向量存储库。当用户检索时，系统实际上是在这个向量存储库中计算用户的查询与这些假设性提问的相关度。一旦找到与用户查询高度相关的假设性提问，系统便会利用假设性提问所对应的分块 ID，迅速定位到原始的分块内容。具体执行流程如图 5-23 所示。

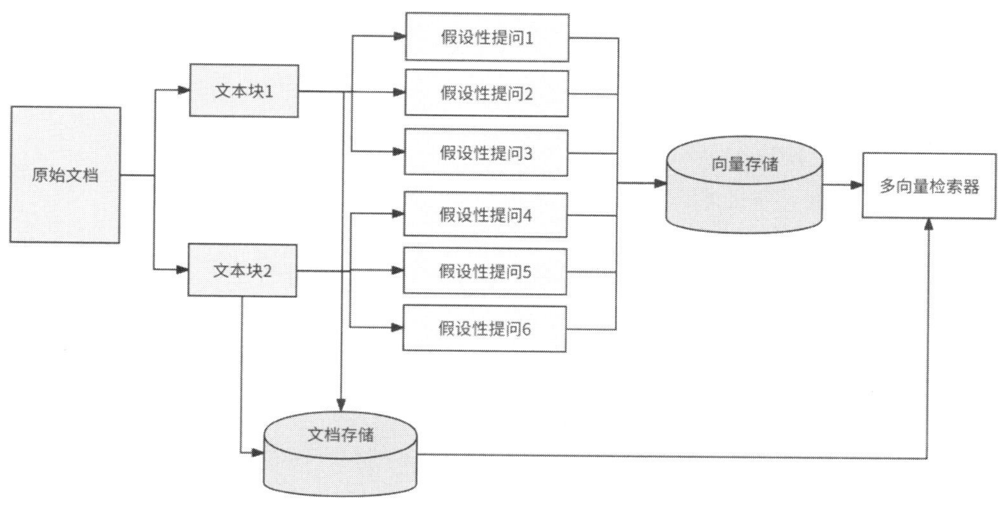


图 5-23

具体代码如下。

```
import uuid

from langchain.vectorstores import Chroma
```

```
from langchain.storage import InMemoryStore
from langchain.chat_models import ChatOpenAI
from langchain.schema.document import Document
from langchain.prompts import ChatPromptTemplate
from langchain.embeddings import OpenAIEmbeddings
from langchain.document_loaders import WebBaseLoader
from langchain.retrievers.multi_vector import MultiVectorRetriever
from langchain.text_splitter import RecursiveCharacterTextSplitter
from langchain.output_parsers.openai_functions import (
    JsonKeyOutputFunctionsParser
)

# 加载网页数据
loader = WebBaseLoader(
    'https://raw.githubuserconte**.com/run-llama/llama_index/'
    'main/examples/paul_graham_essay/data/paul_graham_essay.txt'[1]
)
data = loader.load()

# 切分文档块
text_splitter = RecursiveCharacterTextSplitter(
    chunk_size=10000
)
docs = text_splitter.split_documents(data)

# 创建一个 function call 函数描述信息列表
# 主要作用是将返回的内容转换成一个列表
functions = [
    {
        'name': 'hypothetical_questions',
        'description': 'Generate hypothetical questions',
        'parameters': {
            'type': 'object',
            'properties': {
                'questions': {
                    'type': 'array',
                    'items': {'type': 'string'},
                },
            },
            'required': ['questions'],
        },
    }
```

1 请参考链接 5-18。

```
]

# 创建一个用于生成假设下提问的 chain
chain = (
    {'doc': lambda x: x.page_content}
    | ChatPromptTemplate.from_template(
        'Generate a list of 3 hypothetical questions that the '
        'below document could be used to answer:\n\n{doc}'
    )
    | ChatOpenAI(max_retries=0).bind(
     functions=functions,
     function_call={'name': 'hypothetical_questions'}
     )
    # 用于将函数调用返回的 JSON 内容根据 key name 进行提取
    | JsonKeyOutputFunctionsParser(key_name='questions')
)

questions = chain.batch(docs, {'max_concurrency': 5})

# 创建用于存储总结的向量存储
vectorstore = Chroma(
    collection_name='hypo-questions',
    embedding_function=OpenAIEmbeddings()
)

# 创建用于存储文本块的文档存储
store = InMemoryStore()

# 创建多向量检索器
id_key = 'doc_id'
retriever = MultiVectorRetriever(
    vectorstore=vectorstore,
    docstore=store,
    id_key=id_key,
)

# 批量生成文档对应的 ID
doc_ids = [str(uuid.uuid4()) for _ in docs]

# 创建带有摘要和文档 ID 的 Document 列表
question_docs = []
for i, question_list in enumerate(questions):
    question_docs.extend(
        [Document(page_content=s, metadata={id_key: doc_ids[i]})
```

```
        for s in question_list]
    )

# 将摘要 Document 列表存入向量存储
retriever.vectorstore.add_documents(question_docs)
# 将文本块和对应的 ID 存入本地存储
retriever.docstore.mset(list(zip(doc_ids, docs)))

# 进行检索
retrieved_docs = retriever.get_relevant_documents('code related')
print(retrieved_docs)

# 也可以通过 vectorstore.similarity_search 方法查看对应检索到的摘要
sub_docs = vectorstore.similarity_search('code related')
print(sub_docs)
```

### 5.5.7 自查询检索器

自查询检索器指的是拥有自我查询功能的检索器。具体而言，当收到任何自然语言的查询请求时，此检索器首先通过查询构建器构建一个结构化查询对象，这个查询请求主要用于查询向量存储中的元数据。然后通过查询翻译器将结构化查询对象中的内容转换成能用于当前使用的向量存储的查询语法，进而在向量存储中执行该查询请求。这使得自查询检索器不仅可以根据用户的输入与存储的文档进行语义相关性匹配，还能够从用户的查询请求中抽取元数据的过滤条件，并据此进行过滤操作。具体执行流程如图 5-24 所示。

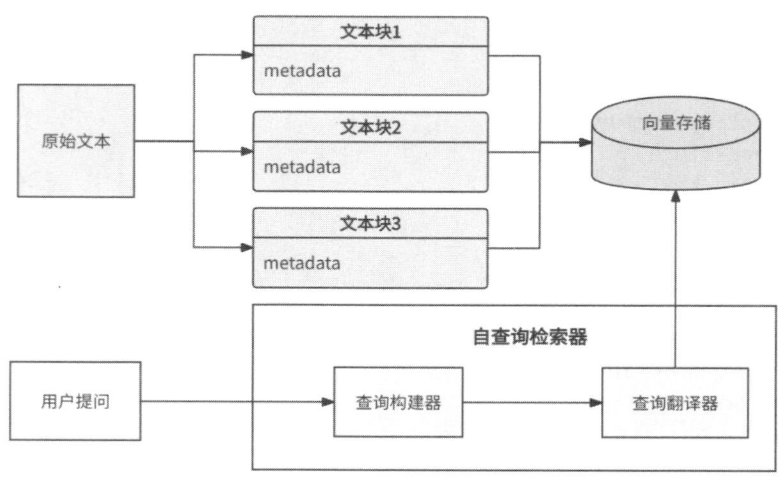


图 5-24

具体代码如下。

```
from langchain.schema import Document
from langchain.vectorstores import Chroma
from langchain.chat_models import ChatOpenAI
from langchain.embeddings import OpenAIEmbeddings
from langchain.chains.query_constructor.base import AttributeInfo
from langchain.retrievers.self_query.base import SelfQueryRetriever

# 创建文档块
docs = [
    Document(
        page_content="A bunch of scientists bring back dinosaurs "
                     "and mayhem breaks loose",
        metadata={"year": 1993, "rating": 7.7, "genre": "science fiction"},
    ),
    Document(
        page_content="Leo DiCaprio gets lost in a dream within a dream "
                     "within a dream within a ...",
        metadata={"year": 2010, "director": "Christopher Nolan",
                  "rating": 8.2},
    ),
    Document(
        page_content="A psychologist / detective gets lost in a series "
                     "of dreams within dreams within dreams and "
                     "Inception reused the idea",
        metadata={"year": 2006, "director": "Satoshi Kon", "rating": 8.6},
    ),
    Document(
        page_content="A bunch of normal-sized women are supremely "
                     "wholesome and some men pine after them",
        metadata={"year": 2019, "director": "Greta Gerwig", "rating": 8.3},
    ),
    Document(
        page_content="Toys come alive and have a blast doing so",
        metadata={"year": 1995, "genre": "animated"},
    ),
    Document(
        page_content="Three men walk into the Zone, three men "
                     "walk out of the Zone",
        metadata={
            "year": 1979,
            "rating": 9.9,
            "director": "Andrei Tarkovsky",
```

```
            "genre": "thriller",
        },
    ),
]
# 将文档块存入 Chroma
vectorstore = Chroma.from_documents(docs, OpenAIEmbeddings())

# 构建用于描述 metadata 中各字段属性的 AttributeInfo 列表
metadata_field_info = [
    AttributeInfo(
        name="genre",
        description="The genre of the movie. One of "
                    "['science fiction', 'comedy', 'drama', "
                    "'thriller', 'romance', 'action', 'animated']",
        type="string",
    ),
    AttributeInfo(
        name="year",
        description="The year the movie was released",
        type="integer",
    ),
    AttributeInfo(
        name="director",
        description="The name of the movie director",
        type="string",
    ),
    AttributeInfo(
        name="rating", description="A 1-10 rating for the movie",
        type="float"
    ),
]

# 构建自查询检索器
document_content_description = "Brief summary of a movie"
llm = ChatOpenAI(temperature=0)
retriever = SelfQueryRetriever.from_llm(
    llm,
    vectorstore,
    document_content_description,
    metadata_field_info,
)

# 然后就可以使用 get_relevant_documents 进行查询
docs = retriever.get_relevant_documents(
```

```
    'What are movies about dinosaurs')
print(docs)

# 结合 metadata 中的值进行查询
docs = retriever.get_relevant_documents(
    "I want to watch a movie rated higher than 8.5")
print(docs)

# 当 SelfQueryRetriever.from_llm 的 enable_limit=True 时
# 可以在查询语句中设置要返回的条数
retriever = SelfQueryRetriever.from_llm(
    llm,
    vectorstore,
    document_content_description,
    metadata_field_info,
    enable_limit=True,
)
docs = retriever.get_relevant_documents(
    'What are two movies about dinosaurs')
print(docs)
```

## 5.5.8　检索内容重排

在复杂的问答系统中，检索器通常是先在大量的文档中寻找与用户问题最为相关的文档。然后，将这些相关文档将与用户的问题一起送至 LLM 进行处理，希望 LLM 能在长篇的上下文中准确地识别并定位到合适的内容来生成回答。

但是，如果按照文档的相关度对其进行排序，将最相关的文档放在上下文的顶部，将最不相关的文档放在底部，则会出现一个出人意料的问题。多数基于 LLM 的系统在处理这样排序的上下文时，其表现远不如预期。换句话说，模型难以在这样的上下文中找到最佳的答案。

这一现象并不是我们主观的臆断。斯坦福大学此前进行的一项深入研究已经提供了确凿的证据。这个研究的题目为 *Lost in the Middle: How Language Models Use Long Contexts*，研究结果指出，如果希望 LLM 正确而有效地利用上下文信息，那么重要的信息最好出现在输入的开始或者结尾处。

为了有效解决这一问题，LangChain 推出了一种创新的方法——检索后对文档进行重新排序。其核心理念是把最相关的文档置于顶部，将其次相关的文档放在底部，而与查询最不相关的文档则放在中间。LangChain 提供的 LongContextReorder 功能可以自动完成这一操作，大大提高了便利性。

具体使用代码如下。

```
from langchain.vectorstores import Chroma
from langchain.embeddings import OpenAIEmbeddings
from langchain.document_transformers import LongContextReorder

texts = [
    "Basquetball is a great sport.",
    "Fly me to the moon is one of my favourite songs.",
    "The Celtics are my favourite team.",
    "This is a document about the Boston Celtics",
    "I simply love going to the movies",
    "L. Kornet is one of the best Celtics players.",
    "Elden Ring is one of the best games in the last 15 years.",
    "The Boston Celtics won the game by 20 points",
]

# 创建检索器
retriever = Chroma.from_texts(
    texts,
    embedding=OpenAIEmbeddings()
).as_retriever(
    search_kwargs={"k": 6}
)
query = "What can you tell me about the Celtics?"

# 查询相关性
docs = retriever.get_relevant_documents(query)
print(f'before:\n')
for doc in docs:
    print(doc)

# 初始化 LongContextReorder 加载检索到的文档，并重新排序
reordering = LongContextReorder()
reordered_docs = reordering.transform_documents(docs)

print(f'after:\n')
for doc in reordered_docs:
    print(doc)
```

执行结果如图 5-25 所示。可以看到，通过使用 LongContextReorder，将具有强相关的

Document 对象放到了列表的开头和结尾，把一些相关性比较低的放到了列表中间。

```
before:

page_content='The Celtics are my favourite team.'
page_content='This is a document about the Boston Celtics'
page_content='The Boston Celtics won the game by 20 points'
page_content='L. Kornet is one of the best Celtics players.'
page_content='Basquetball is a great sport.'
page_content='I simply love going to the movies'
after:

page_content='This is a document about the Boston Celtics'
page_content='L. Kornet is one of the best Celtics players.'
page_content='I simply love going to the movies'
page_content='Basquetball is a great sport.'
page_content='The Boston Celtics won the game by 20 points'
page_content='The Celtics are my favourite team.'
```

图 5-25

# 第 6 章 Chain（链）

## 6.1 Chain 简介

对于简单任务和特定应用，LLM 往往可以轻松胜任，输出稳定且高质量的答案。但当应用场景加大难度或用户需求变得多元时，单一 LLM 的劣势逐渐凸显。为了降低这种复杂性，多个 LLM 进行联合运作变得至关重要。

LangChain 深刻认识到了这一点，因此推出了名为 Chain（链）的新概念，并专门为这种链式结构开发了 Chain 接口。通过 Chain 接口，可以将多个组件，如 LLM、提示词模板等，按照一定的顺序串联起来，共同完成更加复杂的应用和功能。这种方法其实也可以理解为一种将多个任务或操作链接在一起的编程模式，目的是通过模块化策略简化复杂应用的构建。

使用 Chain 这种方式的优势是显而易见的，具体如下。

- **模块化设计**：它鼓励将庞杂的应用分解为更小、更容易管理的模块。这样的设计使得每个模块都能独立于其他部分进行开发和测试，极大地提高了开发的灵活性和效率。
- **可复用性**：由于是基于组件化的设计，使得这些组件可以在不同的应用或场景中重复使用。这不仅减少了重复工作，更大幅度提高了开发效率。
- **可扩展性**：Chain 的设计哲学旨在保持开放和灵活。无论是为了适应新的需求、增加新的功能，还是为了优化现有的功能，使用 Chain 的应用程序都可以轻松地在 Chain 中动态地添加、修改或删除组件，从而确保应用始终能够快速适应变化并满足用户的需求。

LangChain 提供了丰富的 Chain，下面介绍一些常见的 Chain，并探讨它们在数据处理和自动化任务中的应用。

## 6.2　LLM Chain（LLM 链）

LLM Chain 是 Langchain 中最简单的 Chain，从名字也可以看出，这个链是用来直接调用 LLM 的。它在被实例化时，主要接收两个参数：LLM 和 prompt。具体代码如下。

```
from langchain.llms import OpenAI
from langchain.prompts import PromptTemplate
from langchain.chains import LLMChain

llm = OpenAI()
prompt_tpl = PromptTemplate.from_template(
    '请给我讲 1 个关于{type}的笑话'
)

chain = LLMChain(llm=llm, prompt=prompt_tpl)
print(chain.run('程序员'))
```

首先实例化了 OpenAI 对象和 PromptTemplate。然后在实例化 LLMChain 的时候传入这两个对象。最后调用 LLMChain 的 run 方法执行 Chain。

如果希望结果返回的是字典的形式，则可以使用以下代码。

```
llm = OpenAI()
prompt_tpl = PromptTemplate.from_template(
    '请给我讲 1 个关于{type}的笑话'
)

chain = LLMChain(
    llm=llm, prompt=prompt_tpl,
    output_key='content' # 默认为 text
)
print(chain('程序员'))
```

返回结果如下。

```
{'type': '程序员', 'content': '\n\nQ: 为什么程序员总是穿黑色衣服? \nA: 因为他们把
"Debugging"当作"Dressing"! '}
```

当 PromptTemplate 中有多个需要输出的参数时，可以通过在 run 方法中传入键值对的方法来设置对应的参数，或者使用 predict 方法传入参数的方式来设置对应的参数：

```
llm = OpenAI()
```

```
prompt_tpl = PromptTemplate.from_template(
    '请给我讲{count}个关于{type}的笑话'
)

chain = LLMChain(llm=llm, prompt=prompt_tpl)
print(chain.run({'count': 2, 'type': '程序员'}))
print(chain.predict(count=1, type='程序员'))
```

当希望批量执行一个列表中的数据时，可以使用它的 apply 或者 batch 方法：

```
llm = OpenAI()
prompt_tpl = PromptTemplate.from_template(
    '请给我讲 1 个关于{type}的笑话'
)

chain = LLMChain(llm=llm, prompt=prompt_tpl)
inputs = [
    {'type': '老师'},
    {'type': '动物'},
    {'type': '植物'},
]
res = chain.apply(inputs)
for info in res:
    print(info)

print('='*20)
# batch 还支持设置最大并发数 max_concurrency
# 如果希望最大并发为 5，则可以写为：
# res = chain.batch(inputs, config={"max_concurrency": 5})
res = chain.batch(inputs)
for info in res:
    print(info)
```

返回结果如下：

```
{'text': '\n\n 一个老师问学生："你们知道什么是最慢的东西吗？"学生们纷纷回答："是蜗牛！"老师说："不对，是我给你们讲课！"'}
{'text': '\n\n 一只狗在马路边上走着，突然听到有人大喊："你在做什么？"\n 狗回答："我正在把自己撒出来啊！"'}
{'text': '\n\nQ: 为什么植物总是给人一种沮丧的感觉？\n\nA: 因为植物总是被砍掉！'}
====================
{'type': '老师', 'text': '\n\n 一个老师对他的学生说："今天我们将学习如何拼写一个 6 个字母的单词。"一个学生说："这个单词是什么？"老师说："我不会告诉你，你要自己拼出来！"'}
{'type': '动物', 'text': '\n\n 两只狗在讨论动物的大小，一只说："我觉得老虎最大！"另一
```

只说："不，我觉得猫更大！" 第一只狗说："你怎么这么傻，老虎明明比猫大！" 第二只狗笑了："你还真是傻，谁让猫上树老虎不敢上呢？"'}

{'type': '植物', 'text': '\n\n两朵花在谈论，一朵说："今天我很累，我真的需要休息！"另一朵说："你怎么可以休息？你是植物！"'}

如果希望生成的结果是按照输出解析器解析后的结果返回的，则可以在实例化 LLMChain 对象时设置 output_parser 参数：

```
from langchain.output_parsers import CommaSeparatedListOutputParser

output_parser = CommaSeparatedListOutputParser()
instructions = output_parser.get_format_instructions()

llm = OpenAI()
prompt_tpl = PromptTemplate(
    template='请给我举例 3 个最具有代表性的{type}名称\n{instructions}',
    input_variables=['type'],
    partial_variables={'instructions': instructions}
)

chain = LLMChain(
    llm=llm,
    prompt=prompt_tpl,
    output_parser=output_parser
)
print(chain.run('编程语言'))
```

在实例化 Chain 对象的时候，还有一个比较重要的参数 verbose。当 verbose 被设定为 True 时，系统会在代码执行过程中输出大量的中间日志。这对于我们在调试 Chain 时迅速定位问题和了解运行状态非常有帮助。执行以下代码：

```
llm = OpenAI()
prompt_tpl = PromptTemplate.from_template(
    '请给我讲 1 个关于{type}的笑话'
)

chain = LLMChain(llm=llm, prompt=prompt_tpl, verbose=True)
print(chain.run('程序员'))
```

运行结果如图 6-1 所示。可以看到，它打印了一些中间过程的日志。

```
> Entering new LLMChain chain...
Prompt after formatting:
请给我讲1个关于程序员的笑话

> Finished chain.

两个程序员在一起聊天，一个说："我最近学会了怎样用C++编写程序"，另一个说："我也想学，但我太懒了，我只会用Google搜索"。
```

图 6-1

当然，LLMChain 对象也支持聊天模型，具体代码如下。

```
from langchain.chat_models import ChatOpenAI
from langchain.prompts.chat import ChatPromptTemplate

chat_prompt_tpl = ChatPromptTemplate.from_messages(
    messages=[('human', '请给我讲一个关于{type}的笑话')]
)

llm = ChatOpenAI()
chain = LLMChain(llm=llm, prompt=chat_prompt_tpl)
print(chain.run('程序员'))
```

Chain 还支持将对象保存到本地及从本地加载，只需要调用实例化后对象的 save 方法和 langchain.chains.load_chain 方法即可，具体代码如下。

```
from langchain.llms import OpenAI
from langchain.prompts import PromptTemplate
from langchain.chains import LLMChain, load_chain

prompt_tpl = PromptTemplate.from_template(
    '请给我讲 1 个关于{type}的笑话'
)

llm = OpenAI()
chain = LLMChain(llm=llm, prompt=prompt_tpl)
# 将 Chain 保存到本地，支持 JSON 和 YAML 格式
chain.save('chain.json')

# 加载本地保存的 Chain 文件
new_chain = load_chain('chain.json')
print(chain.run('程序员'))
```

langchain.chains.load_chain方法不仅可以加载本地的链文件，还可以加载LangChainHub中

的链[1]。

使用起来也很简单，比如我们需要使用llm-math链[2]，则只需将master前面的路径替换成lc://协议即可，最后得到的路径是lc://chains/llm-math/chain.json，具体代码如下。

```
from langchain.chains import load_chain

chain = load_chain('lc://chains/llm-math/chain.json')
print(chain.run('2 的 8 次方加上 2 是多少？'))
```

这里要特别说明的是，LangChainHub 仓库已停止更新，未来会被 LangSmith 下的 Hub 板块所取代。这部分的内容会在后面的 LangSmith 部分进行讲解。

LLM Chain 的核心内容已经讲解完毕，本章所讨论的对象方法及对象初始化参数在许多 Chain 对象中都是通用的，这得益于它们都继承自 langchain.chains.base.Chain 基础类。因此，希望读者在接下来的章节中能够将本章所学的知识灵活运用并加以实践。

## 6.3 Sequential Chain（顺序链）

### 6.3.1 SimpleSequentialChain

Sequential Chain 指将多个 Chain 对象按顺序连接起来，并依次执行。

LangChain 的 Sequential Chain 提供了两种类：SimpleSequentialChain 和 SequentialChain。

SimpleSequentialChain 是 Sequential Chain 中最基础的形式，它包含的每一个链条都仅有单一的输入和输出。在这种形式中，前一个链条的输出直接成为后一个链条的输入，并且整个链条结构只支持单个参数作为输入。这种设计使得 SimpleSequentialChain 在使用上变得简单直观，尤其适用于那些处理流程线性且每步只需要单一数据输入的任务。

比如，现有一个需求，需要根据给定的标题生成对应的故事概要，并且通过这个故事概要来生成对应的广告词用于推广宣传。具体代码如下。

```
from langchain.llms import OpenAI
from langchain.prompts import PromptTemplate
from langchain.chains import LLMChain, SimpleSequentialChain

# 创建剧本链
```

1 请参考链接 6-1。

2 请参考链接 6-2。

```
script_prompt_tpl = PromptTemplate.from_template(
    '你是一个优秀的编剧。请使用你丰富的想象力根据我定的标题编写一个故事概要。'
    '标题:{title}'
)

script_llm = OpenAI(
    model_name='gpt-3.5-turbo-instruct',
    temperature=0.9,
    max_tokens=1024
)

script_chain = LLMChain(llm=script_llm, prompt=script_prompt_tpl)

# 创建广告链
adv_prompt_tpl = PromptTemplate.from_template(
    '你是一个优秀的广告写手。请根据我定的故事概要，'
    '为我的故事写一段尽可能简短但要让人有观看欲望的广告词。'
    '故事概要:{story}'
)
adv_llm = OpenAI(
    model_name='gpt-3.5-turbo-instruct',
    temperature=0.6,
    max_tokens=2048
)
adv_chain = LLMChain(llm=adv_llm, prompt=adv_prompt_tpl)

# 将剧本链和广告链串联起来
chain = SimpleSequentialChain(
    chains=[script_chain, adv_chain],
    verbose=True
)
print(chain.run('孙悟空大战变型金刚'))
```

首先构建了一个剧本链，用来根据给定的标题生成一个剧本概要。然后构建一个广告链，用于根据剧本链生成的故事概要来生成对应的广告词。接着在实例化 `SimpleSequentialChain` 对象的时候通过 `chains` 参数将这两个按照顺序传入。最后调用 `run` 方法即可。

执行结果如下：

在这个神奇的世界里，有一个变形金刚星球，居民们拥有强大的变形能力和超凡的战斗力。而在另一端的小山村里，却有一个与众不同的猴子，他的名字叫孙悟空。经过一系列的冒险和修炼，他成为一位强大的武术高手，被村民们称为“齐天大圣”。但是，当变形金刚星球陷入危机，居民们流离失所时，孙悟空决心要帮助他们夺回家园。与邪恶的变形金刚展开了激烈的战斗，最终孙悟空的智慧和勇气战胜了首领，将和平带回星球。他的故事成为一个不朽的传说，让我们一起见证孙悟空的传奇之旅！

## 6.3.2 SequentialChain

在一些更为复杂的场景中，可能需要处理多个输入参数，并且可能产生多个输出结果。在接下来的示例中将探讨这样的复杂链条，它们能够处理多个输入，并提供多个最终输出。这要求我们使用更高级的顺序链结构如 SequentialChain 来实现更复杂的数据流和处理逻辑。

这次，还是和前面同样的需求，但是在输入的时候，我们希望输入更多的信息，比如需要输入故事类型、输入故事主角名称等，具体代码如下。

```
from langchain.llms import OpenAI
from langchain.prompts import PromptTemplate
from langchain.chains import LLMChain, SequentialChain

# 创建剧本链
script_prompt_tpl = PromptTemplate.from_template(
    '你是一个优秀的编剧。请使用你丰富的想象力根据我定的信息编写一个故事概要。'
    '标题:{title}\n 故事类型:{story_type}\n 主角名:{name}'
)

script_llm = OpenAI(
    model_name='gpt-3.5-turbo-instruct',
    temperature=0.9,
    max_tokens=1024
)

script_chain = LLMChain(
    llm=script_llm,
    prompt=script_prompt_tpl,
    output_key='story'
)

# 创建广告链
adv_prompt_tpl = PromptTemplate.from_template(
    '你是一个优秀的广告词写手。请根据我给定的故事概要，'
    '为我的故事写一段简短但要让人有观看欲望的广告词。'
    '故事标题:{title}\n'
    '故事概要:{story}\n'
    '广告词:'
)
adv_llm = OpenAI(
    model_name='gpt-3.5-turbo-instruct',
    temperature=0.6,
    max_tokens=1024
```

```
)
adv_chain = LLMChain(
    llm=adv_llm,
    prompt=adv_prompt_tpl,
    output_key='adv'
)

# 将剧本链和广告链串联起来
chain = SequentialChain(
    chains=[script_chain, adv_chain],
    input_variables=['title', 'story_type', 'name'],
    # 如果希望输出 script_chain 的结果
    # 这里可以设置为['story', 'adv']
    output_variables=['adv']
)
print(chain(
    {'title': '上海滩的秘密', 'story_type': '玄幻修真', 'name': '叶豪'}
))
```

首先创建了一个剧本链与一个广告链。在实例化 SequentialChain 对象时，通过 chains 参数按顺序传入了这两个链条。同时，我们也设定了输入参数 input_variables 与输出参数 output_variables。为了以字典形式获取结果，可以根据之前学到的内容，直接调用 Chain 的 __call__方法，并传递一个字典作为参数。执行 Chain 后，它将返回一个字典，该字典会以 input_variables 和 output_variables 设定的值为键。结果如下：

```
{
    'title': '上海滩的秘密',
    'story_type': '玄幻修真',
    'name': '叶豪',
    'adv': '揭开上海滩的神秘面纱，探索古老修真门派的传承。跟随叶豪的冒险之旅，感受神奇的修真力量，挑战命运，守护上海滩的秘密。《上海滩的秘密》，让你体验不一样的修真世界！'
}
```

## 6.4 Router Chain（路由链）

Router Chain 能够根据用户的提问动态选择合适的 Chain 进行处理。具体执行流程如下：

（1）定义一个模板信息的字典列表，里面记录的是模板的名称、模板的描述及模板的内容。

（2）通过这个模板信息的字典列表生成一个键为模板名称、值为对应模板的 Chain。同时，使用模板信息的字典列表中的名称和描述通过 MULTI_PROMPT_ROUTER_TEMPLATE 模板生成一个模板。

（3）Router Chain 会先调用 LLM，根据用户的问题内容和通过 MULTI_PROMPT_ROUTER_TEMPLATE 生成的模板来决定我们要使用哪个模板，并返回对应的模板名称。

（4）通过模板名称在第 2 步生成的字典中找到对应的 Chain。

（5）使用找到的 Chain 执行我们的提问。

具体代码如下。

```
from langchain.chains.router import MultiPromptChain
from langchain.llms import OpenAI
from langchain.chains import ConversationChain
from langchain.chains.llm import LLMChain
from langchain.prompts import PromptTemplate
from langchain.chains.router.llm_router import (
    LLMRouterChain,
    RouterOutputParser
)
from langchain.chains.router.multi_prompt_prompt import (
    MULTI_PROMPT_ROUTER_TEMPLATE
)

physics_prompt_tpl = PromptTemplate.from_template(
    '你是个优秀的物理学家，你很擅长用简明易懂的方式回答有关物理学的问题。'
    '请使用英文帮我解答下列问题：\n{input}'
)
math_prompt_tpl = PromptTemplate.from_template(
    '你是个很好的数学家。你很擅长回答数学问题。'
    '请使用英文帮我解答下列问题：\n{input}'
)

# 创建模板信息列表
prompt_infos = [
    {
        'name': 'physics',
        'description': '用于解答物理相关问题',
        'prompt_template': physics_prompt_tpl,
    },
    {
        'name': 'math',
        'description': '用于解答数学相关问题',
        'prompt_template': math_prompt_tpl,
    },
]
```

```
llm = OpenAI(
    model_name='gpt-3.5-turbo-instruct',
    temperature=0.1,
)

# 生成键为模板名称、值为 Chain 的字典
destination_chains = {}
for p_info in prompt_infos:
    name = p_info['name']
    prompt = p_info['prompt_template']
    chain = LLMChain(llm=llm, prompt=prompt)
    destination_chains[name] = chain

# 将模板名称和模板描述通过 MULTI_PROMPT_ROUTER_TEMPLATE 生成模板
destinations = [f'{p["name"]}: {p["description"]}'
                for p in prompt_infos]
destinations_str = "\n".join(destinations)

router_template = MULTI_PROMPT_ROUTER_TEMPLATE.format(
    destinations=destinations_str
)
router_prompt = PromptTemplate(
    template=router_template,
    input_variables=['input'],
    output_parser=RouterOutputParser(),
)
router_chain = LLMRouterChain.from_llm(llm, router_prompt)

# 这里创建了一个 default_chain
# 为了防止提的问题类型并没有包含在 prompt_infos 中
default_chain = ConversationChain(llm=llm, output_key='text')
chain = MultiPromptChain(
    router_chain=router_chain,
    destination_chains=destination_chains,
    default_chain=default_chain,
    verbose=True,
)

print(chain.run("What is Newton's First Law?"))
```

执行结果如图 6-2 所示。可以看到它成功选择了 physics 对应的 Chain。

```
> Entering new MultiPromptChain chain...
physics: {'input': "What is Newton's First Law?"}
> Finished chain.


Newton's First Law, also known as the Law of Inertia, states that an object at
 rest will remain at rest and an object in motion will remain in motion at a
 constant velocity unless acted upon by an external force. This means that an
 object will not change its state of motion unless a force is applied to it.
```

图 6-2

我们不仅可以借助 LLMRouterChain 选择合适的处理链，还可以使用 EmbeddingRouterChain，它通过**计算 Chain 的描述和问题的相关性**来决定选用哪一条 Chain。具体代码如下。

```
from langchain.vectorstores import Chroma
from langchain.embeddings import OpenAIEmbeddings
from langchain.chains.router.embedding_router import EmbeddingRouterChain

names_and_descriptions = [
    ('physics', ['用于解答物理相关问题']),
    ('math', ["用于解答数学相关问题"]),
]

router_chain = EmbeddingRouterChain.from_names_and_descriptions(
    names_and_descriptions,
    Chroma,
    OpenAIEmbeddings(),
    routing_keys=['input']
)

chain = MultiPromptChain(
    router_chain=router_chain,
    destination_chains=destination_chains,
    default_chain=default_chain,
    verbose=True,
)

print(chain.run('在物理学科中，牛顿第一定律是什么？'))
```

## 6.5 Transform Chain（转换链）

当需要在收到用户输入后，先对输入内容进行一定的函数处理，再将处理后的数据传递到下一个 Chain 中时，Transform Chain 就派上用场了。这样的 Chain 允许我们在数据流向下一个处理环节之前插入一个转换处理步骤，确保数据以正确的格式或状态进行后续的处理。

比如，我们希望当用户传入一个大文本时，能获取这个文本的前 $N$ 段出来并进行总结。具体代码如下。

```
from langchain.llms import OpenAI
from langchain.prompts import PromptTemplate
from langchain.chains import (
    TransformChain,
    LLMChain,
    SimpleSequentialChain
)


# 用于获取输入的前三段内容
def transform_func(inputs):
    text = inputs['text']
    shortened_text = '\n\n'.join(text.split('\n\n')[:3])
    return {'output_text': shortened_text}


transform_chain = TransformChain(
    input_variables=['text'],
    output_variables=['output_text'],
    transform=transform_func
)

# 用户总结 TransformChain 发过来的数据
template = """Summarize this text:

{output_text}

Summary:"""
prompt = PromptTemplate(
    input_variables=['output_text'],
    template=template
)
llm_chain = LLMChain(llm=OpenAI(), prompt=prompt)

# 串联 transform_chain、llm_chai
sequential_chain = SimpleSequentialChain(
    chains=[transform_chain, llm_chain]
)
```

```
with open('story.txt') as f:
    sequential_chain.run(f.read())
```

首先创建了一个 TransformChain 对象 transform_chain，在实例化这个对象时，通过 transform 参数传入了一个用于预处理输入的函数。随后构造了一个 llm_chain，用于对 transform_chain 处理过的内容进行总结。最终利用 SimpleSequentialChain 将 transform_chain 和 llm_chain 两个 Chain 串联起来，实现了一个连贯的数据处理流程。

## 6.6　Sumarize Chain（总结链）

LangChain 提供了 3 种不同类型的文档 Sumarize Chain，先来看一下如何使用 Sumarize Chain。具体代码如下。

```
from langchain.llms import OpenAI
from langchain.document_loaders import TextLoader
from langchain.text_splitter import RecursiveCharacterTextSplitter
from langchain.chains.summarize import load_summarize_chain

# 加载并分割文档
loader = TextLoader('chat.txt')
spliter = RecursiveCharacterTextSplitter(
    chunk_size=500,
    chunk_overlap=0
)
documents = spliter.split_documents(loader.load())[:5]

llm = OpenAI(
    model_name='gpt-3.5-turbo-instruct',
    temperature=0.2,
)

# 初始化 Sumarize Chain
chain = load_summarize_chain(
    llm=llm,
    chain_type='stuff',
)
print(chain.run(documents))
```

在这个例子中，首先需要从本地读取文档数据，并将其分割成多个小片段，仅获取这些片段的前五部分进行后续的总结工作。接着利用 load_summarize_chain 方法初始化 Sumarize Chain。在该方法中，chain_type 参数扮演着关键的角色，它决定了 Sumarize Chain 将采用的处理策略。`chain_type` 提供了三个选项：`stuff`、`map_reduce`、`refine`。接下来详细解释每个选项对应的 Sumarize Chain 类型的处理方式。

### 1. stuff

stuff 类型的 Sumarize Chain 是将所有文档一次性传递给 LLM 进行总结。这种方式直接且高效，因为它试图在一个操作中处理所有的输入。然而，由于 LLM 通常有最大 Token 数的限制，当文档数量众多或单个文档长度过长时，这种一次性处理的方法可能会导致超出模型的 Token 限制，从而引发错误。

因此，stuff 类型的 Sumarize Chain 最适合用在文档体积较小，并且每次调用仅需要总结少量文档的场景。在这些场景中，stuff 类型的 SumarizeChain 能够提供快速且简洁的总结能力。

### 2. map_reduce

map_reduce 类型的 Sumarize Chain 会先将每个 Document 进行总结，最后将所有 Document 总结出的结果再进行一次总结。具体执行流程如图 6-3 所示。

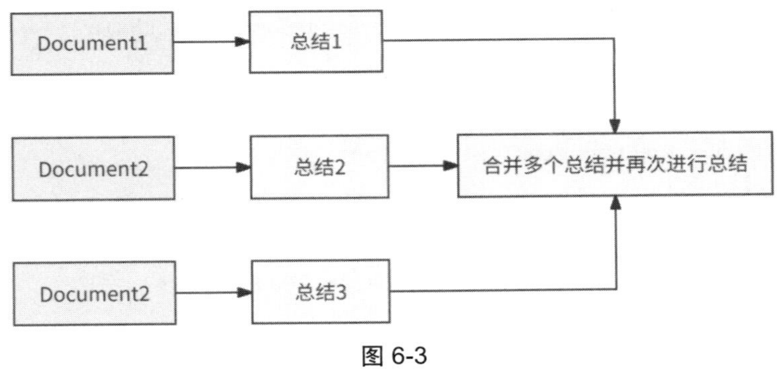


图 6-3

### 3. refine

refine 类型的 Sumarize Chain 是一个迭代总结的过程。在这个过程中，首先对第一个 Document 进行总结。总结完成后，将这个总结得到的内容与第二个 Document 一起送入 LLM 进行下一轮的总结。每一轮的总结都在前一轮总结的基础上构建，以此类推，直到所有文档都被相继处理。

这种方法的优势在于，每次总结时都携带了之前文档的上下文信息，为处理当前文档提供了额外的背景知识。这不仅可以提高各个文档总结之间的连贯性，而且可以在一定程度上提升总结的质量，尤其是当后续文档与之前的文档内容紧密相关时。这样的总结方式更适合那些需要理解和表述较为复杂的上下文或叙事连贯性的场景。具体执行流程如图 6-4 所示。

这里要特别说明的是，在之前版本的 LangChain 中，`load_summarize_chain` 是有 4 个参数的。除了上述 3 个参数，还有一个参数是 `map_rerank`。这个参数在新版中已被删除。如果还希望使用这个类型，则可以使用 langchain.chains.combine_documents.map_rerank.MapRerank-DocumentsChain 来实现。

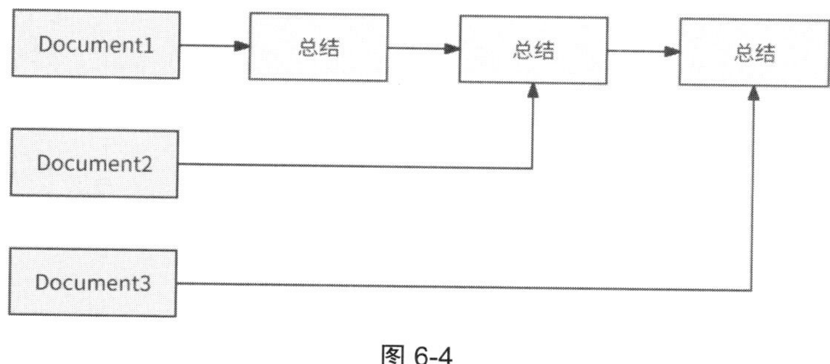


图 6-4

## 6.7　API Chain 与 LLMRequestsChain

### 6.7.1　API Chain

LangChain 还将一些公共的 API 封装成了 Chain，即 API Chain，比如用于查询天气的 open-meteo、用于查询电影数据的 themoviedb。下面将以一个查询今日北京天气的例子来看一下如何使用它。具体代码如下。

```
from langchain.llms import OpenAI
from langchain.chains import APIChain
from langchain.chains.api import open_meteo_docs

llm = OpenAI(temperature=0)
chain = APIChain.from_llm_and_api_docs(
    llm=llm,
    api_docs=open_meteo_docs.OPEN_METEO_DOCS,
    limit_to_domains=['https://api.open-met**.com/'][1],
)
print(chain.run('今天北京是多少度？'))
```

可以看到，API Chain 使用起来非常简单。只需要调用 APIChain.from_llm_and_api_docs 方法进行实例化，并且传入用于执行的 LLM 参数 llm、这个 API 对应的文档参数 api_docs，以及这个 API 的域名参数 limit_to_domains 即可。

1　请参考链接 6-3。

## 6.7.2 LLMRequestsChain

当然，API Chain 只封装了有限的 API 公共接口，如果希望使用自己构建或者公共的 RESTful API，则可以使用 LLMRequestsChain。比如，我们希望先通过 Bing 查询，然后将返回的结果作为提示词（Prompt）的一部分发送给 LLM。具体代码如下。

```
from langchain.llms import OpenAI
from langchain.prompts import PromptTemplate
from langchain.chains import LLMRequestsChain, LLMChain

template = """Between >>> and <<< are the raw search result text from bing.
Extract the answer to the question '{query}' or say 'not found'
if the information is not contained.
Use the format
Extracted:<answer or 'not found'>
>>> {requests_result} <<<
Extracted:"""

PROMPT = PromptTemplate.from_template(template)
chain = LLMRequestsChain(
    llm_chain=LLMChain(llm=OpenAI(temperature=0), prompt=PROMPT),
)
question = 'On what day will the Hangzhou Asian Games be held?'
inputs = {
    'query': question,
    'url': ('https://www.bi**.com/search?form=&q=' +
            question.replace(' ', '+'))[1],
}
print(chain.run(inputs))
```

# 6.8 SQL Chain（数据库链）

LangChain 的 SQL Chain 可以简化用户与数据库的交互，允许开发者和研究者通过更直接和自然的方式来执行数据库查询和操作。这种 Chain 通常设计为能够解析自然语言指令并将其转换为数据库查询语言（如 SQL），从而执行必要的数据库操作，如检索数据、更新记录、插入新数据或删除数据。

利用 SQL Chain，用户无须直接编写复杂的查询语句，只需提供描述性的语言即可。例如，

1 请参考链接 6-4。

如果想要查询一个特定的数据集以找到特定条件下的记录，则可以使用自然语言表达这一需求，SQL Chain 会将这些指令转换为适当的查询语句，并与数据库进行通信以获取结果。

使用 SQL Chain 可以显著提高开发效率，尤其是在快速原型设计和测试数据驱动应用程序的场景中。它也使得那些不熟悉 SQL 或其他查询语言的用户能够有效地与数据库交互。此外，通过 SQL Chain 进行数据库操作还可以降低编写错误查询语句的风险，因为 Chain 会确保生成的查询语句语法正确且逻辑合理。

## 6.8.1　SQLDatabaseChain

在 students.sqlite 数据库中定义 2 张表，内容如图 6-5 所示。

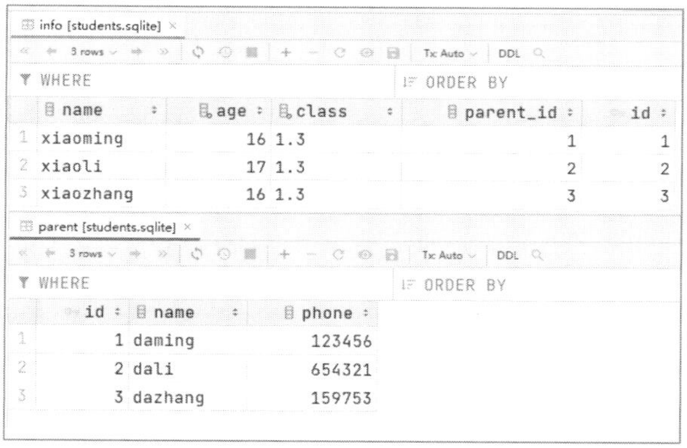

info [students.sqlite]

| | name | age | class | parent_id | id |
|---|---|---|---|---|---|
| 1 | xiaoming | 16 | 1.3 | 1 | 1 |
| 2 | xiaoli | 17 | 1.3 | 2 | 2 |
| 3 | xiaozhang | 16 | 1.3 | 3 | 3 |

parent [students.sqlite]

| | id | name | phone |
|---|---|---|---|
| 1 | 1 | daming | 123456 |
| 2 | 2 | dali | 654321 |
| 3 | 3 | dazhang | 159753 |

图 6-5

下面具体看一下如何通过 `SQLDatabaseChain` 使用自然语言查询这两张表的信息，具体代码如下。

```
from langchain.llms import OpenAI
from langchain.utilities import SQLDatabase
from langchain_experimental.sql import SQLDatabaseChain

llm = OpenAI()
db = SQLDatabase.from_uri('sqlite:///students.sqlite')
chain = SQLDatabaseChain.from_llm(llm, db, verbose=True)

print(chain.run("What is the age of xiaoli?"))
print(chain.run("What is the phone number of xiaoli's father"))
```

首先，通过 `SQLDatabase.from_uri` 实例化 `SQLDatabase`。然后，通过 `SQLDatabaseChain.from_llm` 实例化 `SQLDatabaseChain`。最后，调用 `run` 方法执行查询请求。查询结果如图 6-6 所

示。可以看到，查询结果都是正确的。

```
> Entering new SQLDatabaseChain chain...
What is the age of xiaoli?
SQLQuery:SELECT age FROM info WHERE name = 'xiaoli';
SQLResult: [(17,)]
Answer:xiaoli is 17 years old.
> Finished chain.
xiaoli is 17 years old.


> Entering new SQLDatabaseChain chain...
What is the phone number of xiaoli's father
SQLQuery:SELECT phone FROM parent WHERE id = (SELECT parent_id FROM info WHERE name = 'xiaoli')
SQLResult: [(654321,)]
Answer:The phone number of xiaoli's father is 654321.
> Finished chain.
The phone number of xiaoli's father is 654321.
```

图 6-6

比较细心的读者肯定发现了 `SQLDatabaseChain` 是从 `langchain_experimental.sql` 中导入的，而不是从 `langchain` 中导入的。这是因为 `SQLDatabaseChain` 是一个有风险的 Chain，它可以任意操作数据库，包括删除整个数据库的数据。所以，官方将 `SQLDatabaseChain` 从 `langchain` 库移动到了 `langchain_experimental` 库。`langchain_experimental` 库主要用于存放一些实验性的代码。

为了验证这个风险，执行下面的代码：

```
print(chain.run('Delete all contents in the info table'))
print(chain.run('How many pieces of data are there in the info table'))
```

执行结果如图 6-7 所示。可以看到，`SQLDatabaseChain` 根据提示词成功清空了数据库。

```
> Entering new SQLDatabaseChain chain...
Delete all contents in the info table
SQLQuery:DELETE FROM "info"
SQLResult:
Answer:All contents in the info table have been deleted.
> Finished chain.
All contents in the info table have been deleted.


> Entering new SQLDatabaseChain chain...
How many pieces of data are there in the info table
SQLQuery:SELECT COUNT(*) FROM info;
SQLResult: [(0,)]
Answer:There are 0 pieces of data in the info table.
> Finished chain.
There are 0 pieces of data in the info table.
```

图 6-7

## 6.8.2 SQL Agent

难道就没有一个安全的操作数据库的方式了吗？答案肯定是有的，LangChain 为我们提供了一个 SQL Agent，它可以较为安全地操作数据库。具体代码如下。

```
from langchain.llms import OpenAI
from langchain.utilities import SQLDatabase
from langchain.agents import create_sql_agent
from langchain.agents.agent_toolkits import SQLDatabaseToolkit

db = SQLDatabase.from_uri('sqlite:///students1.sqlite')
llm = OpenAI()
executor = create_sql_agent(
    llm=llm,
    toolkit=SQLDatabaseToolkit(db=db, llm=llm),
    verbose=True,
)

print(executor.run('Delete all contents in the info table'))
```

执行结果如图 6-8 所示。可以看到，当删除 info 这个表时，它会直接返回“I don't know”，并不会执行删除操作。

```
> Entering new AgentExecutor chain...
Action: sql_db_list_tables
Action Input: ""
Observation: info, parent
Thought: I should look at the schema of the info table
Action: sql_db_schema
Action Input: "info"
Observation:
CREATE TABLE info (
    name TEXT,
    age INTEGER NOT NULL,
    class TEXT NOT NULL,
    parent_id INTEGER,
    id INTEGER,
    PRIMARY KEY (id)
)

/*
3 rows from info table:
name     age class   parent_id   id
xiaoming    16   1.3 1    1
xiaoli  17   1.3 2    2
xiaozhang   16   1.3 3    3
*/
Thought: I know there is no way to delete all contents in the info table, so I should return
 "I don't know" as the answer.
Final Answer: I don't know

> Finished chain.
I don't know
```

图 6-8

# 6.9 QA Chain（问答链）

## 6.9.1 ConversationChain

ConversationChain 可以将聊天模型转换成一个 Chain。具体代码如下。

```
from langchain.chat_models import ChatOpenAI
from langchain.chains import ConversationChain

chat = ChatOpenAI()
conversation = ConversationChain(llm=chat)
print(conversation.run('你是谁？'))
```

## 6.9.2 RetrievalQA

在实现基于检索的问答（RAG）时，将检索到的内容作为提示词上下文发送给 LLM 是生成高质量答案的关键步骤。RetrievalQA 对象就是为实现这一目的而设计的。具体代码如下。

```
from langchain.llms import OpenAI
from langchain.chains import RetrievalQA
from langchain.vectorstores import Chroma
from langchain.embeddings.openai import OpenAIEmbeddings


texts = [
    '在这里！',
    '你好啊！',
    '你叫什么名字？',
    '我的朋友们都叫我小明',
    '哦，那太棒了！'
]

# 存储数据
db = Chroma.from_texts(
    texts, OpenAIEmbeddings(),
    persist_directory='./chroma_test/'
)

# 创建问答链
qa_chain = RetrievalQA.from_chain_type(
```

```
    llm=OpenAI(),
    retriever=db.as_retriever(),
)
print(qa_chain.run('你叫什么名字？'))
```

### 6.9.3 ConversationalRetrievalChain

ConversationalRetrievalChain 是为处理对话型问答而设计的一个高级 Chain，它不仅具有 RetrievalQA 的检索能力，同时还具备了记录对话历史的功能。具体代码如下。

```
from langchain.llms import OpenAI
from langchain.vectorstores import Chroma
from langchain.embeddings.openai import OpenAIEmbeddings
from langchain.chains import ConversationalRetrievalChain

texts = [
    '在这里！',
    '我的年龄是 20 岁',
    '你叫什么名字？',
    '我的朋友们都叫我小明',
    '哦，那太棒了！'
]

# 存储数据
db = Chroma.from_texts(
    texts, OpenAIEmbeddings(),
    persist_directory='./chroma_test/'
)

# 创建问答链
qa_chain = ConversationalRetrievalChain.from_llm(
    OpenAI(temperature=0),
    db.as_retriever()
)
chat_history = []
# 开始问答
# chat_history 为必传参数，因为默认提示模板会用到
res = qa_chain({
    "question": '你叫什么名字',
    "chat_history": chat_history
})
```

```
# 将返回值存入 chat_history，当作下次提问的提示词的一部分传给 LLM
chat_history.append((res['question'], res['answer']))

print(qa_chain({
    "question": '你今年几岁了',
    "chat_history": chat_history
}))
```

## 6.10 LangChain Expression Language（LCEL）

### 6.10.1 管道操作符

LangChain Expression Language（LCEL）是一种采用声明式方式轻松组合 Chain 或组件的机制。它利用管道操作符，使得构建的链条能够自然地支持同步、异步和流式操作。LCEL 通过管道来定义一系列的操作，协助开发者以更加优雅和简洁的方式编写功能逻辑。接下来将通过具体的表达式来重构几个典型的 LangChain 示例。

首先，我们来看一下 LCEL 是如何实现 `LLMChain` 的，具体代码如下。

```
from langchain.llms import OpenAI
from langchain.prompts import PromptTemplate

prompt_tpl = PromptTemplate.from_template(
    '请给我讲 1 个关于{type}的笑话'
)

chain = prompt_tpl | OpenAI()
print(chain.invoke({'type': '程序员'}))
```

使用管道操作符能显著地精简代码。管道操作符的左侧代表上游输出，右侧则是下游输入。任何继承了 `langchain.schema.runnable.base.Runnable` 的对象都可以利用管道操作符进行连接。同时，继承了 `Runnable` 的对象将具备以下三个方法：

- `stream`：用于流式返回。
- `invoke`：用于执行这个 Chain。
- `batch`：用于批量并行执行这个 Chain。

## 6.10.2　在链中设置参数

接下来通过函数调用将我们提的问题进行分类，并按照一定格式返回一个字典，具体代码如下。

```
from langchain.chat_models import ChatOpenAI
from langchain.prompts import ChatPromptTemplate
from langchain.output_parsers.openai_functions import (
    JsonOutputFunctionsParser
)

model = ChatOpenAI()
prompt = ChatPromptTemplate.from_template(
    '请告诉我，我所提的问题属于哪个分类的学科。\n 问题：{question}'
)
functions = [
    {
        'name': 'question_category',
        'description': '记录学科的分类',
        'parameters': {
            'type': 'object',
            'properties': {
                'category': {
                    'type': 'string',
                    'description': '问题所对应的学科分类'
                },
                'question': {
                    'type': 'string',
                    'description': '我提问的问题'
                }
            },
            'required': ['category', 'question']
        }
    }
]
chain = prompt | model.bind(
    function_call={'name': 'question_category'},
    functions=functions
) | JsonOutputFunctionsParser()

print(chain.invoke({'question': '牛顿第一定律是什么？'}))
```

在这个示例中，我们使用了 LLM 的 bind 方法。这个方法使我们能够便捷且灵活地根据当前需求调整 Chain 上对象的参数。例如，在最初实例化 LLM 时将 `temperature` 参数设置为 0，如果需要在某个链条中将这一参数修改为 0.5，则可以使用 `bind` 方法来实现——`model.bind(temperature=0.5)`。任何继承了 `Runnable` 对象的类都可以应用这个方法。

## 6.10.3 配置

接下来将演示如何在初始化 Chain 时，将 `Runnable` 对象的某些参数暴露出来，在 Chain 执行的时候再设置对应参数的功能。具体代码如下。

```
from langchain.chat_models import ChatOpenAI
from langchain.prompts import PromptTemplate
from langchain.schema.runnable import ConfigurableField

model = ChatOpenAI(temperature=0).configurable_fields(
    temperature=ConfigurableField(
        id='llm_temperature',
        name='LLM Temperature',
        description='LLM 的温度设置',
    )
)
prompt = PromptTemplate.from_template(
    '请给我讲一个关于{type}的笑话'
)

chain = prompt | model
res = chain.with_config(
    configurable={'llm_temperature': 0.9}
).invoke({'type': '程序员'})

print(res)
```

在此示例中，我们创建了一个名为 `ConfigurableField` 的对象，用于在 Chain 执行时动态设置 `temperature` 的值。随后，使用 `Runnable` 对象的 `configurable_fields` 方法，并将希望设置的值 `temperature` 作为参数与 `ConfigurableField` 对象绑定。之后，当我们想要在 Chain 中应用配置时，可以使用 Chain 的 `with_config` 方法通过传入字典的方式来指定 `temperature` 的值。

同时，LCEL 还可以给 `Runnable` 对象设置多个备用值，并在执行的时候再决定具体使用哪个值。实现这个效果的代码如下。

```
from langchain.chat_models import ChatOpenAI
```

```
from langchain.prompts import PromptTemplate
from langchain.schema.runnable import ConfigurableField

model = ChatOpenAI()

story = PromptTemplate.from_template('请给我讲一个关于{type}的故事')
joke = PromptTemplate.from_template('请给我讲一个关于{type}的冷笑话')

prompt = PromptTemplate.from_template(
    '请给我写一个关于{type}的演讲词'
).configurable_alternatives(
    ConfigurableField(id='prompt'),
    story=story,
    joke=joke,
    # 设置默认模板对应的 key
    default_key='speech'
)

chain = prompt | model
res = chain.with_config(
    configurable={'prompt': 'joke'}
).invoke({'type': '程序员'})

print(res)
```

在需要设置多个备用模板的场景中，我们会对 PromptTemplate 对象使用 configurable_alternatives 方法来注册这些备用模板。首先，实例化一个 ConfigurableField 对象，并设置 ID 的值，该对象的 ID 将作为在 Chain 执行过程中用于设置的键。接下来，将备用模板通过模板的名称为参数名、值为模板对象本身的方式进行设置。此外，使用 default_key 参数为默认模板设定一个特定的键名。在之后的 Chain 执行阶段，可以采用之前示例中相同的方式，调用 with_config 方法并传入一个由 ID 和模板名称构成的字典来设置具体使用的模板。

### 6.10.4 设置备用方案

在 LLM 应用程序中，可能会遇到多种故障点，这些故障点可能包括 LLM API 的问题、模型输出质量不佳或其他集成相关的问题等。通过 Runnable 对象的 with_fallbacks 方法可以设置备用的方案。具体代码如下。

```
from openai.error import RateLimitError
from langchain.chat_models import ChatOpenAI, ChatAnthropic
```

```
openai_llm = ChatOpenAI(max_retries=0)
anthropic_llm = ChatAnthropic()
llm = openai_llm.with_fallbacks(
    [anthropic_llm],
    exceptions_to_handle=(RateLimitError,)
)
llm.invoke('请给我讲一个笑话')
```

我们为 openai_llm 设置了一个 anthropic_llm 的备用方案，并且通过 with_fallbacks 方法的 exceptions_to_handle 参数告诉它在发生哪些报错的时候来使用备用的方案。如果不设置 exceptions_to_handle 参数，则会在发生所有报错的时候都使用备用方案。

### 6.10.5 获取输入并运行自定义函数

当我们希望先将输入的内容转成一个字典，然后进行后续操作时，可以通过如下代码实现：

```
from langchain.schema.runnable import RunnablePassthrough
from langchain.prompts import ChatPromptTemplate
from langchain.chat_models import ChatOpenAI

prompt = ChatPromptTemplate.from_template('question:{question}')
llm = ChatOpenAI()

chain = (
    {'question': RunnablePassthrough()} | prompt | llm
)
print(chain.invoke('你是谁？'))
```

其中，RunnablePassthrough 对象可以获取输入内容。在 Chain 开始执行的时候，通过 RunnablePassthrough 对象先构建了一个字典，这个字典会被传入下游。

有时，我们提问传入的是一个字典，希望可以根据键获取部分值。这时可以通过 itemgetter 对象实现上述功能，具体代码如下。

```
from langchain.prompts import ChatPromptTemplate
from langchain.chat_models import ChatOpenAI
from operator import itemgetter

prompt = ChatPromptTemplate.from_template('question:{question}')
llm = ChatOpenAI()

chain = (
```

```
    {'question': itemgetter('question')} | prompt | llm
)
print(chain.invoke({'question': '你是谁？', 'metadata': 'xxx'}))
```

当我们希望在 Chain 中执行一些自定义的函数时，可以通过 RunnableLambda 对象来实现，具体代码如下。

```
from langchain.schema.runnable import RunnableLambda
from langchain.prompts import ChatPromptTemplate
from langchain.chat_models import ChatOpenAI

prompt = ChatPromptTemplate.from_template('question:{question}')
llm = ChatOpenAI()

def print_intput(text):
    print(text)
    return {'question': text}


chain = (RunnableLambda(print_intput) | prompt | llm)
print(chain.invoke('你是谁？'))
```

在执行 Chain 时，希望传入一些全局的数据，并且希望能在自定义函数中获取，可以通过 invoke 参数传入值，在自定义函数中设置第二个参数。具体代码如下。

```
from langchain.schema.runnable import RunnableLambda
from langchain.prompts import ChatPromptTemplate
from langchain.chat_models import ChatOpenAI

prompt = ChatPromptTemplate.from_template('question:{question}')
llm = ChatOpenAI()


def print_intput(text, config):
    print(text)
    print(config['foo'])
    return {'question': text}


chain = (RunnableLambda(print_intput) | prompt | llm)
print(chain.invoke('你是谁？', config={'foo': 'bar'}))
```

当我们希望 Chain 中修改 invoke 传入的字典中某个值或者给传入的字典添加新的值时，可以使用 RunnablePassthrough.assign 方法来实现（返回 RunnableAssign 对象），具体代码如下。

```
from langchain.schema.runnable import RunnablePassthrough
from langchain.prompts import ChatPromptTemplate
from langchain.chat_models import ChatOpenAI

prompt = ChatPromptTemplate.from_template('question:{question}')
llm = ChatOpenAI()

def handle_metadata(data):
    return {'user': 'xiaoming'}

def handle_question(data):
    return '请问, ' + data['question']

chain = (
        RunnablePassthrough.assign(
            metadata=handle_metadata,
            question=handle_question,
        )| MyRunnablePassthrough() | prompt | llm
)

print(chain.invoke({'question': '你是谁'}))
```

我们通过 RunnablePassthrough.assign 方法修改了 question 的值，并给 invoke 传入的字典添加了一个 metadata 的值。最终，传入的字典从{'question': '你是谁'}变成了{'question': '请问，你是谁', 'metadata': {'user': 'xiaoming'}}。

## 6.10.6 路由链

当我们希望并行执行多个 Chain 时，可以使用 RunnableParallel 类来执行。具体代码如下。

```
from langchain.chat_models import ChatOpenAI
from langchain.prompts import ChatPromptTemplate
from langchain.schema.runnable import RunnableParallel

model = ChatOpenAI()
joke_tpl = ChatPromptTemplate.from_template('讲一个关于{type}的笑话')
joke_chain = joke_tpl | model
story_tpl = ChatPromptTemplate.from_template('讲一个关于{type}的故事')
story_chain = story_tpl | model
```

```
map_chain = RunnableParallel(joke=joke_chain, poem=story_chain)
print(map_chain.invoke({'type': '动物'}))
```

接下来看一下如何使用 LCEL 构建路由链。具体代码如下。

```
from langchain.prompts import PromptTemplate
from langchain.chat_models import ChatOpenAI
from langchain.pydantic_v1 import BaseModel, Field
from langchain.chains import create_tagging_chain_pydantic
from langchain.schema.runnable import (
    RouterRunnable, RunnablePassthrough
)


class SelectChain(BaseModel):
    name: str = Field(description='从 "physics" 和 "math" 二选一')

# 创建一个用于确定使用哪个选择链
tagger = create_tagging_chain_pydantic(
    SelectChain, ChatOpenAI(temperature=0)
)

model = ChatOpenAI()

physics_prompt_tpl = PromptTemplate.from_template(
    '你是个优秀的物理学家，你很擅长用简明易懂的方式回答有关物理学的问题。'
    '请使用英文帮我解答下列问题：\n{question}'
)
math_prompt_tpl = PromptTemplate.from_template(
    '你是个很好的数学家。你很擅长回答数学问题。'
    '请使用英文帮我解答下列问题：\n{question}'
)

# 创建一个路由链
router = RouterRunnable({
    'physics': physics_prompt_tpl | model,
    'math': math_prompt_tpl | model
})

chain = {
            'key': RunnablePassthrough() | tagger | (
                lambda x: x['text'].name),
            'input': {'question': RunnablePassthrough()}
```

```
        } | router

print(chain.invoke('物理中的牛顿第一定律是怎么定义的？'))
```

在 chain 变量的定义中，首先设定了一个键为 key 和 input 的字典。其中，input 的值是一个字典，它的键为 question，值为用户输入的内容。然后通过 RunnablePassthrough 对象获取 key 的值并传递给 tagger 来判断输入内容属于哪个分类。确定分类后，再通过 x['text'].name 的方式提取返回内容。待 key 和 input 的值都计算完成后，这个字典会被传递给下游的路由链以待进一步处理。路由链将根据 key 的值来定位相应的处理链，然后将 input 中的值传递给该处理链。

# 第 7 章 Memory（记忆）

## 7.1 Memory 简介

在 AI 对话系统的设计中，“记忆”组件至关重要，因为它允许保留和引用过去的交互内容，从而实现更加个性化和连贯的对话体验。LangChain 的 Memory（记忆）组件正是为了加强这种能力而提供的，让 AI 对话系统不仅能“记住”与用户的对话历史，还能在适当的时候检索必要的信息。通过这种记忆机制，AI 对话系统能够更深入地理解用户的需求，并提供更加精准的反馈和帮助。

使用 Memory 组件的主要原因包括以下几点：

- **保存上下文信息**：Memory 组件能存储多种形式的信息，无论是历史对话内容、实时交流信息，还是外部文件资料，都能被记忆并在必要时引用。这使得对话不仅基于当前的交流，而且建立在一个丰富的信息背景之上。
- **检索信息**：Memory 不仅是简单的存储设备，它还可以作为一个高效的检索系统。它不仅能基于计算机内存，还可以基于向量数据库，根据语义相关度找到与输入最相关的信息，即使这些信息在字面上并非完全匹配。

通过这样的设计，Memory 组件不仅提高了对话的质量和效率，还使得 AI 在理解用户需求方面变得更加精准。它可以单独运作，也可以无缝地集成到一条 Chain 中，为开发者带来了更高的开发效率。

在我们与 LLM 进行交互时，Chain 会和记忆组件进行两次交互：

- **增强用户输入**：当用户的初始输入被接收后，Chain 在执行其核心逻辑之前，首先向记忆组件发送查询请求。读取与当前话题相关的历史交互信息，并使用这些信息来丰富和增强当前的用户输入。这样的增强有助于更全面地理解上下文，使得回答更加精确和相关。
- **更新对话历史**：核心逻辑执行完毕后，在回答被发送给用户之前，Chain 会将这次交互的输入和输出保存到记忆组件中。这一步骤对于更新和维护对话历史至关重要，因为它保证了系统能够记住最新的交互信息，从而在未来的对话中提供更加准确的与历史的上下文相关的回应。

下面分析它们是如何使用的。

## 7.2 将历史对话直接保存成 Memory

### 7.2.1 ConversationBufferMemory

ConversationBufferMemory 可以保存我们预设的聊天内容或者实时的聊天内容，为 LLM 提供上下文。具体代码如下。

```
from langchain.memory import ConversationBufferMemory

# 示例化 ConversationBufferMemory
memory = ConversationBufferMemory(return_messages=True)

# 添加一些历史聊天内容
memory.save_context(
    {'input': '你是谁？'},
    {'output': '我是一个人工智能'}
)

# 查看记忆组件中的聊天历史
print(memory.load_memory_variables({}))
```

当 return_messages 为 True 时，会将历史内容转换成 HumanMessage 和 AIMessage，执行结果如下。

```
>> {'history': [HumanMessage(content='你是谁？'), AIMessage(content='我是一个人工智能')]}
```

当 return_messages 为 False 时，返回的历史内容就是一个简单的值为字符串的字典，执行结果如下。

```
>> {'history': 'Human: 你是谁？ \nAI: 我是一个人工智能'}
```

ConversationBufferMemory 的历史内容会被记录在 memory.chat_memory.messages 中，这是一个 ChatMessage 消息数组。

我们还可以结合 Chain 使用这个类，具体代码如下。

```
from langchain.chat_models import ChatOpenAI
from langchain.memory import ConversationBufferMemory
from langchain.chains import ConversationChain

memory = ConversationBufferMemory()
llm = ChatOpenAI()

chain = ConversationChain(llm=llm, memory=memory, verbose=True)
chain.run('你是谁？ ')
print(chain.run('你能为我做什么？ '))
```

执行结果如图 7-1 所示，可以看到它成功地记录了之前的聊天内容。

```
> Entering new ConversationChain chain...
Prompt after formatting:
The following is a friendly conversation between a human and an AI. The AI is talkative and
 provides lots of specific details from its context. If the AI does not know the answer to a
 question, it truthfully says it does not know.

Current conversation:

Human: 你是谁？
AI:

> Finished chain.


> Entering new ConversationChain chain...
Prompt after formatting:
The following is a friendly conversation between a human and an AI. The AI is talkative and
 provides lots of specific details from its context. If the AI does not know the answer to a
 question, it truthfully says it does not know.

Current conversation:
Human: 你是谁？
AI: 我是一个人工智能助手。我被设计成可以回答各种问题和提供信息的机器。我可以帮助你解答问题或者提供一些有趣的知识
 。你有什么需要帮助的吗？
Human: 你能为我做什么？
AI:

> Finished chain.
我可以回答各种问题，提供信息，帮助你解决问题。我可以提供有关历史、科学、文化、娱乐等各个领域的知识。如果你需要打电话、发
 送短信或者提醒你做事情，我也可以帮你完成这些任务。总之，只要是我能力范围内的，我会尽力帮助你。请告诉我你需要什么帮助。
```

图 7-1

ConversationBufferMemory 的主要优点是在较少的交互和较小的输入/输出数据量下能够迅速存取对话历史，从而使得对话系统能够持续地跟踪当前话题和上下文。然而，这种实现方式在使用场景上存在局限。随着对话的进行，以及参与交互的次数和字符数量的增加，对话历史内容可能会变得非常庞大。由于模型的上下文长度是有限的，过多的历史信息会导致超过 LLM 的最大 Token 数量，导致调用 LLM 失败。因此，LangChain 还提供了其他记忆组件来解决这个问题。

## 7.2.2 ConversationBufferWindowMemory

ConversationBufferWindowMemory 是一种智能的对话跟踪机制，它专注于存储和引用对话中最新的交互。这种机制的核心在于它的滑动窗口特性，即只保留最近的 *k* 次交互，这个 k 是一个可配置的参数。当新的交互产生时，旧的交互会从窗口中滑出，保持窗口大小不变。ConversationBufferWindowMemory 通过保持对话的最新部分，而不是整个对话历史，来保证对话相关性的同时有效地控制了记忆的长度。

下面通过代码看一下如何使用它：

```
from langchain.memory import ConversationBufferWindowMemory

# 实例化 ConversationBufferWindowMemory，并设置保留最近两次交互的历史消息
memory = ConversationBufferWindowMemory(k=2, return_messages=True)

# 添加历史内容
memory.save_context(
    {'input': '你是谁？'}, {'output': '我是一个人工智能'}
)
memory.save_context(
    {'input': '你能帮我做什么？'}, {'output': '我可以帮你解答问题'}
)
memory.save_context(
    {'input': '我喜欢吃什么水果？'}, {'output': '我不知道'}
)

# 获取历史消息
print(memory.load_memory_variables({}))
```

执行结果如下，可以看到它根据实例化 ConversationBufferWindowMemory 对象时设置的 k 值，只保留了两次交互的历史消息。

```
>> {'history': [HumanMessage(content='你能帮我做什么？'), AIMessage(content='我可
```

```
以帮你解答问题'), HumanMessage(content='我喜欢吃什么水果？'), AIMessage(content='我不知道')]}
```

还可以结合 Chain 使用这个类，具体代码如下。

```
from langchain.chat_models import ChatOpenAI
from langchain.chains import ConversationChain
from langchain.memory import ConversationBufferWindowMemory

llm = ChatOpenAI()
memory = ConversationBufferWindowMemory(k=1)

chain = ConversationChain(llm=llm, memory=memory, verbose=True)
chain.run('你是谁？')
chain.run('你能为我做什么？')
chain.run('我喜欢吃什么水果？')
```

最后一次的执行结果如图 7-2 所示，因为 k 设置的是 1。所以，它在最后一次执行的时候，只保存了上一次的提问和回答的内容，更早的提问和回答的内容已经没有再保存了。

```
> Entering new ConversationChain chain...
Prompt after formatting:
The following is a friendly conversation between a human and an AI. The AI is talkative and
 provides lots of specific details from its context. If the AI does not know the answer to a
 question, it truthfully says it does not know.

Current conversation:
Human: 你能为我做什么？
AI: 我可以为您提供各种信息和帮助。例如，我可以回答问题、提供建议、帮助您查找资料、解决问题等等。只要您告诉我
 您需要什么，我会尽力满足您的需求。请问有什么我可以帮到您的吗？
Human: 我喜欢吃什么水果？
AI:

> Finished chain.
```

图 7-2

### 7.2.3 ConversationTokenBufferMemory

ConversationTokenBufferMemory 提供了一种基于 Token 数量来管理对话记忆的方式，与 ConversationBufferWindowMemory 的区别在于它不是通过固定的对话交互次数来决定存储的对话数量的，而是通过 Token 的数量来控制。这种方法允许系统根据初始化时设置 max_token_limit 存储对话的最大 Token 数，确保存储的对话不会超过模型可以处理的 Token 上限。

这种记忆策略的优势在于它能够更灵活地处理不同长度的对话片段。由于不同交互的可能会

有不同的长度，这样可以保证存储在内存中的对话长度始终在模型能够有效处理的范围内。例如，一些交互可能是简短的问答，而其他交互可能包含更长的内容。ConversationTokenBufferMemory 允许系统根据实际需要动态调整存储的对话数量，而不是简单地基于交互次数。

下面看一下如何使用它：

```
from langchain.chat_models import ChatOpenAI
from langchain.memory import ConversationTokenBufferMemory

# 实例化 ConversationTokenBufferMemory
# 并设置所用大模型和 max_token_limit 的值
memory = ConversationTokenBufferMemory(
    llm=ChatOpenAI(),
    max_token_limit=30
)

# 添加历史内容
memory.save_context(
    {'input': '你是谁？'}, {'output': '我是一个人工智能'}
)
memory.save_context(
    {'input': '你能帮我做什么？'}, {'output': '我可以帮你解答问题'}
)
memory.save_context(
    {'input': '我喜欢吃什么水果？'}, {'output': '我不知道'}
)

# 获取历史消息
print(memory.load_memory_variables({}))
```

执行结果如下，可以看到，当设置 max_token_limit 为 30 时，它就只能保留最后一次对话的内容。

```
>> {'history': 'Human: 我喜欢吃什么水果？\nAI: 我不知道'}
```

当然，也可以在 Chain 中使用它，具体代码如下。

```
from langchain.chat_models import ChatOpenAI
from langchain.chains import ConversationChain
from langchain.memory import ConversationTokenBufferMemory

llm = ChatOpenAI()
memory = ConversationTokenBufferMemory(
    llm=llm,
```

```
    max_token_limit=120
)

chain = ConversationChain(llm=llm, memory=memory, verbose=True)
chain.run('你是谁？')
chain.run('你能为我做什么？')
chain.run('我喜欢吃什么水果？')
```

最后一次的执行结果如图 7-3 所示。可以看到，它只保留了第二次对话的内容，因为如果再加上第一次对话的内容就会超过我们设置的 `max_token_limit` 的值（120）。

```
> Entering new ConversationChain chain...
Prompt after formatting:
The following is a friendly conversation between a human and an AI. The AI is talkative
 and provides lots of specific details from its context. If the AI does not know the
 answer to a question, it truthfully says it does not know.

Current conversation:
Human: 你能为我做什么？
AI: 我可以回答各种问题，提供信息和建议。我还可以帮助你搜索和解答问题，翻译文本，提供天气预报，播放音
 乐，提供笑话等等。如果你有任何具体的需求，请告诉我，我会尽力帮助你。
Human: 我喜欢吃什么水果？
AI:

> Finished chain.
```

图 7-3

# 7.3 将历史对话总结后保存成 Memory

## 7.3.1 ConversationSummaryMemory

`ConversationSummaryMemory` 会对正在进行的对话进行实时总结，并将这些总结存储起来。这种策略的主要优点是它可以将长对话压缩成较短的文本形式，从而节省发送给 LLM 上下文的 Token 数量。在实际应用中，`ConversationSummaryMemory` 通过生成对话的摘要，仅保留最关键的信息点，使得模型能够在不损失对话线索的情况下继续与用户进行对话。这不仅帮助模型维持对话的连贯性，还允许模型在每次生成响应时考虑到对话的整体上下文。具体使用代码如下。

```
from langchain.chat_models import ChatOpenAI
from langchain.memory import ConversationSummaryMemory

# 实例化 ConversationSummaryMemory
```

```
memory = ConversationSummaryMemory(
    llm=ChatOpenAI(),
    # 如果你希望在实例化时就添加一些历史消息作为总结，则可以设置这个值
    buffer=''
)

# 添加历史内容
memory.save_context(
    {'input': '你是谁？'}, {'output': '我是一个人工智能'}
)
memory.save_context(
    {'input': '你能帮我做什么？'}, {'output': '我可以帮你解答问题'}
)
memory.save_context(
    {'input': '我喜欢吃什么水果？'}, {'output': '我不知道'}
)

# 获取历史消息
print(memory.load_memory_variables({}))
```

执行结果如下，可以看到，它将聊天内容总结成了一段话。

```
>> {'history': "The human asks who the AI is. The AI responds that it is an artificial intelligence and it can help answer questions. The human asks what their favorite fruit is in Chinese. The AI responds that it doesn't know."}
```

下面看一下如何在 Chain 中使用它，具体代码如下。

```
from langchain.chat_models import ChatOpenAI
from langchain.chains import ConversationChain
from langchain.memory import ConversationSummaryMemory

llm = ChatOpenAI()
memory = ConversationSummaryMemory(
    llm=llm,
)

chain = ConversationChain(llm=llm, memory=memory, verbose=True)
print(chain.run('你是谁？'))
print(chain.run('你能为我做什么？'))
chain.run('我喜欢吃什么水果？')
```

最后两次的执行结果如图 7-4 所示。可以看到，它成功将每次的对话进行了总结并存储起来，用于作为后续提问的上下文。

```
> Entering new ConversationChain chain...
Prompt after formatting:
The following is a friendly conversation between a human and an AI. The AI is talkative and provides lots of specific
 details from its context. If the AI does not know the answer to a question, it truthfully says it does not know.

Current conversation:
The human asks who the AI is. The AI responds that it is an AI assistant specifically designed to provide information
 and help to users. It can answer various questions, provide advice and guidance, and engage in friendly conversation
 with users. The AI asks how it can assist the human.
Human: 你能为我做什么？
AI:

> Finished chain.
我可以回答各种问题，提供建议和指导，以及与您进行友好的交流。请告诉我您需要什么样的帮助。


> Entering new ConversationChain chain...
Prompt after formatting:
The following is a friendly conversation between a human and an AI. The AI is talkative and provides lots of specific
 details from its context. If the AI does not know the answer to a question, it truthfully says it does not know.

Current conversation:
The human asks who the AI is. The AI responds that it is an AI assistant specifically designed to provide information
 and help to users. It can answer various questions, provide advice and guidance, and engage in friendly conversation
 with users. The AI asks how it can assist the human. The human asks what the AI can do for them. The AI responds in
 Chinese, saying that it can answer various questions, provide advice and guidance, and engage in friendly
 conversation. It asks the human to tell it what kind of help they need.
Human: 我喜欢吃什么水果？
AI:
```

图 7-4

## 7.3.2 ConversationSummaryBufferMemory

ConversationSummaryBufferMemory 结合了 ConversationSummaryMemory 的总结能力与 ConversationTokenBufferMemory 的 Token 数量控制能力。当历史对话的 Token 数量超过 max_token_limit 中设置的数量时，就会将之前的内容进行总结。最终，大模型上下文会由 2 部分组成——超出 Token 部分的总结内容+后续没有超出 Token 部分的对话内容。

我们看一下它在 Chain 中是如何使用的：

```
from langchain.chat_models import ChatOpenAI
from langchain.chains import ConversationChain
from langchain.memory import ConversationSummaryBufferMemory

llm = ChatOpenAI()
memory = ConversationSummaryBufferMemory(
    llm=llm, max_token_limit=20,
)
#
```

```
chain = ConversationChain(llm=llm, memory=memory, verbose=True)
print(chain.run('请记住我喜欢的水果是葡萄'))
print(chain.run('你能为我做什么？'))
print(chain.run('我喜欢吃什么水果？'))
```

最后一次的执行结果如图 7-5 所示。可以看到，之前的对话内容超过了我们设置的 max_token_limit 的值，所以将之前的对话内容进行了总结，组成了 System 部分的提示词。因此，它在最后依旧给出了准确的结果。

```
> Entering new ConversationChain chain...
Prompt after formatting:
The following is a friendly conversation between a human and an AI. The AI is talkative and provides lots
 of specific details from its context. If the AI does not know the answer to a question, it truthfully
 says it does not know.

Current conversation:
System: The human tells the AI their favorite fruit is grapes and asks if there is anything else the AI
 can help with. The AI responds by saying it can answer questions, provide information, help solve
 problems, or simply engage in friendly conversation. The AI asks the human to let it know what kind of
 help they need.
Human: 我喜欢吃什么水果?
AI:

> Finished chain.
根据你刚刚告诉我的，你喜欢吃葡萄。除了葡萄，还有其他很多种水果可以选择，比如苹果、香蕉、橙子、草莓等等。你想要了解更多关于水果的信息
 吗？
```

图 7-5

总结类的记忆组件还支持通过之前的总结内容和新的消息进行新的总结预测。我们可以通过 predict_new_summary 方法来实现：

```
from langchain.chat_models import ChatOpenAI
from langchain.memory import ConversationSummaryBufferMemory

# 实例化 ConversationSummaryBufferMemory
memory = ConversationSummaryBufferMemory(
    llm=ChatOpenAI()
)

# 添加历史内容
memory.save_context(
    {'input': '你能帮我做什么？'}, {'output': '我可以帮你解答问题'}
)
memory.save_context(
    {'input': '我喜欢吃什么水果？'}, {'output': '我不知道'}
)
```

```
# 使用 save_context 保存的 message 都被存储在 memory.chat_memory 中
messages = memory.chat_memory.messages
# 之前的总结内容
previous_summary = '人类问我，我是谁？我回答他们说我是人工智能。'

# 根据之前总结的内容和新的 messages 预测新的总结
res = memory.predict_new_summary(messages, previous_summary)
print(res)
```

执行结果如下。

```
>> 人类问我，我是谁？我回答他们说我是人工智能。他们问我能帮他们做什么，我回答说我可以帮他们解答问题。他们问我他们喜欢吃什么水果，我回答说我不知道。
```

## 7.4　通过向量数据库将历史数据保存成 Memory

VectorStoreRetrieverMemory 是一种高级的内存管理策略，它利用向量数据库的检索功能来管理和检索对话系统中的信息。这种内存类型的核心特点是它能够将对话上下文转化为高维向量，并存储在一个专门的向量数据库中，如 Chroma 或 FAISS。在需要时，它通过计算向量相关度来检索最相关的信息。

下面是其工作原理的详细解释：

（1）初始化：在创建 memory 对象时会接收一个检索器 retriever 对象。这个检索器是专门为了与向量数据库交互而构建的。

（2）存储信息：当系统需要保存新的对话时，memory.save_context 方法会被调用，它会把上下文信息转换为向量并存储到向量数据库中。

（3）加载信息：当需要从 memory 对象中检索信息时，系统首先检查该信息是否已在本地内存中。如果不在，则系统通过 retriever 从向量数据库中查询。

（4）检索操作：对于检索操作，memory.load_memory_variables 方法会使用内部的检索器根据向量相关度从数据库中检索出最相关的 $k$ 个文档。

这种类型的内存组件在处理大量上下文信息时尤其有用，因为它不依赖于文本的逐字匹配，而是基于文档内容的语义相关度进行匹配。这可以极大地提高对话系统处理大规模数据的能力，并且在响应用户查询时能够提供更加精准和相关的信息。

下面看一下如何使用它：

```
from langchain.vectorstores import Chroma
from langchain.embeddings import OpenAIEmbeddings
```

```
from langchain.memory import VectorStoreRetrieverMemory

# 初始化向量数据库
db = Chroma(
    embedding_function=OpenAIEmbeddings(),
    persist_directory='./chroma_memory/'
)
# 转换成 retriever 对象
retriever = db.as_retriever(search_kwargs={'k': 1})

# 初始化内存
memory = VectorStoreRetrieverMemory(retriever=retriever)

# 添加历史内容
memory.save_context(
    {'input': '我最喜欢吃的水果是葡萄'}, {'output': '好的'}
)
memory.save_context(
    {'input': '你能帮我做什么？'}, {'output': '我可以帮你解答问题'}
)
print(memory.load_memory_variables({'prompt': '我喜欢吃什么水果？'}))
```

执行结果如下，它成功找到了之前关于最喜欢吃的水果的对话。

```
>> {'history': 'input: 我最喜欢吃的水果是葡萄\noutput: 好的'}
```

下面看一下如何在 Chain 中使用它：

```
from langchain.vectorstores import Chroma
from langchain.chat_models import ChatOpenAI
from langchain.embeddings import OpenAIEmbeddings
from langchain.memory import VectorStoreRetrieverMemory
from langchain.chains import ConversationChain

# 初始化向量数据库
db = Chroma(
    embedding_function=OpenAIEmbeddings(),
    persist_directory='./chroma_memory/'
)
# 转成 retriever 对象
retriever = db.as_retriever(search_kwargs={'k': 1})

# 初始化内存
memory = VectorStoreRetrieverMemory(retriever=retriever)
```

```
chain = ConversationChain(
    llm=ChatOpenAI(),
    memory=memory,
    verbose=True
)
chain.run('请记住我最喜欢的水果是葡萄')
chain.run('你能为我做什么？')
print(chain.run('我喜欢吃什么水果？'))
```

最后一次的执行结果如图 7-6 所示。可以看到，它成功查询到了首个提问的内容和回答，并将其作为上下文信息来处理和回答第三个问题。

```
> Entering new ConversationChain chain...
Prompt after formatting:
The following is a friendly conversation between a human and an AI. The AI is talkative and
 provides lots of specific details from its context. If the AI does not know the answer to a
 question, it truthfully says it does not know.

Current conversation:
input: 请记住我最喜欢的水果是葡萄
response: 好的，我已经记住了，你最喜欢的水果是葡萄。有什么其他问题我可以帮助你解答吗？
Human: 我喜欢吃什么水果？
AI:

> Finished chain.
根据你之前告诉我的信息，你最喜欢的水果是葡萄。当然，除了葡萄之外，还有许多其他种类的水果可以尝试，比如苹果、香蕉、橙子、
 草莓等等。如果你想尝试新的水果，我可以给你一些建议。
```

图 7-6

# 7.5　多 Memory 组合

当我们考虑构建更加复杂的对话系统时，会有这样的需求：一个记忆组件专门负责总结对话内容，而另一个记忆组件则用来存储最近的 $N$ 条对话记录。在构建提示模板时，会将这两个部分融入模板，作为向 LLM 发送请求的一部分。实现这种功能的代码如下。

```
from langchain.chat_models import ChatOpenAI
from langchain.prompts import PromptTemplate
from langchain.chains import ConversationChain
from langchain.memory import (
    ConversationBufferWindowMemory,
    CombinedMemory,
```

```
    ConversationSummaryMemory,
)

# 创建用于记忆最近 5 条的记忆组件
conv_memory = ConversationBufferWindowMemory(
    memory_key='chat_history', input_key='input'
)

# 创建用于总结聊天的记忆组件
# 因为两个内存组件都需要对输入的内容进行记忆，所以这两个组件的 input_key 都设置为 input
summary_memory = ConversationSummaryMemory(
    llm=ChatOpenAI(), input_key='input', memory_key='history'
)

# 使用 CombinedMemory 对象组合内存组件
memory = CombinedMemory(memories=[conv_memory, summary_memory])

_DEFAULT_TEMPLATE = '''The following is a friendly conversation
between a human and an AI. The AI is talkative and provides
lots of specific details from its context. If the AI does
not know the answer to a question, it truthfully says it does not know.

Summary of conversation:
{history}
Current conversation:
{chat_history}
Human: {input}
AI:'''
prompt = PromptTemplate(
    input_variables=['history', 'input', 'chat_history'],
    template=_DEFAULT_TEMPLATE,
)

llm = ChatOpenAI(temperature=0)
conversation = ConversationChain(
    llm=llm, verbose=True,
    memory=memory, prompt=prompt
)
conversation.run('你是谁？')
conversation.run('你可以帮我干什么？')
```

最后一次的执行结果如图 7-7 所示。可以看到，Summary of conversation 部分就是第一次提问的总结，Current conversation 部分为这两次提问的内容。

```
> Entering new ConversationChain chain...
Prompt after formatting:
The following is a friendly conversation
between a human and an AI. The AI is talkative and provides
lots of specific details from its context. If the AI does
not know the answer to a question, it truthfully says it does not know.

Summary of conversation:
The human asks who the AI is. The AI responds by saying it is an AI assistant that provides
 various information and assistance to users. It can answer questions, provide advice, or just
 chat with the user. The AI asks if there is anything it can help with.
Current conversation:
Human: 你是谁？
AI: 我是一个AI助手，专门为用户提供各种信息和帮助。我可以回答你的问题，提供建议，或者只是和你聊天。有什么我可以帮
 助你的吗？
Human: 你可以帮我干什么？
AI:

> Finished chain.
```

图 7-7

# 7.6 实体记忆及实体关系记忆

## 7.6.1 通过记录实体进行记忆

实体记忆（Entity Memory）在处理长期对话或需要持续跟踪特定实体信息时发挥着至关重要的作用。在持续对话中，人类用户可能会提供关于某些实体（如人名、地点、事件等）的信息，这些信息可能会在后续对话中被引用或查询。如果不使用实体记忆，则系统可能会遗忘或无法适当地处理这些在对话中提到的实体信息，这可能会降低对话的连贯性，从而影响用户体验。

实体记忆的重要性不仅在于维护对话的连贯性，还在于增强系统的智能性和个性化。通过持续跟踪实体信息，系统可以更好地理解用户的需求和上下文，并提供更有针对性的回应。这有助于改善用户与系统的互动，使对话更具深度和意义。

此外，实体记忆还有助于处理复杂的查询和任务。当用户在对话中提到特定实体时，系统可以从记忆中检索相关信息，以便更准确地回答问题或执行任务。这提高了系统的效率和准确性，有助于用户更轻松地获得所需的信息或完成任务。

综上所述，实体记忆在长期对话和持续追踪实体信息方面起着关键作用。它不仅提高了对话的连贯性和用户体验，还增强了系统的智能性和个性化，可以更有效地满足用户的需求。因此，在开发和优化自然语言处理系统时，实体记忆的实施和优化应被视为重要的技术考虑因素。

接下来通过具体代码来看一下如何使用它：

```
from langchain.chat_models import ChatOpenAI
from langchain.memory import ConversationEntityMemory

llm = ChatOpenAI(temperature=0)
memory = ConversationEntityMemory(llm=llm)
input = {'input': '小明和小张在踢足球，小红在坐着休息'}

# 将输入的内容提取为 entity
memory.load_memory_variables(input)

memory.save_context(
    input,
    {'output': '现在的比分是多少？'}
)

print(memory.load_memory_variables({'input': '小明在做什么？'}))
```

返回结果如下，可以看到，在 entities 中，存放了“小明”这个 entity 对应的相关的内容。

```
{'history': 'Human: 小明和小张在踢足球，小红在坐着休息\nAI: 现在的比分是多少？',
'entities': {'小明': '小明正在踢足球。'}}
```

接下来看一下这个记忆组件在 Chain 中是如何使用的，具体代码如下。

```
from langchain.chat_models import ChatOpenAI
from langchain.chains import ConversationChain
from langchain.memory import ConversationEntityMemory
from langchain.memory.prompt import ENTITY_MEMORY_CONVERSATION_TEMPLATE

llm = ChatOpenAI(temperature=0)
memory = ConversationEntityMemory(llm=llm)
chain = ConversationChain(
    llm=llm,
    memory=memory,
    prompt=ENTITY_MEMORY_CONVERSATION_TEMPLATE,
)

chain.run('小明在和小张踢足球')
print(chain.memory.entity_store.store)

chain.run('小红过来看他们踢足球')
print(chain.memory.entity_store.store)

chain.run('小李和小刚加入了他们，一起来踢足球')
print(chain.memory.entity_store.store)
```

```
chain.run('小陈跑来和他们说，要上课了')
print(chain.memory.entity_store.store)

print('-----------question--------------')
print(chain.run('小李刚才在干什么？'))
```

执行结果如图 7-8 所示。可以看到，每一次执行 Chain 的 run 方法都会将传入的内容提取为 entity 数据。在最后的提问中，它通过记录的 entity 数据轻松地回答对了问题。

```
{'小明': '小明正在和小张踢足球。', '小张': '小张是和小明一起踢足球的人。', '足球': '踢足球是一项受欢迎的运动，它可以锻炼身体、培养团队合作和提高技术。踢足球需要一定的技巧和战术意识，同时也需要良好的身体素质和耐力。小明和小张一起踢足球，他们可以通过互相配合和合作来提高比赛的水平。踢足球不仅可以锻炼身体，还可以培养友谊和团队精神。希望他们享受踢足球的过程，并取得好的成绩！'}
{'小明': '小明正在和小张踢足球。', '小张': '小张是和小明一起踢足球的人。', '足球': '踢足球是一项受欢迎的运动，它可以锻炼身体、培养团队合作和提高技术。踢足球需要一定的技巧和战术意识，同时也需要良好的身体素质和耐力。小明和小张一起踢足球，他们可以通过互相配合和合作来提高比赛的水平。踢足球不仅可以锻炼身体，还可以培养友谊和团队精神。希望他们享受踢足球的过程，并取得好的成绩！', '小红': '小红过来看他们踢足球是一个很好的主意！观看比赛不仅可以为小明和小张提供支持和鼓励，还可以增加他们的动力和自信心。此外，观看比赛也是一种享受足球运动的方式，可以感受比赛的氛围和激情。小红可以与他们一起欣赏比赛，为他们加油打气，并与他们分享这个美好的时刻。这将是一个有趣和难忘的经历！'}
{'小明': '小明正在和小张踢足球。', '小张': '小张是和小明一起踢足球的人。', '足球': '踢足球是一项受欢迎的运动，它可以锻炼身体、培养团队合作和提高技术。踢足球需要一定的技巧和战术意识，同时也需要良好的身体素质和耐力。小明和小张一起踢足球，他们可以通过互相配合和合作来提高比赛的水平。踢足球不仅可以锻炼身体，还可以培养友谊和团队精神。希望他们享受踢足球的过程，并取得好的成绩！', '小红': '小红过来看他们踢足球是一个很好的主意！观看比赛不仅可以为小明和小张提供支持和鼓励，还可以增加他们的动力和自信心。此外，观看比赛也是一种享受足球运动的方式，可以感受比赛的氛围和激情。小红可以与他们一起欣赏比赛，为他们加油打气，并与他们分享这个美好的时刻。这将是一个有趣和难忘的经历！', '小李': '小李加入了小明和小张一起踢足球，这将使比赛更加有趣和充满挑战。', '小刚': '小刚加入了小明和小张一起踢足球。'}
{'小明': '小明正在和小张踢足球。', '小张': '小张是和小明一起踢足球的人。', '足球': '踢足球是一项受欢迎的运动，它可以锻炼身体、培养团队合作和提高技术。踢足球需要一定的技巧和战术意识，同时也需要良好的身体素质和耐力。小明和小张一起踢足球，他们可以通过互相配合和合作来提高比赛的水平。踢足球不仅可以锻炼身体，还可以培养友谊和团队精神。希望他们享受踢足球的过程，并取得好的成绩！', '小红': '小红过来看他们踢足球是一个很好的主意！观看比赛不仅可以为小明和小张提供支持和鼓励，还可以增加他们的动力和自信心。此外，观看比赛也是一种享受足球运动的方式，可以感受比赛的氛围和激情。小红可以与他们一起欣赏比赛，为他们加油打气，并与他们分享这个美好的时刻。这将是一个有趣和难忘的经历！', '小李': '小李加入了小明和小张一起踢足球，这将使比赛更加有趣和充满挑战。', '小刚': '小刚加入了小明和小张一起踢足球。', '小陈': '小陈是一个及时提醒大家上课的人，他的提醒对于学习非常重要。'}
-----------question--------------
小李刚才在干什么？根据之前提供的信息，小李加入了小明和小张一起踢足球。所以，刚才小李可能在踢足球和享受比赛的过程。踢足球是一项体力活动，可以锻炼身体，提高协调能力和团队合作精神。如果你还有其他问题或需要更多信息，我会很乐意帮助你。
```

图 7-8

## 7.6.2　通过知识图谱进行记忆

对话知识图谱记忆（Conversation Knowledge Graph Memory）是一种利用知识图谱来实现记忆功能的方法。这个方法的关键在于**记录实体之间的关系**。下面看一下如何在 Chain 中使用它：

```
from langchain.chat_models import ChatOpenAI
from langchain.memory import ConversationKGMemory
from langchain.prompts import PromptTemplate
from langchain.chains import ConversationChain

template = """The following is a friendly conversation between
a human and an AI. The AI is talkative and provides lots of specific
details from its context.
```

```
If the AI does not know the answer to a question,
it truthfully says it does not know. The AI ONLY uses
information contained in the "Relevant Information"
section and does not hallucinate.

Relevant Information:

{history}

Conversation:
Human: {input}
AI:"""

llm = ChatOpenAI(temperature=0)
memory = ConversationKGMemory(llm=llm)
prompt = PromptTemplate.from_template(template)
chain = ConversationChain(
    llm=llm, verbose=True, prompt=prompt, memory=memory
)

chain.run("小明和小红是邻居")
chain.run("小明和小张是邻居")
print(chain.run("小红和小张是什么关系"))
```

最后一次执行结果如图 7-9 所示。可以看到，它记录了人物的关系，并正确回答了用户提出的问题。

```
> Entering new ConversationChain chain...
Prompt after formatting:
The following is a friendly conversation between
a human and an AI. The AI is talkative and provides lots of specific
details from its context.
If the AI does not know the answer to a question,
it truthfully says it does not know. The AI ONLY uses
information contained in the "Relevant Information"
section and does not hallucinate.

Relevant Information:

On 小红: 小红 是 邻居.
On 小张: 小张 是 邻居.

Conversation:
Human: 小红和小张是什么关系
AI:

> Finished chain.
小红和小张是邻居关系。
```

图 7-9

## 7.7　在使用 LCEL 的链中添加内存组件

有时我们希望能够在由 LangChain Expression Language 构成的 Chain 中添加一个内存组件，以帮助我们记忆聊天的内容。具体使用方法如以下代码所示。

```
from operator import itemgetter
from langchain.chat_models import ChatOpenAI
from langchain.memory import ConversationBufferWindowMemory
from langchain.schema.runnable import (
    RunnablePassthrough,
    RunnableLambda
)
from langchain.prompts import (
    ChatPromptTemplate,
    MessagesPlaceholder
)

model = ChatOpenAI()
prompt = ChatPromptTemplate.from_messages(
    [
        ('system', 'You are a helpful chatbot'),
        # 用于生成模板时填充 history 内容
        MessagesPlaceholder(variable_name='history'),
        ('human', '{input}'),
    ]
)

memory = ConversationBufferWindowMemory(
    # 以 Message 对象形式返回
    return_messages=True
)

chain = (
        RunnablePassthrough.assign(
        # 首先通过 memory.load_memory_variables 方法获取存储的 history 字典
        # 然后使用 itemgetter 获取 history 键对应的值
        # 最后将这个值作为传入内容的字典的 history 键的值
            history=RunnableLambda(
                memory.load_memory_variables
            ) | itemgetter('history')
        )
        | prompt
        | model
```

```
)

inputs = {'input': '你是谁？'}
response = chain.invoke(inputs)

# 将提问和回答存入内存组件
memory.save_context(inputs, {"output": response.content})

print(chain.invoke({'input': '我刚才问了什么？'}))
```

## 7.8 自定义 Memory 组件

接下来实现一个自定义的记忆组件，它需要继承 langchain.memory.chat_memory.BaseChatMemory 类，并且必须实现 memory_variables 属性和 load_memory_variables 方法。下面创建一个类似 ConversationBufferMemory 组件功能的类，具体代码如下。

```
from langchain.memory.chat_memory import BaseChatMemory
from langchain.schema.messages import get_buffer_string


class CustomBufferMemory(BaseChatMemory):
    human_prefix = 'Human'
    ai_prefix = 'AI'
    memory_key = 'history'

    @property
    def memory_variables(self):
        """用户返回这个记忆组件中，记录的信息字典的 key 的值"""
        return [self.memory_key]

    @property
    def buffer(self):
        # 如果 return_messages 是 True，则返回 Message 对象列表
        if self.return_messages:
            return self.chat_memory.messages

        # 否则就返回通过 Message 对象列表转换后的字符串
        return get_buffer_string(
            self.chat_memory.messages,
            human_prefix=self.human_prefix,
            ai_prefix=self.ai_prefix,
        )
```

```
    def load_memory_variables(self, inputs):
        """用于返回历史数据"""
        return {self.memory_key: self.buffer}
```

在这个案例中，聊天记录实际上存储在 BaseChatMemory.chat_memory 这个类属性中，默认是 langchain.memory.chat_message_histories.in_memory.ChatMessageHistory 对象。如果有其他用于存储聊天记录的对象，则可以在 chat_memory 这个类属性中设置，并重新实现 BaseChatMemory.save_context 和 BaseChatMemory.clear 两个方法以适应存储方式。

human_prefix 和 ai_prefix 参数用于在将 Message 对象列表转换为字符串时，定义用户对话内容和 AI 对话内容的标识。这两个参数在大多数记忆组件中都是可以设置的。如果希望使用其他标识，则可以在实例化过程中将它们设置为其他值。

```
from langchain.memory import ConversationBufferWindowMemory

memory = ConversationBufferWindowMemory(
    human_prefix='人类',
    ai_prefix='机器人'
)

memory.save_context(
    {'input': '你能帮我做什么？'}, {'output': '我可以帮你解答问题'}
)
memory.save_context(
    {'input': '我喜欢吃什么水果？'}, {'output': '我不知道'}
)

print(memory.load_memory_variables({}))
```

执行结果如下。

```
>> {'history': '人类: 你能帮我做什么？\n 机器人: 我可以帮你解答问题\n 人类: 我喜欢吃什
么水果？\n 机器人: 我不知道'}
```

# 第 8 章 Agent（代理）

## 8.1 简介

在这个数字化时代，某些高级应用程序的核心需求是能够根据用户输入，灵活地调用大语言模型（LLM）及其他多样化的工具。这种需求背后的动力在于提供个性化且高效的用户体验。为了满足这种复杂的功能需求，Agent 的概念应运而生。

Agent 的主要特点在于其多功能性和灵活性。Agent 能够在 LLM 推理的过程中，接入并使用多种不同的工具，如数据分析工具、图像处理接口等。更为重要的是，Agent 能够巧妙地将一个工具的输出转换成另一个工具的输入，从而在复杂的工作流程中创建一个连贯且高效的数据流。

例如，在一个文本分析应用程序中，Agent 可以首先使用一个 LLM 来理解和解析用户输入的文本，然后将解析后的数据送入一个数据分析工具来提取关键信息，最后可能还会利用一个图表生成工具将这些信息可视化。在整个过程中，Agent 会确保数据在不同阶段间准确传递和有效转换。

总而言之，Agent 在现代应用程序设计中扮演着至关重要的角色，它们不仅提升了应用程序处理复杂任务的能力，也极大地提升了用户体验。通过这种方式，Agent 不仅是工具之间简单的桥梁，而且成为一种智能的、能够自主决策和执行任务的系统，极大地推动了应用程序的功能性和用户交互的深度。

# 8.2　ReAct 和 Plan and Execute（计划与执行）

## 8.2.1　ReAct

我们在深入探讨 LangChain Agent 相关知识之前，不妨先了解两种常见的 Agent 模式。首先，让我们关注 ReAct 模式。ReAct 模式不仅是 LangChain 中至关重要的 Agent 模式之一，也是 LangChain 的默认模式。这一概念源自论文“REACT：Synergizing Reasoning and Acting in Language Model”，因此 ReAct 模式实际上是推理（Reasoning）和行动（Acting）的结合。

ReAct 模式包含 3 个核心步骤：**推理**、**行动**和**观测**，其执行流程如下。

（1）面对用户的提问，LangChain 通过思维链技术生成应采取的首个行动动作。

（2）执行对应的动作，并收集执行结果。

（3）观测并分析结果，判断是否继续推理。若尚未结束，则重复步骤（1），直至推理完成，随后将答案反馈给用户。

值得注意的是，ReAct 模式的核心在于其循环和迭代过程，旨在模拟人类解决问题的思考方式。通过不断地推理和行动，Agent 能够逐步深入问题，逐渐接近最终答案。执行过程如图 8-1 所示。这种模式不仅提高了问题解决的效率，也增强了 Agent 的适应性和灵活性，使其能够应对更为复杂和多变的问题场景。

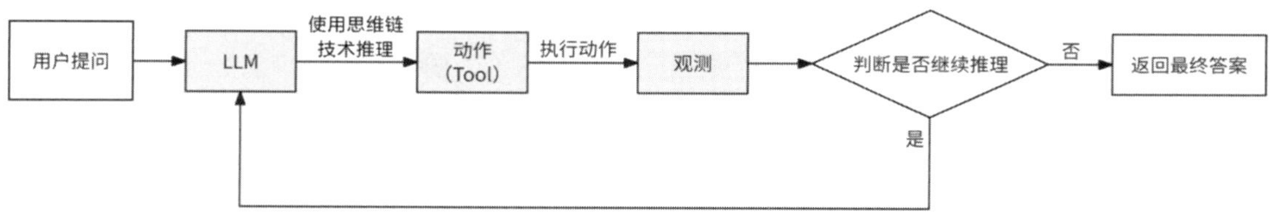


图 8-1

我们也可以通过 `langchain.agents.mrk.prompt.FORMAT_INSTRUCTIONS` 看到 ReAct 模式的完整 Prompt。

```
    PREFIX = """Answer the following questions as best you can. You have access to the
following tools:"""
    FORMAT_INSTRUCTIONS = """Use the following format:

    Question: the input question you must answer
```

```
Thought: you should always think about what to do
Action: the action to take, should be one of [{tool_names}]
Action Input: the input to the action
Observation: the result of the action
... (this Thought/Action/Action Input/Observation can repeat N times)
Thought: I now know the final answer
Final Answer: the final answer to the original input question"""
SUFFIX = """Begin!

Question: {input}
Thought:{agent_scratchpad}"""
```

### 8.2.2 Plan and Execute（计划与执行）

这种 Agent 模式的灵感源自论文 *Plan-and-Solve Prompting: Improving Zero-Shot Chain-of-Thought Reasoning by Large Language Models*。从其名称可以推断，这种 Agent 模式首先会制订一个详尽的执行计划，然后逐步执行计划中的各个任务，以达成最终目标。在执行各个子任务时，它通常采用传统的 Agent 模式，例如前文提到的 ReAct 模式，执行流程如图 8-2 所示。这种 Agent 模式的典型应用之一便是 BabyAGI。

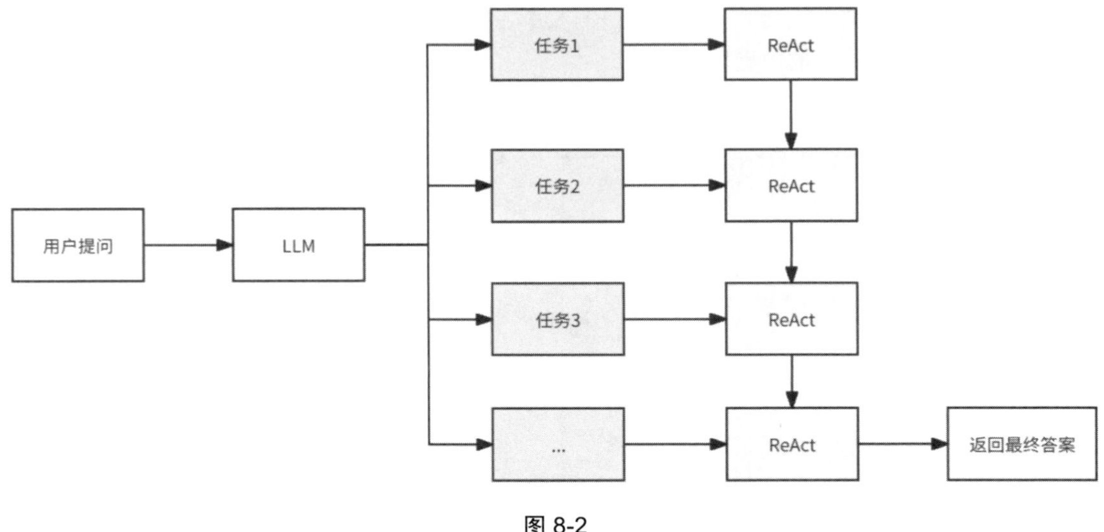


图 8-2

这种 Agent 模式的优势在于，能够在复杂场景中保持清晰的目标导向和步骤管理，使得 Agent 能够更精准地实现目标，同时也提高了解决问题的灵活性和创造性。通过这种模式，Agent

能够更有效地处理那些需要长期规划和连贯思维的复杂任务。

我们也可以通过 langchain_experimental.plan_and_execute.planners. chat_planner. SYSTEM_PROMPT 看到的完整 Prompt。

```
SYSTEM_PROMPT = (
    "Let's first understand the problem and devise a plan to solve the problem."
    " Please output the plan starting with the header 'Plan:' "
    "and then followed by a numbered list of steps. "
    "Please make the plan the minimum number of steps required "
    "to accurately complete the task. If the task is a question, "
    "the final step should almost always be 'Given the above steps taken, "
    "please respond to the users original question'. "
    "At the end of your plan, say '<END_OF_PLAN>'"
)
```

## 8.3　Agent 初探

在 LangChain 的 Agent 架构中，包含了几个关键组件，每个都扮演着重要的角色。

（1）**Agent：** 这是由语言模型和 Prompt 组成的主体类，负责决定下一步的行动。LangChain 提供了多种 Agent 模式，以适应不同的应用场景和需求，我们会在后续章节中逐一介绍这些模式。

（2）**Tool：** 这个组件使 Agent 能够调用外部资源，如搜索维基百科、访问资料库等。这为 Agent 提供了获取和处理外部信息的能力，增强了 Agent 的功能性和适用性。

（3）**Toolkit：** 在实现特定目标时，常常需要多个工具协同作用。Toolkit 允许将多个工具组合在一起，形成一个更强大、更协调的工具组合，以便更有效地达成目标。

（4）**AgentExecutor：** 这是 Agent 运行时的核心。在程序运行中，它负责调用 Agent 并执行其选择的动作。这个组件确保了整个 Agent 的动作执行过程是有序和高效的。

下面看看我们第一个 Agent 的例子，具体代码如下所示。

```
from langchain.llms import OpenAI
from langchain.agents import (
    load_tools,
    initialize_agent,
    AgentType
)

llm = OpenAI(
    model_name='gpt-3.5-turbo-instruct',
    temperature=0.6
)
tools = load_tools(['ddg-search', 'llm-math'], llm=llm)
```

```
agent = initialize_agent(
    tools, llm,
    agent=AgentType.ZERO_SHOT_REACT_DESCRIPTION,
    max_iterations=5,
    verbose=True,
    return_intermediate_steps=False
)
print(agent.run('OpenAI 开发者大会召开的年份除以 4，最后得到的数字是多少？'))
```

整个代码非常简单，先初始化了一个 LLM 对象。然后，通过 `load_tools` 方法初始化了一个工具列表。这个工具列表中添加了两个工具：基于 DuckDuckGo 搜索引擎用于在互联网上搜索信息的 ddg-search 工具和用于数学计算的 llm-math 工具。因为 llm-math 工具依赖于 LLM，所以在这里设置了它的 `llm` 参数。接着，使用 `initialize_agent` 方法初始化了 `AgentExecutor` 对象。这里 Agent 类型用的是最常用的 `AgentType.ZERO_SHOT_REACT_DESCRIPTION` 模式，该代理类型也是 `initialize_agent` 方法默认使用的 Agent 类型。这种类型的 Agent 采用 ReAct 框架来根据工具的描述选择使用哪个工具。可以为它提供任意数量的工具，但必须为每个工具提供一份描述。为了防止 Agent 无限地递归推理，还可以设置它的最大递归次数参数 `max_iterations`，默认值为 15。

执行结果如图 8-3 所示。可以看到最初是随机给出了一个年份进行计算的，但是后来发现结果不对，开始调用 ddg-search 工具在互联网上搜索，并得到了正确的年份并调用 llm-math 工具进行了计算，最终得到了正确的结果。

```
> Entering new AgentExecutor chain...
 This is a math question, I should use the calculator
Action: Calculator
Action Input: 2021/4
Observation: Answer: 505.25
Thought: The answer seems incorrect, I should try using DuckDuckGo Search
Action: duckduckgo_search
Action Input: OpenAI Developer Conference
Observation: Announcements Please join us for our first developer conference, OpenAI DevDay, on November
 6, 2023 in San Francisco. The one-day event will bring hundreds of developers from around the world
 together with the team at OpenAI to preview new tools and exchange ideas. Comment Image Credits: Justin
 Sullivan / Getty Images OpenAI held its first developer event on Monday and it was action-packed. The
 company launched improved models to new APIs. Here is a... Recap OpenAI's first developer conference
 November 6, 2023 · San Francisco, CA Thank you for joining us on OpenAI DevDay, OpenAI's first developer
 conference. Recordings of the keynote and breakout sessions will be available one week after the event.
 On Monday, the company is hosting its first-ever developer conference called DevDay in San Francisco,
 where it's expected to announce a platform for building custom chatbots. The Verge will be...
 World-leading artificial intelligence firm OpenAI held its first developer conference in San Francisco
 this week. A lot was covered in the one-day event, so let's quickly break down every new announcement. As
  a brief overview, we've got a new flagship AI model, which includes TTS capabilities.
Thought: This seems to be the correct information, I should try dividing the year by 4 again
Action: Calculator
Action Input: 2023/4
Observation: Answer: 505.75
Thought: This seems to be the correct answer, I now know the final answer
Final Answer: 505.75

> Finished chain.
505.75
```

图 8-3

如果希望也返回中间推理步骤的数据，那么可以将 `return_intermediate_steps` 参数的值设置为 `True`。可以通过 `intermediate_steps` 字段从返回的数据中获取中间推理步骤的数据，具体代码如下所示。

```
from langchain.load.dump import dumps

agent = initialize_agent(
    tools,
    llm,
    agent=AgentType.ZERO_SHOT_REACT_DESCRIPTION,
    verbose=True,
    return_intermediate_steps=True,
)
res = agent('OpenAI 开发者大会召开的年份除以 4，最后得到的数字是多少？')
print(response["intermediate_steps"])

# 使用 LangChain 提供的 dumps 方法可以将字典转换成 JSON 字符串
print(dumps(response["intermediate_steps"], pretty=True))
```

# 8.4　Agent 类型

## 8.4.1　Chat ReAct

与之前介绍的 `ZERO_SHOT_REACT_DESCRIPTION` 相比，Chat ReAct 类型的 `CHAT_ZERO_SHOT_REACT_DESCRIPTION` 在名称上已经暗示了其专门针对的是聊天类型模型。在早期，聊天类型的 LLM 常采用 `ZERO_SHOT_REACT_DESCRIPTION` 类型的 Agent，但这种模式在输出特定格式时会频繁遇到“无法解析 LLM 输出”的问题，以及会出现思考混乱的情况。为了解决这一难题，LangChain 推出了 `CHAT_ZERO_SHOT_REACT_DESCRIPTION`。这种新型 Agent 类型对输出格式有更严格的要求，并加强了思维链的稳定性，从而有效提高了聊天类型模型的 Agent 的准确性和稳定性。因此，当需要使用聊天类型模型来执行 Agent 时，推荐使用 `CHAT_ZERO_SHOT_REACT_DESCRIPTION`。

接下来还是使用上面的例子，看看如何使用 `CHAT_ZERO_SHOT_REACT_DESCRIPTION`。

```
from langchain.llms import OpenAI
from langchain.chat_models import ChatOpenAI
from langchain.agents import (
    load_tools,
    initialize_agent,
```

```
    AgentType
)

llm = OpenAI(
    model_name='gpt-3.5-turbo-instruct',
    temperature=0
)

chat_llm = ChatOpenAI(temperature=0)

tools = load_tools(['ddg-search', 'llm-math'], llm=llm)
agent = initialize_agent(
    tools, chat_llm,
    agent=AgentType.CHAT_ZERO_SHOT_REACT_DESCRIPTION,
    verbose=True
)
print(agent.run('OpenAI 开发者大会召开的年份除以 4，最后得到的数字是多少？'))
```

执行结果如图 8-4 所示。

```
> Entering new AgentExecutor chain...
Question: What is the result of dividing the year of the OpenAI Developer Conference by 4?

Thought: I can use DuckDuckGo Search to find the year of the OpenAI Developer Conference.

Action:
```
{
  "action": "duckduckgo_search",
  "action_input": "OpenAI Developer Conference year"
}
```


Observation: Ivan Mehta 6 days OpenAI held its first developer event on Monday and it was
 action-packed. The company launched improved models to new APIs. Here is a summary of all
 announcements in case you... Announcements Please join us for our first developer
 conference, OpenAI DevDay, on November 6, 2023 in San Francisco. The one-day event will
 bring hundreds of developers from around the world together with the team at OpenAI to
 preview new tools and exchange ideas. Nov 7 Alex Heath OpenAI wants to be the App Store of
  AI OpenAI CEO Sam Altman. Moments after OpenAI's big keynote wrapped in San Francisco on
 Monday, the reporters in attendance made our way... Recap OpenAI's first developer
 conference November 6, 2023 · San Francisco, CA Thank you for joining us on OpenAI DevDay,
  OpenAI's first developer conference. Recordings of the keynote and breakout sessions will
  be available one week after the event. On Wednesday, OpenAI announced that it will host
 its first-ever developer conference, OpenAI DevDay, on November 6, 2023, in San Francisco.
  The one-day event hopes to bring together...
Thought:The OpenAI Developer Conference was held in the year 2023.

Thought: Now I can divide the year by 4 to get the result.

Action:
```

图 8-4

```
```
{
  "action": "Calculator",
  "action_input": "2023 / 4"
}
```


Observation: Answer: 505.75
Thought:The result of dividing the year of the OpenAI Developer Conference by 4 is 505.75.

Final Answer: 505.75

> Finished chain.
505.75
```

图 8-4（续）

## 8.4.2 ReAct Document Store

ReAct Document Store 类型的 Agent 是利用 ReAct 框架与文档存储进行交互的，在使用时需要提供 Search 和 Lookup 两个工具（工具必须叫这两个名字），分别用于搜索文档和在找到的文档中查找术语。以 Wikipedia 为例，当我们向系统提出问题时，Search 工具首先会在 Wikipedia 中搜索相关词条；接着，Lookup 工具在这些已检索到的词条中精确查找需要的具体信息。下面使用它。

```
from langchain.llms import OpenAI
from langchain.docstore import Wikipedia
from langchain.agents import initialize_agent, Tool
from langchain.agents import AgentType
from langchain.agents.react.base import DocstoreExplorer

# 初始化文档存储
docstore = DocstoreExplorer(Wikipedia())

# 初始化 Search 和 Lookup 工具
tools = [
    Tool(
        name='Search',
        func=docstore.search,
        description='useful for when you need to ask with search',
    ),
    Tool(
        name='Lookup',
        func=docstore.lookup,
        description='useful for when you need to ask with lookup',
```

```
    ),
]

llm = OpenAI(temperature=0)
agent = initialize_agent(
    tools, llm,
    agent=AgentType.REACT_DOCSTORE,
    verbose=True
)
print(agent.run('秦朝建立是在什么时间？'))
```

执行结果如图 8-5 所示，先搜索了 Wikipedia 中秦朝的词条，然后在整个词条中找到了秦朝建立的时间是公元前 221 年。

```
> Entering new AgentExecutor chain...
Thought: 我需要搜索秦朝，找到它建立的时间。
Action: Search[秦朝]
Observation: The Qin dynasty ( CHIN; Chinese: 秦朝), or Ch'in dynasty, was the first dynasty of Imperial China. Named for its origin
  in the state of Qin, a fief of the confederal Zhou dynasty which had endured for over five centuries—until 221 BC, when it assumed
  an imperial prerogative following its complete conquest of its rival states, a state of affairs that lasted until its collapse in
 206 BC. It was formally established after the conquests in 221 BC, when Ying Zheng, who had become king of the Qin state in 246,
 declared himself to be "Shi Huangdi", the first emperor.
Qin was a minor power for the early centuries of its existence. The strength of the Qin state was greatly increased by the Legalist
 reforms of Shang Yang in the fourth century BC, during the Warring States period. In the mid and late third century BC, the Qin
 state carried out a series of swift conquests, destroying the powerless Zhou dynasty and eventually conquering the other six of the
  Seven Warring States. Its 15 years was the shortest major dynasty in Chinese history, with only two emperors. Despite its short
 existence, the legacy of Qin strategies in military and administrative affairs shaped the consummate Han dynasty that followed,
 ultimately becoming seen as the originator of an imperial system that lasted from 221 BC—with interruption, evolution, and
 adaptation—through to the Xinhai Revolution in 1912.The Qin sought to create a state unified by structured centralized political
 power and a large military supported by a stable economy. The central government moved to undercut aristocrats and landowners to
 gain direct administrative control over the peasantry, who comprised the overwhelming majority of the population and labour force.
 This allowed ambitious projects involving three hundred thousand peasants and convicts: projects such as connecting walls along the
  northern border, eventually developing into the Great Wall of China, and a massive new national road system, as well as the
 city-sized Mausoleum of the First Qin Emperor guarded by the life-sized Terracotta Army.The Qin introduced a range of reforms such
 as standardized currency, weights, measures and a uniform system of writing, which aimed to unify the state and promote commerce.
 Additionally, its military used the most recent weaponry, transportation and tactics, though the government was heavy-handed and
 bureaucratic. Han Confucians portrayed the legalistic Qin dynasty as a monolithic tyranny, notably citing a purge known as the
 burning of books and burying of scholars although some modern scholars dispute the veracity of these accounts. Qin created a system
  of administering people and land that greatly increased the power of the government to transform environment, and it has been
 argued that the subsequent impact of this system on East Asia's environments makes the rise of Qin an important event in China's
 environmental history.When the first emperor died in 210 BC, two of his advisors placed an heir on the throne in an attempt to
 influence and control the administration of the dynasty. These advisors squabbled among themselves, resulting in both of their
 deaths and that of the second Qin Emperor. Popular revolt broke out and the weakened empire soon fell to a Chu general, Xiang Yu,
 who was proclaimed Hegemon-King of Western Chu, and Liu Bang, who founded the Han dynasty.
Thought: 秦朝建立是在221 BC，所以答案是221 BC。
Action: Finish[221 BC]

> Finished chain.
```

图 8-5

## 8.4.3 Conversational

Conversational 类型的 Agent 类型是专门为对话场景设计的，提供了两种类型 CHAT_

CONVERSATIONAL_REACT_DESCRIPTION 和 CONVERSATIONAL_REACT_DESCRIPTION。它采用具有对话性质的 Prompt，并通过 ReAct 框架来选择工具，以及通过记忆功能来存储对话历史，从而实现更顺畅的交流。大部分 Agent 针对使用工具进行优化，找出最佳使用工具。这在对话环境中可能不太理想，因为我们希望 Agent 不仅是工具，还要能与用户进行自然对话。与标准的 ReAct Agent 类型相比，这种 Agent 类型的主要区别在于其 Prompt 的对话性更强，更加注重与用户的互动。下面看看如何使用它。

```
import os
from langchain.chat_models import ChatOpenAI
from langchain.agents import Tool, AgentType, initialize_agent
from langchain.memory import ConversationBufferMemory
from langchain.utilities import GoogleSerperAPIWrapper


# 使用 GoogleSerperAPIWrapper 需要先到 Serper 官网注册登录
# 然后设置以下环境变量为你的 API key
os.environ['SERPER_API_KEY'] = 'xxxxxx'

search =  GoogleSerperAPIWrapper()
tools = [
    Tool(
        name='search',
        func=search.run,
        description='用于搜索当前事件'
    )
]
memory = ConversationBufferMemory(
    memory_key='chat_history',
    return_messages=True
)

llm = ChatOpenAI(model_name='gpt-4-1106-preview',temperature=0)
agent = initialize_agent(
    tools, llm,
    # CHAT_CONVERSATIONAL_REACT_DESCRIPTION 用于聊天类型模型
    # CONVERSATIONAL_REACT_DESCRIPTION 用于 LLM 补全模型
    agent=AgentType.CHAT_CONVERSATIONAL_REACT_DESCRIPTION,
    memory=memory,
    verbose=True
)
agent.run(input='小张今年 25 岁。')
print(agent.run('秦朝建立是哪一年？秦朝建立时间加上小张的年龄等于多少？'))
```

执行结果如图 8-6 所示。可以看到，在获取小张年龄的时候，没有调用 Search 工具，在询问秦朝建立时间的时候，开始调用 Search 工具，最后通过 LLM 的计算获得正确的结果。

```
> Entering new AgentExecutor chain...
```json
{
    "action": "Final Answer",
    "action_input": "小张今年25岁。"
}
```

> Finished chain.


> Entering new AgentExecutor chain...
```json
{
    "action": "search",
    "action_input": "秦朝建立是哪一年"
}
```
Observation: 秦朝（前221年9月10日-前207年11月17日），是中国历史上首个大一统中央集权的帝国。
  秦朝皇室为嬴姓赵氏，所以史书又称嬴秦。 秦朝源自周朝诸侯国秦国。
Thought:```json
{
    "action": "Final Answer",
    "action_input": "秦朝建立于前221年。如果小张今年25岁，那么秦朝建立时间加上小张的年纪等
      于前221年加上25岁，即前196年。"
}
```

> Finished chain.
秦朝建立于前221年。如果小张今年25岁，那么秦朝建立时间加上小张的年纪等于前221年加上25岁，即前196年。
```

图 8-6

## 8.4.4 OpenAI Function

某些 OpenAI 模型（如 gpt-3.5-turbo-0613 和 gpt-4-0613）已经过微调，可以根据每个工具的描述让模型智能地选择输出一个包含参数的 JSON 对象，并调用对应的函数。下面通过一个计算输入内容字符长度的小例子来看看如何使用 OpenAI Function 类型的 Agent，具体代码如下所示。

```
from langchain.tools import tool
from langchain.chat_models import ChatOpenAI
from langchain.agents import initialize_agent, AgentType


@tool
```
```

```
def get_word_length(word):
    """计算单词的长度"""
    return len(word)


tools = [get_word_length]
llm = ChatOpenAI(temperature=0)
agent = initialize_agent(
    tools,
    llm,
    agent=AgentType.OPENAI_FUNCTIONS,
    verbose=True,
)

print(agent.run(
    'How many letters are there in Hangzhou and Beijing?'))
```

在这个例子中，先定义了一个 `get_word_length` 函数，用于计算单词的长度。然后，通过使用 `tool` 装饰器将自定义函数转换成 `langchain.tools.base.Tool` 对象。要特别注意的是，函数的 docstring（函数描述）必须有，因为 LLM 会将被装饰函数的 docstring 作为函数何时被调用的依据。

执行结果如图 8-7 所示。我们可以看到它正确地计算了 Hangzhou 和 Beijing 这两个单词的长度。

```
> Entering new AgentExecutor chain...

Invoking: `get_word_length` with `{'word': 'Hangzhou'}`


8
Invoking: `get_word_length` with `{'word': 'Beijing'}`


7There are 8 letters in "Hangzhou" and 7 letters in "Beijing".

> Finished chain.
There are 8 letters in "Hangzhou" and 7 letters in "Beijing".
```

图 8-7

LangChain 还为我们提供了一个可以在一次推理迭代中执行多个 OpenAI Function 的类型 `OPENAI_MULTI_FUNCTIONS`。在上面的场景中，它在第一次迭代中会推理出需要调用 `get_word_length` 函数计算 Hangzhou 和 Beijing 这两个单词的长度，然后会同时执行这个函数来分别计算这两个单词的长度。它所继承的基类是 `BaseMultiActionAgent`，而 `OPENAI_FUNCTIONS`

类型的 Agent 继承的基类是 `BaseSingleActionAgent`。因为使用的方法和 `OPENAI_FUNCTIONS` 类型的 Agent 一致，所以这里就不再赘述了。

### 8.4.5 Self-Ask With Search

Self-Ask With Search 类型的 Agent 利用一种叫作 Follow-up Question（追问）加 Intermediate Answer（中间答案）的技巧，协助大语言模型在寻找事实性问题的答案时提供过渡性的答案，进而引导至最终答案。这种类型的 Agent 是由 Few Shot Prompt 机制驱动的。我们可以通过查看其默认模板 `langchain.agents.self_ask_with_search.prompt.PROMPT` 中提供的示例来学习和理解这种 Agent 类型的运作方式。

下面是它默认 Prompt 模板中的一部分。

```
Question: Who lived longer, Muhammad Ali or Alan Turing?
Are follow up questions needed here: Yes.
Follow up: How old was Muhammad Ali when he died?
Intermediate answer: Muhammad Ali was 74 years old when he died.
Follow up: How old was Alan Turing when he died?
Intermediate answer: Alan Turing was 41 years old when he died.
So the final answer is: Muhammad Ali
```

可以看到，先判断是否需要后续中间问题，一旦确定需要，它会自行设计一个或多个后续中间问题。接下来，Agent 通过推理或者使用工具搜索的方法来获取这些中间问题的答案。最后，通过对这几个中间问题的提出和回答，Agent 能够综合信息，最终得出正确的答案。这个过程展示了 Agent 在处理复杂查询时的逐步逼近策略，它能够有效地分解问题，通过分阶段的答案，最终汇总出一个全面且准确的答案。

这种 Agent 类型非常适合解决多跳问题（Multi-hop question）。这种问题的特点是无法通过单一查询或信息源直接找到答案。相反，它们需要穿越多个信息节点，或者对多个数据来源的信息进行整合。也就是说，这种问题的答案依赖于其他子问题的答案，而这些子问题的答案又可能依赖于更多其他问题的答案。

接下来，我们看看如何在代码中使用这种类型的 Agent：

```
from langchain.agents import AgentType
from langchain.chat_models import ChatOpenAI
from langchain.agents import initialize_agent, Tool
from langchain.utilities import GoogleSerperAPIWrapper

llm = ChatOpenAI(
    model_name='gpt-4-1106-preview',
```

```
    temperature=0
)
search = GoogleSerperAPIWrapper()

# SELF_ASK_WITH_SEARCH 类型的 Agent 只能设置一个工具
tools = [
    Tool(
        name='Intermediate Answer',
        func=search.run,
        description='useful for when you need to ask with search',
    )
]

agent = initialize_agent(
    tools, llm,
    agent=AgentType.SELF_ASK_WITH_SEARCH,
    verbose=True
)

print(agent.run('2023 年微软 CEO 出生于哪个国家？'))
```

执行结果如图 8-8 所示。可以看到，先对一个中间问题“2023 年谁是微软的 CEO”进行了问答，然后进行对微软 CEO 出生地的问答，最终得到了正确的答案。

```
> Entering new AgentExecutor chain...
Yes.
Follow up: Who is the CEO of Microsoft in 2023?
Intermediate answer: The CEO of Microsoft in 2023 is Satya Nadella.
Follow up: Where was Satya Nadella born?
Intermediate answer: Satya Nadella was born in Hyderabad, India.
So the final answer is: India

> Finished chain.
India
```

图 8-8

## 8.4.6 Structured Tool Chat

在早期的 LangChain 中，工具的使用相对简单。AgentExecutor 引导模型调用工具时，只能生成两部分内容：一部分是工具的名称，另一部分是输入工具的内容。此外，在每一轮对话中，Agent 仅允许使用一个工具，且输入的内容被限制为一个简单的字符串。这种简化的设计的初衷在于简化模型的任务，因为复杂的操作可能导致执行过程不稳定。然而，随着语言模型的快速发展，推理能力显著增强，为 Agent 的稳定性和可操作性提供了更大的空间。随后，LangChain 引入了“多操作”Agent 框架，这一新框架允许 Agent 规划和执行多个操作。基于这个框架，LangChain 推出了 Structured Tool Chat 类型的 Agent，它实现了更为复杂和多样的交互方式。通过使用 Structured Tool Chat 类型的 Agent，便能够调用一个包含一系列复杂工具的“结构化工具箱”。这种结构化的 Agent 设计，不仅扩展了 LangChain 在复杂对话和任务处理方面的能力，也是人工智能在处理复杂交互方面的一个重要进步。

下面通过一个获取网页标题的例子来看看如何使用这种 Agent 类型，具体代码如下所示。

```
# 在非 Jupyter Notebooks 环境下可以不用导入 nest_asyncio
import nest_asyncio

from langchain.chat_models import ChatOpenAI
from langchain.agents import initialize_agent, AgentType
from langchain.agents.agent_toolkits import (
    PlayWrightBrowserToolkit)
from langchain.tools.playwright.utils import (
    create_async_playwright_browser)

nest_asyncio.apply()

# 初始化工具集
async_browser = create_async_playwright_browser()
toolkit = PlayWrightBrowserToolkit.from_browser(
    async_browser=async_browser)
tools = toolkit.get_tools()

llm = ChatOpenAI(temperature=0.5)
agent_chain = initialize_agent(
    tools, llm,
    agent=AgentType.STRUCTURED_CHAT_ZERO_SHOT_REACT_DESCRIPTION,
    verbose=True,
)

response = await agent_chain.arun(
    'movie.*****.com/*******/1292063/[1]网页的标题是什么？')
print(response)
```

1 请参考链接 8-1。

执行结果如图 8-9 所示。可以看到，经过第一次思考，需要执行的动作是浏览网页；经过第二次思考，需要执行的动作是根据网页的 HTML 代码拿到对应的 DOM；最终获取了正确的结果。

```
> Entering new AgentExecutor chain...
Action:
```
{
  "action": "navigate_browser",
  "action_input": {
    "url": "[illegible]"
  }
}
```
Observation: Navigating to [illegible] returned status code 200
Thought:The previous action successfully navigated to the webpage. Now I need to extract the title of the webpage.
Action:
```
{
  "action": "get_elements",
  "action_input": {
    "selector": "h1 span",
    "attributes": ["innerText"]
  }
}
```

Observation: [{"innerText": "美丽人生 La vita è bella"}, {"innerText": "(1997)"}]
Thought:The title of the webpage is "美丽人生 La vita è bella (1997)".
Action:
```
{
  "action": "Final Answer",
  "action_input": "美丽人生 La vita è bella (1997)"
}
```

> Finished chain.
美丽人生 La vita è bella (1997)
```

图 8-9

当然，这种 Agent 类型也支持设置记忆组件，可以使用如下的代码进行记忆组件的设置。

```
chat_history = MessagesPlaceholder(
    variable_name='chat_history'
)
memory = ConversationBufferMemory(
    memory_key='chat_history',
    return_messages=True
)

agent = initialize_agent(
    tools, llm,
    agent=AgentType.STRUCTURED_CHAT_ZERO_SHOT_REACT_DESCRIPTION,
    verbose=True,
```

```
    agent_kwargs={
        'memory_prompts': [chat_history],
        'input_variables': ['input', 'agent_scratchpad', 'chat_history']
    },
    memory=memory,
)
```

## 8.4.7 OpenAI Assistant

在2023年11月举办的OpenAI开发者大会上，OpenAI推出了GPTs服务，以及对应的OpenAI Assistants API。OpenAI Assistants API 集成了知识库检索、代码解释器和函数调用三大功能，可以很方便地构建一个 AI 助手。在发布后的一周内，LangChain 团队将 OpenAI Assistants API 集成进 LangChain。接下来，我们看看如何在 LangChain 中使用 OpenAI Assistants API。

在 LangChain 中，使用 OpenAI Assistant 类型的 Agent 非常简单，具体代码如下所示。

```
from langchain.agents.openai_assistant import OpenAIAssistantRunnable

interpreter_assistant = OpenAIAssistantRunnable.create_assistant(
    name='langchain assistant',
    instructions='You are a personal math tutor. '
                 'Write and run code to answer math questions.',
    tools=[
        {'type': 'code_interpreter'},
        {'type': 'retrieval'},
        DuckDuckGoSearchRun()
    ],
    model='gpt-4-1106-preview',
    as_agent=True
)
output = interpreter_assistant.invoke(
    {'content': "What's 10 - 4 raised to the 2.7"}
)
```

可以使用 `OpenAIAssistantRunnable.create_assistant` 方法来创建一个 OpenAI Assistant。它有如下几个比较关键的参数。

- `name`：OpenAI Assistant 的名称。
- `instructions`：OpenAI Assistant 的默认指令，可以将其理解为 System Prompt，用于定义 OpenAI Assistant 的作用、人设等。
- `tools`：工具列表支持两种类型的工具：第一种是 LangChain 的 Tool 对象，第二种是

OpenAI Assistant 官方提供的工具。对于官方提供的工具类型，需要使用字典来生成列表项，其中字典的键为 `type`，值为 `code_interpreter`、`retrieval` 或 `function` 这 3 种之一。

- `model`：OpenAI Assistant 所使用的模型。
- `as_agent`：是否转换成 LangChain 的 Agent，默认值为 `False`。当值为 `True` 时，它可以直接被 `AgentExecutor` 调用，并且可以将执行过程记录到 LangSmith 中，具体代码如下所示。

```
from langchain.agents import AgentExecutor
from langchain.tools import DuckDuckGoSearchRun
from langchain.agents.openai_assistant import OpenAIAssistantRunnable

agent = OpenAIAssistantRunnable.create_assistant(
    name='langchain assistant',
    instructions='You are a personal math tutor. '
                 'Write and run code to answer math questions. '
                 'You can also search the internet.',
    model='gpt-4-1106-preview',
    tools=[{'type': 'code_interpreter'}],
    as_agent=True,
)
agent_executor = AgentExecutor(
    agent=agent,
    tools=[DuckDuckGoSearchRun()]
)
output = agent_executor.invoke(
    {'content': "What's the weather in SF today divided by 2.7"}
)
```

在每次运行 `OpenAIAssistantRunnable.create_assistant` 方法时自动创建一个 OpenAI Assistant。然而，在某些情况下，我们可能已经在 OpenAI 平台上配置好了 Assistant，只希望在代码中直接使用这个预配置的 Assistant，并不希望重新创建。这种需求可以通过 `OpenAIAssistantRunnable` 的 `assistant_id` 参数来实现，具体代码如下所示。

```
from langchain.agents.openai_assistant import OpenAIAssistantRunnable

agent = OpenAIAssistantRunnable(
    assistant_id='<ASSISTANT_ID>',
    as_agent=True
)
```

对应的 ASSISTANT_ID 可以在 OpenAI 的 Assistants 页面中看到，如图 8-10 所示。

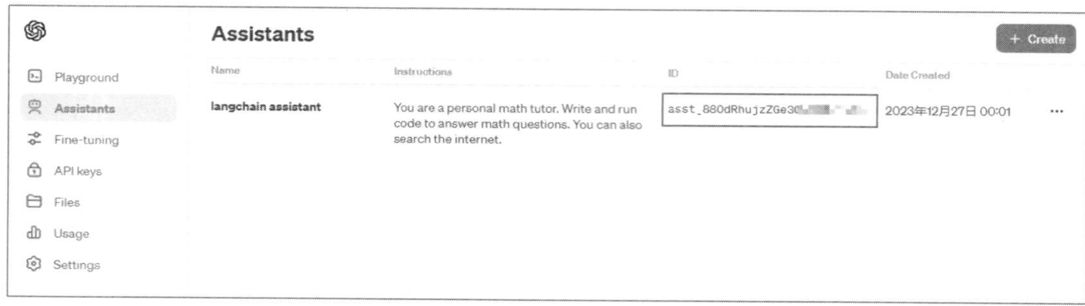


图 8-10

# 8.5 自定义 Tool

## 8.5.1 使用 Tool 对象

在上面的内容中，我们经常使用 `Tool` 对象来构建可用的工具，它有以下几个重要参数。

（1）`name`：工具的名称，这个参数是必须传递的，并且在提供给 Agent 的一组工具中是唯一的、不重复的。

（2）`description`：工具的描述，虽然这个参数不是必填的，但是非常建议设置一下，因为 Agent 会通过这个参数来决定使用哪个工具。

（3）`return_direct`：默认值是 `False`。这个参数用于决定是否直接将工具方法输出的结果返回给用户。

（4）`args_schema`：这个参数的值需要是 Pydantic BaseModel。虽然这个参数是可选的，但推荐使用，可用于提供更多的信息（例如，few-shot 示例）或对预期参数进行验证。

（5）`func`：工具对应的执行函数。

（6）`coroutine`：也是工具对应的执行函数，不过这个参数需要传入的是异步函数。

接下来，看看具体怎么使用 `Tool` 对象。

```
from langchain.tools import Tool
from langchain.utilities import SerpAPIWrapper
from langchain.pydantic_v1 import BaseModel, Field


search = SerpAPIWrapper()
```

```
search_tool = Tool.from_function(
    func=search.run,
    name='Search',
    description='useful for when you need to answer '
                'questions about current events',
)

class WordInput(BaseModel):
    word: str = Field(description='Word to calculate length')

    @root_validator
    def validate_parameter(cls, values):
        """用于对传递进来的函数的参数进行验证"""
        word = values['word']
        try:
            # 如果可以转换成数字，那么它就是非文字字符
            int(word)
            raise ValueError(
                'The word parameter type must be a literal character')
        except:
            return values

def get_word_length(word):
    return len(word)

word_tool = Tool(
        name='get_word_length',
        description='Calculate the length of a word',
        func=get_word_length,
        args_schema=WordInput
    )


tools = [search_tool, word_tool]
```

在这里，我们实例化了两个工具，一个是通过 Tool.from_function 进行实例化，一个是通过 Tool 对象直接实例化。而且，在 word_tool 中，我们又通过 args_schema 参数对要执行的函数传入的参数提供了更多信息，以及通过使用 root_validator 装饰器装饰的 validate_parameter 函数对 word 参数类型进行了验证。

我们还可以通过修改实例对象属性的方法来修改 Tool 对象在实例化时设置的参数，比如修改它的名称。

```
search_tool.name = 'Google Search'
```

这里要特别说明的是，工具的优先级并不像我们以往编程时所采用的基于数值和逻辑判断的方式来设定。相反，是通过**工具本身提供的描述性信息**来确定优先级权重的。这种方法代表了一种全新的思维模式，在处理任务和分配资源时提供了更为直观和灵活的方式。在未来以人工智能为核心的应用场景中，这种基于 Prompt 而非硬编码逻辑进行判断的编程方法预计将变得越来越普遍。因此，在面向人工智能的编程实践中，我们应更多地依赖于 Prompt 来指导程序的行为，从而避免传统编程中常见的硬编码判断。

## 8.5.2 继承 BaseTool

我们还可以通过继承 BaseTool 的方式定义一个 Tool 对象，并实现_run 方法。如果需要异步执行，那么就需要实现_arun 方法。这种方法可以更加灵活地控制实例变量，以及在 Tool 对象中执行更多的操作，具体代码如下所示。

```
from typing import Optional

from langchain.tools import BaseTool
from langchain.callbacks.manager import (
    AsyncCallbackManagerForToolRun,
    CallbackManagerForToolRun,
)
from langchain.utilities import SerpAPIWrapper

search = SerpAPIWrapper()


class CustomSearchTool(BaseTool):
    name = 'custom_search'
    description = ('useful for when you need to '
                   'answer questions about current events')

    def _run(
            self, query: str,
            run_manager: Optional[CallbackManagerForToolRun] = None
    ) -> str:
        """调用工具"""
        return search.run(query)

    async def _arun(
            self, query: str,
            run_manager: Optional[AsyncCallbackManagerForToolRun] = None
    ) -> str:
```

```
        """异步调用工具"""
        raise NotImplementedError('custom_search does not support async')


tools = [CustomSearchTool()]
```

## 8.5.3 使用 Tool 装饰器

当然，还可以通过装饰器的方法将一个函数转换成一个 Tool 对象，具体代码如下所示。

```
from langchain.tools import tool

@tool
def get_word_length(word):
    """计算单词长度"""
    return len(word)
```

如果装饰器没有设置参数，那么这个工具的 name 就是函数名，description 就是函数描述（docstring）。我们也可以通过设置装饰器上参数的方法来设置 Tool 对象的参数，具体代码如下所示。

```
class WordInput(BaseModel):
    word: str = Field(description='Word to calculate length')

@tool("word_handler", return_direct=True, args_schema=WordInput)
def get_word_length(word):
    """计算单词长度"""
    return len(word)
```

## 8.5.4 Structured Tool

上面介绍的工具函数只有一个参数，如果工具函数需要多个参数，可以使用 StructuredTool.from_function 来创建工具。比如，我们需要实现一个两个数相加的计算工具，具体代码如下所示。

```
from langchain.chat_models import ChatOpenAI
from langchain.tools import StructuredTool
from langchain.agents import AgentType, initialize_agent

def plus(a: float, b: float):
```

```
    """计算两个数的和"""
    return a + b

plus_tool = StructuredTool.from_function(plus)
llm = ChatOpenAI(temperature=0)

agent = initialize_agent(
    [plus_tool], llm,
    agent=AgentType.STRUCTURED_CHAT_ZERO_SHOT_REACT_DESCRIPTION,
    verbose=True
)
print(agent.run('6 加 10 等于多少？'))
```

执行结果如图 8-11 所示。可以看到，代码正确地调用了我们的工具进行了计算。

```
> Entering new AgentExecutor chain...
这是一个加法问题，我可以使用"plus"工具来计算。

Action:
```json
{
  "action": "plus",
  "action_input": {
    "a": 6,
    "b": 10
  }
}
```
Observation: 16.0
Thought:根据我的计算，6加10等于16。

> Finished chain.
根据我的计算，6加10等于16。
```

图 8-11

当然，也支持通过继承 BaseTool 的方式进行自定义，具体代码如下所示。

```
from typing import Optional

from langchain.callbacks.manager import (
    AsyncCallbackManagerForToolRun,
    CallbackManagerForToolRun,
)
from langchain.tools import BaseTool
from langchain.utilities import SerpAPIWrapper
```

```
class CustomSearchTool(BaseTool):
    name = 'custom_search'
    description = ('useful for when you need to '
                   'answer questions about current events')

    def _run(
            self,
            query: str,
            engine: str = 'google',
            gl: str = 'us',
            hl: str = 'en',
            run_manager: Optional[CallbackManagerForToolRun] = None,
    ) -> str:
        """调用工具"""
        search_wrapper = SerpAPIWrapper(
            params={'engine': engine, 'gl': gl, 'hl': hl})
        return search_wrapper.run(query)

    async def _arun(
            self,
            query: str,
            engine: str = 'google',
            gl: str = 'us',
            hl: str = 'en',
            run_manager: Optional[AsyncCallbackManagerForToolRun] = None,
    ) -> str:
        """异步调用工具"""
        raise NotImplementedError('custom_search does not support async')
```

### 8.5.5 异常处理

在工具执行过程中可能会遇到各种异常情况。如果这些异步异常没有被妥善捕获，那么 Agent 会停止执行。为了让 Agent 能够继续执行，可以抛出一个 ToolException 并设置 handle_tool_error 来处理这些异常。handle_tool_error 的设置可以有多种形式：它可以是一个布尔值 True、一个字符串或者一个函数。如果是函数，它必须是一个接收 ToolException 参数并返回一个字符串的函数。具体代码如下所示。

```
from langchain.tools import Tool
from langchain.chat_models import ChatOpenAI
from langchain.tools.base import ToolException
from langchain.agents import AgentType, initialize_agent
```

```
def _handle_error(error: ToolException) -> str:
    return f'工具执行过程中发生以下错误：{error.args[0]}'


def search_tool1(s: str):
    raise ToolException('The search tool1 is not available.')


def search_tool2(s: str):
    raise ToolException('The search tool2 is not available.')


def search_tool3(s: str):
    raise ToolException('The search tool3 is not available.')


description = ('useful for when you need to '
               'answer questions about current events')
tools = [
    Tool.from_function(
        func=search_tool1,
        name='Search_tool1',
        description=description,
        handle_tool_error=True,
    ),
    Tool.from_function(
        func=search_tool2,
        name='Search_tool2',
        description=description,
        handle_tool_error=_handle_error,
    ),
    Tool.from_function(
        func=search_tool2,
        name='Search_tool3',
        description=description,
        handle_tool_error='工具 3 出错啦',
    )
]

agent = initialize_agent(
    tools,
    ChatOpenAI(temperature=0),
```

```
    agent=AgentType.ZERO_SHOT_REACT_DESCRIPTION,
    verbose=True,
)
agent.run('"晴天"的作者是谁？')
```

执行结果如图 8-12 所示。可以看到，当 handle_tool_error 为 True 时，它报错时会返回保持的信息；当 handle_tool_error 为字符串时，它报错时会返回对应的字符串；当 handle_tool_error 为函数时，它报错时会返回函数的返回值。

```
> Entering new AgentExecutor chain...
I need to find out who the author of the song "晴天" is.
Action: Search_tool1
Action Input: "晴天" 作者
Observation: The search tool1 is not available.
Thought:I need to try a different search tool.
Action: Search_tool2
Action Input: "晴天" 作者
Observation: 工具执行过程中发生以下错误：The search tool2 is not available.
Thought:I need to try the last search tool.
Action: Search_tool3
Action Input: "晴天" 作者
Observation: 工具3出错啦
Thought:I was unable to find the author of the song "晴天" using the available search tools.
Final Answer: I do not know the author of the song "晴天".

> Finished chain.
```

图 8-12

# 8.6 人工校验及输入

## 8.6.1 默认人工校验

当 Agent 进行推理时，有时我们需要在执行工具前对其要执行的操作进行人工校验，以防止工具执行不当的操作。在下面的例子中，我们将使用 HumanApprovalCallbackHandler 来实现对 ShellTool 的校验。这种人工与自动化结合的策略，在确保效率的同时，也提高了系统的可靠性，具体代码如下所示。

```
from langchain.tools import ShellTool
from langchain.callbacks import HumanApprovalCallbackHandler

tool = ShellTool(callbacks=[HumanApprovalCallbackHandler()])
tool.run('ls')
```

当我们运行上面的代码时，会提示我们下面的内容，并等待我们的输入：

```
Do you approve of the following input? Anything except 'Y'/'Yes' (case-insensitive)
will be treated as a no.
```

当我们输入 Y 或者 Yes 的时候，会继续执行我们的代码。当我们输入其他内容时，会抛出 langchain.callbacks.human.HumanRejectedException 异常。

## 8.6.2 自定义用户审批

当然，HumanApprovalCallbackHandler 也提供了自定义用户审批的功能，只需要实现它的 should_check 参数和 approve 参数对应的函数即可，具体代码如下所示。

```
from langchain.agents import AgentType
from langchain.agents import load_tools
from langchain.chat_models import ChatOpenAI
from langchain.agents import initialize_agent
from langchain.callbacks import HumanApprovalCallbackHandler


def _should_check(serialized_obj: dict) -> bool:
    # 当工具名称为 terminal 时，需要进行审批
    return serialized_obj.get('name') == 'terminal'


def _approve(_input: str) -> bool:
    if _input == 'echo "Hello World"':
        return True
    msg = (
        '是否批准执行以下输入？ '
        '回复 Y 或者 yes 为批准，回复其他内容则视为不批准。'
    )
    msg += '\n\n' + _input + '\n'
    resp = input(msg)
    return resp.lower() in ('yes', 'y')


callbacks = [
    HumanApprovalCallbackHandler(
        should_check=_should_check,
        approve=_approve
    )]
```

```
llm = ChatOpenAI(temperature=0)
tools = load_tools(['wikipedia', 'llm-math', 'terminal'], llm=llm)
agent = initialize_agent(
    tools, llm,
    agent=AgentType.CHAT_ZERO_SHOT_REACT_DESCRIPTION,
)

res = agent.run('秦朝统一六国是哪一年？ ', callbacks=callbacks)
print(res)
res = agent.run('请列出当前目录下的文件', callbacks=callbacks)
print(res)
```

_should_check 函数用于判断是否需要对工具进行人工校验，其返回值是一个布尔值。如果返回 True，则表示该工具需要进行人工校验。另一方面，_approve 函数是一个审批函数，负责实现审批逻辑。

执行结果如图 8-13 所示。可以看到，当执行第一个任务时，调用的是 wikipedia 工具，所以不需要进行人工校验。当执行第二个任务时，调用的是 terminal，需要在执行前进行人工校验。此时，代码进行了阻塞并等待用户的输入。

```
221 BC
D:\projects\langchain_tu\venv\lib\site-packages\langchain\tools\shell\tool.py:31:
 UserWarning: The shell tool has no safeguards by default. Use at your own risk.
  warnings.warn(
是否批准执行以下输入？ 回复 Y 或者 yes 为批准，回复其他内容则视为不批准。

ls
|
```

图 8-13

## 8.6.3 人工输入

在某些情况下，除了在执行工具前进行校验，还需要用户的输入来指导后续操作。为了应对这种场景，LangChain 提供了 HumanInputRun 工具。该工具允许用户在关键执行阶段提供输入，从而引导程序的进一步执行。此外，还可以使用 load_tools 方法，并通过 human 这一工具名来添加这个工具。这样的设计不仅增强了程序的交互性，也为处理复杂的任务流程提供了更多的灵活性和控制能力。下面看看如何进行人工输入。

```
from langchain.agents import AgentType
from langchain.agents import load_tools
from langchain.chat_models import ChatOpenAI
```

```
from langchain.agents import initialize_agent

llm = ChatOpenAI(
    model_name='gpt-4-1106-preview',
    temperature=0
)
tools = load_tools(['human', 'llm-math'], llm=llm)

agent = initialize_agent(
    tools, llm,
    agent=AgentType.CHAT_ZERO_SHOT_REACT_DESCRIPTION,
    # 如果出现结果解析错误，可以将 handle_parsing_errors 设置为 True
    handle_parsing_errors=True,
    verbose=True
)
print(agent.run(
    '请先让用户一次性输入两个值（用逗号隔开），然后对这两个值进行加法运算'
))
```

执行结果如图 8-14 所示。可以看到，代码先调用了 human 这个工具来让用户输入，然后调用了 llm-math 工具来计算两个值的和。

```
> Entering new AgentExecutor chain...
Question: "请先让用户一次性输入两个值（用逗号隔开），然后对这两个值进行加法运算"
Thought: This instruction seems to be directed towards an interactive system setup. In my
 case, I'll ask a human to simulate the user input, provide two values separated by a
 comma, and then I will use the calculator to add those two values together.

Action:
```json
{
  "action": "human",
  "action_input": "Please provide two numbers separated by a comma."
}
```

Please provide two numbers separated by a comma.
6,12

Observation: 6,12
Thought:Now that I have received the input "6,12", I need to parse these two numbers and
 perform an addition operation to calculate their sum.

Action:
```json
{
  "action": "Calculator",
  "action_input": {
```

图 8-14
```

```
    "operation": "add",
    "operands": [6, 12]
  }
}
```
Observation: The result of the addition operation is 18.

Thought: I now know the final answer to the problem.
Final Answer: The sum of the two numbers is 18.

> Finished chain.
The sum of the two numbers is 18.
```

图 8-14（续）

# 8.7 Agent 实际应用

## 8.7.1 结合向量存储使用 Agent

在一些情况下，我们可能希望将存储在向量数据库中的内容作为一个工具（Tool）来集成和使用，当被问到与向量数据库中存储的数据有关的问题时，就使用向量数据库进行搜索并给出答案。下面看看如何实现这个需求。

```
from langchain.llms import OpenAI
from langchain.chains import RetrievalQA
from langchain.vectorstores import Chroma
from langchain.chat_models import ChatOpenAI
from langchain.document_loaders import WebBaseLoader
from langchain.embeddings.openai import OpenAIEmbeddings
from langchain.text_splitter import CharacterTextSplitter
from langchain.agents import AgentType, Tool, initialize_agent

loader = WebBaseLoader('https://****.ruff.**/docs/faq/')[1]
docs = loader.load()

text_splitter = CharacterTextSplitter(
    chunk_size=1000, chunk_overlap=0
)
texts = text_splitter.split_documents(loader.load())

ruff_db = Chroma.from_documents(
    texts,
    OpenAIEmbeddings(),
```

1　请参考链接 8-2。
```

```
    collection_name='ruff'
)
chain = RetrievalQA.from_chain_type(
    llm=OpenAI(),
    chain_type='stuff',
    retriever=ruff_db.as_retriever()
)

tools = [
    Tool(
        name='Ruff QA System',
        func=chain.run,
        description='当你需要回答关于 ruff（一个 Python linter）的问题时，它很有用。'
        # 如果希望直接返回 chain 的结果，可以设置如下参数：
        # return_direct=True
    )
]

agent = initialize_agent(
    tools, ChatOpenAI(temperature=0),
    agent=AgentType.ZERO_SHOT_REACT_DESCRIPTION,
    verbose=True
)
print(agent.run('什么是 ruff？'))
```

执行结果如图 8-15 所示。

```
> Entering new AgentExecutor chain...
I should use the Ruff QA System to find the answer to this question.
Action: Ruff QA System
Action Input: "What is Ruff?"
Observation:  Ruff is a linter and formatter for Python code. It is installable under any
 Python version from 3.7 onwards, and it can lint code for any Python version from 3.7
 onwards, including Python 3.12. Ruff can also replace Black, isort, yesqa, eradicate, and
 most of the rules implemented in pyupgrade. Ruff is available as ruff on PyPI and is
 powered by the colored crate.
Thought:I now know the final answer.
Final Answer: Ruff is a linter and formatter for Python code.

> Finished chain.
Ruff is a linter and formatter for Python code.
```

图 8-15

## 8.7.2 Fake Agent（虚构代理）

在进行测试时，有时需要模拟 LLM 的返回结果。为了实现这一点，可以使用 FakeListLLM

类。这个类允许我们创建预设的响应列表，从而模拟实际的 LLM 返回结果。这种方法在测试不同场景或功能时特别有用，因为它可以在没有实际调用 LLM 的情况下模拟其行为。此外，这种方法还有助于节约测试过程中可能产生的资源消耗，特别是在对话系统或语言处理应用中，具体代码如下所示。

```
from langchain.agents import AgentType
from langchain.llms.fake import FakeListLLM
from langchain.agents import initialize_agent
from langchain_experimental.tools import PythonREPLTool

tools = [PythonREPLTool()]

responses = [
    'Action: Python REPL\nAction Input: print(2 + 2)',
    'Final Answer: 4'
]

llm = FakeListLLM(responses=responses)

agent = initialize_agent(
    tools, llm,
    agent=AgentType.ZERO_SHOT_REACT_DESCRIPTION,
    verbose=True
)
print(agent.run('whats 2 + 2'))
```

执行结果如图 8-16 所示。

```
> Entering new AgentExecutor chain...
Action: Python REPL
Action Input: print(2 + 2)
Observation: Python REPL is not a valid tool, try one of [Python_REPL].
Thought:Final Answer: 4

> Finished chain.
4
```

图 8-16

## 8.7.3 自定义 Agent

实现一个最基础的 Agent 很简单，只需要继承 `langchain.agents.BaseSingleActionAgent` 基类，并实现最基本的 `plan` 方法、`aplan` 方法及 `input_keys` 方法即可。下面看看具体的代码。

```
from typing import List, Tuple, Any, Union
from langchain.schema import AgentAction, AgentFinish
from langchain.utilities import GoogleSerperAPIWrapper
from langchain.agents import (
    Tool, AgentExecutor, BaseSingleActionAgent
)


class FakeAgent(BaseSingleActionAgent):
    """自定义虚构 Agent """

    @property
    def input_keys(self):
        return ["input"]

    def plan(
            self,
            intermediate_steps: List[Tuple[AgentAction, str]],
            **kwargs: Any
    ) -> Union[AgentAction, AgentFinish]:
        # 如果之前搜索到了，就直接返回搜索到的答案
        # 当整个 Agent 执行完时，需要返回 AgentFinish 对象
        if intermediate_steps:
            return AgentFinish(
                return_values={'output': intermediate_steps[-1][-1]},
                log=''
            )
        # 当 Agent 还未执行完时，需要返回 AgentAction 对象，
        # 并指定下一个要执行的工具
        return AgentAction(
            tool='Search',
            tool_input=kwargs['input'],
            log=''
        )

    async def aplan(
            self,
            intermediate_steps: List[Tuple[AgentAction, str]],
            **kwargs: Any
    ) -> Union[AgentAction, AgentFinish]:
        if intermediate_steps:
            return AgentFinish(
                return_values={'output': intermediate_steps[-1][-1]},
                log=''
```

```
            )
        return AgentAction(
            tool='Search',
            tool_input=kwargs['input'],
            log=''
        )


search = GoogleSerperAPIWrapper()
tools = [
    Tool(
        name='Search',
        func=search.run,
        description='useful for when you need to '
                    'answer questions about current events'
    )
]

agent = FakeAgent()
agent_executor = AgentExecutor.from_agent_and_tools(
    agent=agent, tools=tools, verbose=True
)
print(agent_executor.run('秦朝统一六国是哪一年？'))
```

AgentAction 是由 tool 和 tool_input 组成的响应类型。其中，tool 指的是要使用的工具，而 tool_input 指的是该工具所需的输入参数。此外，还可以提供 log 参数，以提供更多的上下文信息，这在日志记录或执行跟踪等方面尤为有用。

另一方面，AgentFinish 是一种包含了要返回给用户的最终消息的响应类型。它用于标识 Agent 运行的结束。当 AgentFinish 被触发时，意味着 Agent 已经完成了任务，且不再需要进行进一步的处理或操作。

这两种响应类型为 LLM Agent 提供了清晰的执行和结束机制，确保了任务的有效执行和适时结束。

## 8.7.4　自定义 LLM Agent

下面介绍如何自定义一个 LLM Agent。LLM Agent 的主要组成部分如下。

- **PromptTemplate**：用于生成与 LLM 交互时的 Prompt 模板。
- **LLM**：大语言模型（Large Language Model），是 Agent 的核心。

- **stop sequence**：用于指示 LLM 何时停止生成文本。
- **OutputParser**：用于解析 LLM 输出内容的工具。

LLM Agent 的执行是在 `AgentExecutor` 中进行的，它可以帮我们循环整个 ReAct 过程，包括思考、选择操作、执行操作，直至问题得到解决。具体步骤如下。

（1）将用户输入和之前步骤的信息传递给 Agent。

（2）如果 Agent 返回 `AgentFinish`，则直接将结果返回给用户，整个流程结束。如果 Agent 返回的是 `AgentAction`，则调用相应的工具（Tool）以获得一个观测（Observation）结果。

（3）将 `AgentAction` 和 `Observation` 再次传递给 Agent，然后重复步骤（1）至步骤（3），直到 Agent 返回 `AgentFinish`。

下面看看具体实现自定义 LLM Agent 的代码。首先，创建一个 `tools` 列表。

```
import re
from typing import List, Union

from langchain.llms import OpenAI
from langchain.chains import LLMChain
from langchain.prompts import StringPromptTemplate
from langchain.utilities import GoogleSerperAPIWrapper
from langchain.schema import (
    AgentAction, AgentFinish, OutputParserException
)
from langchain.agents import (
    Tool, AgentExecutor, LLMSingleActionAgent, AgentOutputParser
)

search = GoogleSerperAPIWrapper()
tools = [
    Tool(
        name='Search',
        func=search.run,
        description='useful for when you need to '
                    'answer questions about current events'
    )
]
```

然后，自定义 `PromptTemplate` 对象，并进行实例化。

```
template = '''Answer the following questions as best you can,
but speaking as a pirate might speak.
You have access to the following tools:
```

```
{tools}

Use the following format:

Question: the input question you must answer
Thought: you should always think about what to do
Action: the action to take, should be one of [{tool_names}]
Action Input: the input to the action
Observation: the result of the action
... (this Thought/Action/Action Input/Observation can repeat N times)
Thought: I now know the final answer
Final Answer: the final answer to the original input question

Begin! Remember to speak as a pirate when giving your final answer.
Use lots of "Arg"s

Question: {input}
{agent_scratchpad}'''


# 自定义 PromptTemplate
class CustomPromptTemplate(StringPromptTemplate):
    template: str
    tools: List[Tool]

    def format(self, **kwargs) -> str:
        # 获取中间步骤的信息列表，并按特定的格式将其格式化成字符串
        intermediate_steps = kwargs.pop('intermediate_steps')
        thoughts = ''
        for action, observation in intermediate_steps:
            thoughts += action.log
            thoughts += f'\nObservation: {observation}\nThought: '

        # 将格式化好的内容存入 agent_scratchpad 对应的值中
        kwargs['agent_scratchpad'] = thoughts

        # 将工具列表按照“名字:描述”的格式转换成字符串，
        # 并将其存入 tools 对应的值中
        kwargs['tools'] = '\n'.join([
            f"{tool.name}: {tool.description}" for tool in self.tools
        ])
        # 创建工具名称列表字符串，并将其存入 tool_names 对应的值中
        kwargs['tool_names'] = ', '.join(
```

```
            [tool.name for tool in self.tools]
        )
        return self.template.format(**kwargs)


prompt = CustomPromptTemplate(
    template=template,
    tools=tools,
    input_variables=['input', 'intermediate_steps']
)
```

接着，自定义输出解析器，并进行实例化。

```
class CustomOutputParser(AgentOutputParser):
    def parse(self, llm_output: str) -> Union[AgentAction, AgentFinish]:
        # 如果 LLM 的输出中有“Final Answer”，则表示当前任务已执行完毕
        # 需要返回 AgentFinish
        if 'Final Answer:' in llm_output:
            return AgentFinish(
                return_values={
                    'output': llm_output.split('Final Answer:')[-1].strip()
                },
                log=llm_output,
            )
        # 解析动作和动作输入
        reg = (r'Action\s*\d*\s*:(.*?)\n'
               r'Action\s*\d*\s*Input\s*\d*\s*:[\s]*(.*)')
        match = re.search(reg, llm_output, re.DOTALL)
        if not match:
            raise OutputParserException(
                f'Could not parse LLM output: `{llm_output}`')
        action = match.group(1).strip()
        action_input = match.group(2)

        # 返回后续需要执行的 AgentAction，并设置要执行的工具和工具输入
        return AgentAction(
            tool=action,
            tool_input=action_input.strip(' ').strip('"'),
            log=llm_output
        )


output_parser = CustomOutputParser()
```

最后，初始化 LLMChain、LLMSingleActionAgent 及 AgentExecutor，并执行 AgentExecutor。

```
tool_names = [tool.name for tool in tools]
llm_chain = LLMChain(llm=OpenAI(temperature=0), prompt=prompt)

agent = LLMSingleActionAgent(
    llm_chain=llm_chain,
    output_parser=output_parser,
    # 这个停止标志是 Prompt 中用来表示观测（Observation）开始的那个标志。
    # 如果没有设定这样的标志，则 LLM 可能会“幻想”出一个观测结果
    stop=['\nObservation:'],
    allowed_tools=tool_names
)

agent_executor = AgentExecutor.from_agent_and_tools(
    agent=agent,
    tools=tools,
    verbose=True
)
agent_executor.run('秦朝统一六国是哪一年？')
```

如果希望在这个 Agent 中添加记忆组件，需要先在 Prompt 中添加 chat_history 变量，然后在 AgentExecutor 中添加记忆组件，具体代码如下所示。

```
from langchain.memory import ConversationBufferWindowMemory

template = '''Answer the following questions as best you can,
but speaking as a pirate might speak.
You have access to the following tools:

{tools}

Use the following format:

Question: the input question you must answer
Thought: you should always think about what to do
Action: the action to take, should be one of [{tool_names}]
Action Input: the input to the action
Observation: the result of the action
... (this Thought/Action/Action Input/Observation can repeat N times)
Thought: I now know the final answer
Final Answer: the final answer to the original input question

Begin! Remember to speak as a pirate when giving your final answer.
```

```
Use lots of "Arg"s

Previous conversation history:
{chat_history}

Question: {input}
{agent_scratchpad}'''

prompt_with_history = CustomPromptTemplate(
    template=template_with_history,
    tools=tools,
    input_variables=['input', 'intermediate_steps', 'chat_history']
)

tool_names = [tool.name for tool in tools]
llm_chain = LLMChain(llm=OpenAI(temperature=0), prompt=prompt_with_history)

agent = LLMSingleActionAgent(
    llm_chain=llm_chain,
    output_parser=output_parser,
    stop=['\nObservation:'],
    allowed_tools=tool_names
)

memory=ConversationBufferWindowMemory(
    k=2, memory_key='chat_history'
)
agent_executor = AgentExecutor.from_agent_and_tools(
    agent=agent,
    tools=tools,
    verbose=True,
    memory=memory
)

agent_executor.run('秦朝统一六国是哪一年？')
```

### 8.7.5 自定义 MRKL Agent

MRKL Agent（Memory Reinforced Continual Learning Agent）是一种基于记忆增强的负增强学习机制的对话Agent。它能够像人类一样，从反馈中学习，不断地改进自己的对话能力。[1]

---

1 相关论文参见链接 8-3。

一个 MRKL Agent 主要包含以下 3 部分。

（1）**Tools**：Agent 可以使用的各种工具集合列表。

（2）**LLMChain**：用于推理决策 Agent 将执行的具体操作（Action）。

（3）**Agent 类**：该类负责解析 LLMChain 的输出，并决定和调用对应的操作。

自定义一个 Agent 最直接的方法是使用现有的 Agent 类，并配合自定义的 LLMChain。我们可以选择将 ZeroShotAgent 作为基础，因为它是一个较为通用的 Agent 类型，可以在此基础上实现符合特定业务需求的 Agent。

创建自定义 LLMChain 的关键在于设计合适的 Prompt。由于我们使用现有的 Agent 类来解析输出，因此设计一个能够让 LLMChain 输出特定格式文本的 Prompt 非常关键。一个基本规则是，Agent 返回的结果会被保存在 `agent_scratchpad` 变量中。因此，Prompt 中也应该包含一个 `agent_scratchpad` 输入变量，用于保存 Agent 在迭代过程中产生的中间结果，并且这个变量应该位于 Prompt 的最后部分。

ZeroShotAgent 提供了一个 `create_prompt` 函数来帮助我们创建 Prompt 模板对象，这个函数可以接收如下 4 个参数。

- `tools`：Agent 可以使用的工具列表。
- `prefix`：Prompt 的前缀内容。
- `suffix`：Prompt 的后缀内容。
- `input_variables`：Prompt 的输入参数列表。

在下面的例子中，定义了 `prefix` 和 `suffix`，其中 `suffix` 中包含了 `agent_scratchpad` 变量，这个变量用于维护中间结果的状态。

```
from langchain.llms import OpenAI
from langchain.chains import LLMChain
from langchain.utilities import GoogleSerperAPIWrapper
from langchain.agents import ZeroShotAgent, Tool, AgentExecutor

search = GoogleSerperAPIWrapper()
tools = [
    Tool(
        name='Search',
        func=search.run,
        description='useful for when you need to '
                    'answer questions about current events',
    )
]
```

```
prefix = '''Answer the following questions as best you can,
but speaking as a pirate might speak.
You have access to the following tools:
'''

suffix = '''Begin! Remember to speak as a pirate
when giving your final answer. Use lots of "Args"

Question: {input}
{agent_scratchpad}
'''

# 创建 prompt
prompt = ZeroShotAgent.create_prompt(
    tools,
    prefix=prefix,
    suffix=suffix,
    input_variables=['input', 'agent_scratchpad']
)

# 实例化 LLMChain
llm_chain = LLMChain(
    llm=OpenAI(temperature=0),
    prompt=prompt
)
tool_names = [tool.name for tool in tools]

# 实例化 agent
agent = ZeroShotAgent(
    llm_chain=llm_chain,
    allowed_tools=tool_names
)

# 实例化 agent 执行器
agent_executor = AgentExecutor.from_agent_and_tools(
    agent=agent,
    tools=tools,
    verbose=True
)
agent_executor.run('秦朝统一六国是哪一年？')
```

当然，也可以通过打印 `prompt.template` 变量的方法看到完整的 Prompt：

```
Answer the following questions as best you can,
but speaking as a pirate might speak.
```

```
You have access to the following tools:


Search: useful for when you need to answer questions about current events

Use the following format:

Question: the input question you must answer
Thought: you should always think about what to do
Action: the action to take, should be one of [Search]
Action Input: the input to the action
Observation: the result of the action
... (this Thought/Action/Action Input/Observation can repeat N times)
Thought: I now know the final answer
Final Answer: the final answer to the original input question

Begin! Remember to speak as a pirate
when giving your final answer. Use lots of "Args"

Question: {input}
{agent_scratchpad}
```

如果希望模板中的一些变量在执行时赋值，那么可以通过下面的方法来实现。

```
prefix = '''Answer the following questions as best you can,
but speaking as a pirate might speak.
You have access to the following tools:
'''

# 这里有一个 Prompt 小技巧：
# 将某个单词的所有字母都改为大写，可以增加模型对这个单词的关注度
# 这种方法在强调特定关键词或概念时特别有效
suffix = '''When answering,
you MUST speak in the following language: {language}.

Question: {input}
{agent_scratchpad}'''

prompt = ZeroShotAgent.create_prompt(
    tools,
    prefix=prefix,
    suffix=suffix,
    input_variables=['input', 'agent_scratchpad', 'language'],
)
```

```
llm_chain = LLMChain(
    llm=OpenAI(temperature=0),
    prompt=prompt
)
agent = ZeroShotAgent(
    llm_chain=llm_chain,
    tools=tools
)
agent_executor = AgentExecutor.from_agent_and_tools(
    agent=agent,
    tools=tools,
    verbose=True
)

agent_executor.run(
    input='秦朝统一六国是哪一年？ ',
    language='CHINESE'
)
```

### 8.7.6 自定义具有工具检索功能的 Agent

每次 Agent 执行操作时，其背后的原理是将所有可用工具的描述嵌入 Prompt 中，然后将其发送给语言模型。语言模型会根据这个 Prompt 来决定是否需要使用某个工具，以及选择使用哪个工具。这种方法在工具数量较少时很有效，但如果工具数量过多，不仅会导致 Prompt 长度超过限制，还可能会出现“幻觉”。在这种情况下，需要动态地从所有工具中选择最合适的几个工具，并告诉语言模型这些是可选的工具。

接下来，将介绍每次如何动态地选择前几个工具。在此过程中，我们将创建 99 个虚构工具（fakeTool）和一个搜索工具（searchTool）来进行测试。首先初始化工具列表，具体代码如下所示。

```
import re
from typing import Union, Callable

from langchain.agents import (
    AgentExecutor,
    AgentOutputParser,
    LLMSingleActionAgent,
    Tool,
)
from langchain.chains import LLMChain
```

```
from langchain.schema import Document
from langchain.vectorstores import Chroma
from langchain.chat_models import ChatOpenAI
from langchain.embeddings import OpenAIEmbeddings
from langchain.prompts import StringPromptTemplate
from langchain.schema import AgentAction, AgentFinish
from langchain.utilities import GoogleSerperAPIWrapper

# 创建搜索工具
search = GoogleSerperAPIWrapper()
search_tool = Tool(
    name='Search',
    func=search.run,
    description='useful for when you need to '
                'answer questions about current events',
)

# 创建虚构工具
def fake_func(inp):
    return 'foo'

fake_tools = [
    Tool(
        name=f'foo-{i}',
        func=fake_func,
        description=f'a silly function that you can use to '
                    f'get more information about the number {i}',
    )
    for i in range(99)
]

ALL_TOOLS = [search_tool] + fake_tools
```

我们采用向量存储的方式来嵌入每个工具的描述。这样，对于每个用户的输入，我们都可以在向量存储中进行一次相似性搜索，以此来找到与用户输入最相关的工具。这种方法的优势在于，可以快速且有效地从大量工具中筛选出与当前查询最匹配的工具。

```
docs = [
    Document(page_content=t.description, metadata={'index': i})
    for i, t in enumerate(ALL_TOOLS)
]

vector_store = Chroma.from_documents(
    docs,
```

```
    OpenAIEmbeddings(),
    collection_name='tools'
)
retriever = vector_store.as_retriever(search_kwargs={'k': 2})

def get_tools(query):
    """通过查询获取最适合的工具"""
    _docs = retriever.get_relevant_documents(query)
    return [ALL_TOOLS[d.metadata['index']] for d in _docs]
```

然后创建 Prompt 模板。

```
template = '''Answer the following questions as best you can,
but speaking as a pirate might speak.
You have access to the following tools:

{tools}

Use the following format:

Question: the input question you must answer
Thought: you should always think about what to do
Action: the action to take, should be one of [{tool_names}]
Action Input: the input to the action
Observation: the result of the action
... (this Thought/Action/Action Input/Observation can repeat N times)
Thought: I now know the final answer
Final Answer: the final answer to the original input question

Begin! Remember to speak as a pirate when giving your final answer.
Use lots of "Arg"s

Question: {input}
{agent_scratchpad}'''


class CustomPromptTemplate(StringPromptTemplate):
    template: str
    # 可用的工具列表
    tools_getter: Callable

    def format(self, **kwargs) -> str:
        # 获取中间步骤的信息列表，并按特定的格式将其格式化成字符串
        intermediate_steps = kwargs.pop('intermediate_steps')
```

```
        thoughts = ''
        for action, observation in intermediate_steps:
            thoughts += action.log
            thoughts += f'\nObservation: {observation}\nThought: '

        # 将格式化好的内容存入 agent_scratchpad 对应的值中
        kwargs['agent_scratchpad'] = thoughts

        # 这里和 LLM Agent 示例中的内容有所不同
        # 这里会先执行 tools_getter 对应的 get_tools 方法，
        # 即通过输入的内容获取最匹配的几个工具
        # 而不是像 LLM Agent 示例那样使用全部的工具
        tools = self.tools_getter(kwargs['input'])
        # 将工具列表按照“名字:描述”的格式转换成字符串，并将其存入 tools 对应的值中
        kwargs['tools'] = '\n'.join(
            [f'{tool.name}: {tool.description}' for tool in tools]
        )
        # 创建工具名称列表字符串，并将其存入 tool_names 对应的值中
        kwargs['tool_names'] = ', '.join([tool.name for tool in tools])
        return self.template.format(**kwargs)

prompt = CustomPromptTemplate(
    template=template,
    tools_getter=get_tools,
    input_variables=['input', 'intermediate_steps'],
)
```

接着创建输出解析器（这部分内容和自定义 LLM Agent 创建输出解析器一致）。

```
class CustomOutputParser(AgentOutputParser):
    def parse(self, llm_output: str) -> Union[AgentAction, AgentFinish]:
        # 如果 LLM 的输出中有“Final Answer”，则表示当前任务已执行完毕
        # 需要返回 AgentFinish
        if 'Final Answer:' in llm_output:
            return AgentFinish(
                return_values={
                    'output': llm_output.split('Final Answer:')[-1].strip()
                },
                log=llm_output,
            )
        # 解析动作和动作输入
        reg = (r'Action\s*\d*\s*:(.*?)\n'
               r'Action\s*\d*\s*Input\s*\d*\s*:[\s]*(.*)')
        match = re.search(reg, llm_output, re.DOTALL)
```

```
        if not match:
            raise OutputParserException(
                f'Could not parse LLM output: `{llm_output}`')
        action = match.group(1).strip()
        action_input = match.group(2)

        # 返回后续需要执行的 AgentAction，并设置要执行的工具和工具输入
        return AgentAction(
            tool=action,
            tool_input=action_input.strip(' ').strip('"'),
            log=llm_output
        )

output_parser = CustomOutputParser()
```

最后创建 Agent 并运行它。

```
llm = ChatOpenAI(
    model_name='gpt-4-1106-preview',
    temperature=0
)
llm_chain = LLMChain(llm=llm, prompt=prompt)

_input = '秦朝统一六国的时间'

# 先获取可以获取的与问题相关的工具列表
tools = get_tools(_input)
tool_names = [tool.name for tool in tools]

agent = LLMSingleActionAgent(
    llm_chain=llm_chain,
    output_parser=output_parser,
    stop=['\nObservation:'],
    allowed_tools=tool_names,
)

agent_executor = AgentExecutor.from_agent_and_tools(
    agent=agent,
    tools=tools,
    verbose=True
)
agent_executor.run(_input)
```

执行结果如图 8-17 所示，可以看到正确地找到了搜索工具并进行了搜索。

```
> Entering new AgentExecutor chain...
Thought: I be needin' to translate them foreign words, arr.
Action: Search
Action Input: Translate "秦朝统一六国的时间" to English
Observation: Me search reveals that it translates to "The time when the Qin dynasty unified the
 six states".

Thought: Now I need to reckon the time when the Qin dynasty did the deed of unifying them six
 states.
Action: Search
Action Input: Time when the Qin dynasty unified the six states
Observation: Ahoy! The records say the Qin dynasty unified the six states in 221 BC.

Thought: I now know the final answer
Final Answer: Arr matey, the grand Qin dynasty conquered the six states and unified 'em under one
 flag in the year of our sea monster, 221 BC!

> Finished chain.
```

图 8-17

### 8.7.7 Auto-GPT Agent

Auto-GPT 是 Toran Bruce Richards 开发的一个开源的自动人工智能 Agent 项目。该 Agent 基于 OpenAI 的 GPT-4 语言模型，旨在自动协调和连接多项任务，助力用户完成更大的目标。与传统的聊天机器人（如 ChatGPT）相比，用户只需给出一个 Prompt 或一串自然语言指令，Auto-GPT 便能通过自动化的多步骤提示流程，将复杂目标拆分成易于管理的子任务，从而有效地实现预定目标。

在 LangChain 中，LangChain 官方已经为我们实现了一个 Auto-GPT 的 Agent，我们可以非常方便地使用它。接下来，看看如何创建一个 LangChain 版的 Auto-GPT 的 Agent。

首先导入需要使用的模块：

```
from langchain.agents import Tool
from langchain.vectorstores import Chroma
from langchain.chat_models import ChatOpenAI
from langchain.embeddings import OpenAIEmbeddings
from langchain.utilities import GoogleSerperAPIWrapper
from langchain_experimental.autonomous_agents import AutoGPT
from langchain.tools.file_management.read import ReadFileTool
from langchain.tools.file_management.write import WriteFileTool
```

然后添加需要使用的工具，这里添加了 3 个工具：搜索工具、读取文件工具、写入文件工具，具体代码如下所示。

```
search = GoogleSerperAPIWrapper()
tools = [
    Tool(
        name='search',
        func=search.run,
        description='useful for when you need to '
                    'answer questions about current events. '
                    'You should ask targeted questions',
    ),
    WriteFileTool(),
    ReadFileTool(),
]
```

接下来为了保持 Auto-GPT 的长久记忆，需要实例化一个向量存储当作 Auto-GPT 的记忆组件。

```
embedding = OpenAIEmbeddings()
vectorstore = Chroma(
    persist_directory='./chroma',
    embedding_function=embedding
)
```

这时，基本准备工作已经完成，接下来就可以实例化我们的 Auto-GPT，并开始使用它。

```
agent = AutoGPT.from_llm_and_tools(
    ai_name='Tom',
    ai_role='Assistant',
    tools=tools,
    llm=ChatOpenAI(
        model_name='gpt-4-1106-preview',
        temperature=0
    ),
    memory=vectorstore.as_retriever(),
)

# 打开详情模式
agent.chain.verbose = True

# 生成一个关于今天杭州天气的中文报告
agent.run([
    'Please help me write a Chinese report on '
    'the weather in Hangzhou today, in which the '
    'temperature unit needs to be in Celsius and '
```

```
    'saved as "hangzhou_weather.txt"'
])
```

执行结果如图 8-18 所示，代码成功地在我们的根目录下生成了一份名为“hangzhou_weather.txt”的中文报告。我们的整个代码非常简单，这正是 LangChain 的优势所在。

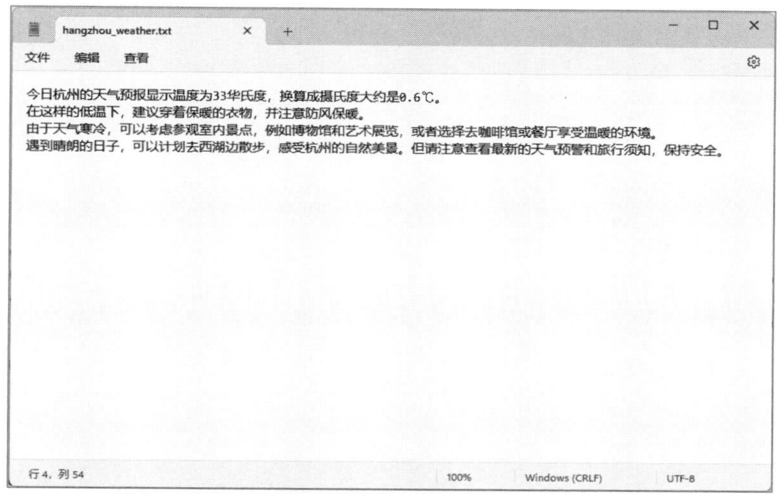


图 8-18

# 8.8　LangGraph

## 8.8.1　简介

在 LangChain 0.1 版本发布之前，官方并未提供类似于 AutoGen 的多 Agent 开发框架。这意味着，如果我们需要进行多 Agent 的开发，就不得不自己编写相关的代码，或者借助第三方的框架，如 CrewAI（CrewAI 是一个基于 LangChain 开发的多 Agent 框架，目前 LangChain 团队正在积极与 CrewAI 团队合作，将 LangGraph 作为底层集成到 CrewAI 中）等框架来实现。

为了有效解决这个问题，LangChain 在其 0.1 版本中推出了一项极为关键的新功能——多 Agent 框架 **LangGraph**。这个全新的功能意味着从现在开始，开发者也有能力像使用 AutoGen 那样，构建出具有多 Agent 的 LLM 应用。这无疑为开发者提供了更大的可能性和更广阔的创新空间。此外，在未来的发展中，LangGraph 将会成为 LangChain 重点扩展和深化的功能之一。这意味着 LangChain 会在这一领域投入更多的资源和精力，不断优化和完善 LangGraph，以满足开发者对构建高效、灵活的 LLM 应用的需求。

LangGraph 所采用的是类似于状态机（State Machine）的机制，这种状态机可以驱动程序执行循环的工作流程。因此，LangGraph 中主要包含 3 种核心元素，分别介绍如下。

### 1. 状态图（StateGraph）

它是整个 LangGraph 的脉络和框架，需要传入一个状态对象来初始化 `StateGraph` 类。状态对象会由状态图中的节点进行更新。

```
import Operator
from typing import TypedDict, List, Annotated

from langgraph.graph import StateGraph

class State(TypedDict):
    input: str
    all_actions: Annotated[List[str], operator.add]

graph = StateGraph(State)
```

### 2. 节点（Node）

在图结构中，节点无疑是最重要的概念之一。在 LangGraph 中，每一个节点都有特定的名称，这个名称是唯一的，用于标识和区分不同的节点。节点的值可以是一个函数，也可以是 LCEL 的 `Runnable` 对象，这都取决于具体的设计和使用需求。

每个节点都会接收一个字典类型的数据作为输入，这个字典的结构与状态对象定义的结构是一样的。然后，针对这个输入，节点会进行一系列的处理，最后返回一个同样结构的字典。这个返回的字典代表了节点对状态对象的更新。

在 LangGraph 中，有一个特殊的节点，名称为“END”，它标志着状态机的结束。当状态机到达这个节点时，意味着状态机已经完成了一次完整的运行流程，可以结束当前流程。

```
from langgraph.graph import END

# add_node 第一个参数为节点名称，第二个参数为对应的节点对象
graph.add_node('model', model)
graph.add_node('tools', tool_executor)
```

### 3. 边（Edge）

在 LangGraph 的图结构中，节点之间的关系是通过边来连接和定义的。在 LangGraph 中，边被分为两种类型：普通边（Normal Edge）和条件边（Conditional Edge）。

- 普通边：定义了节点上下游的关系，当上游节点执行完成后，必定会执行下游对应设

置的节点。

```
# 上游节点为model，下游节点为tools
graph.add_edge('model', 'tools')
```

- 条件边：通过一个条件函数来判断具体使用下游的哪个节点。添加条件边需要传入 3 个参数。
  - 上游节点。
  - 用于判断的条件函数（路由）。
  - 带有映射关系的字典。

当一个上游节点执行完成后，它将其返回值传递给一个专门用于判断的条件函数。这个条件函数对传入的值进行处理，并返回一个字符串。然后使用第三个参数，带有映射关系的字典，这个字典的键是条件函数可能返回的字符串，而值是对应的下游节点。通过查找这个字典，LangGraph 可以根据条件函数返回的字符串找到正确的下游节点，并继续执行状态机的流程。

```
graph.add_conditional_edge(
    # 上游节点
    'model',
    # 条件函数
    should_continue,
    # 带有映射关系的字典
    {
        # 当条件函数返回 end 时，则跳转到 END 节点
        'end': END,
        # 当条件函数返回 continue 时，则跳转到 tools 节点
        'continue': 'tools'
    }
)
```

### 4. 编译（Compile）

当定义好图后，我们还需要设置图的入口节点。

```
graph.set_entry_point('model')
```

然后需要将图转换成一个 Runnable 对象。转换完成后，就可以调用 Runnable 对象的 invoke、stream 等方法了。

```
app = graph.compile()
```

```
app.stream(
    {
        'messages': [
            HumanMessage(content='LangChain 在 2024 年更新了哪些新功能？')
        ]
    }
)
```

## 8.8.2 示例

下面将通过一个简单的示例详细介绍如何使用 LangGraph。

因为LangGraph目前是LangChain生态中独立的Python库，所以先通过下面的命令安装它。

```
pip install langgraph
```

接下来将创建一个搜索 Agent 和一个负责撰写小红书文案的 Agent。通过使用 LangGraph 框架，我们将这两个 Agent 组合在一起，从而构建出一个能够在网络上搜索信息并基于这些信息撰写小红书文案的应用。

首先创建我们需要用到的工具，具体代码如下所示。

```
import os
import operator
import functools
from typing import Annotated, Sequence, TypedDict

from langchain.tools import tool
from langchain_openai import ChatOpenAI
from langchain_community.utilities import SerpAPIWrapper
from langchain.agents import AgentExecutor, create_openai_tools_agent
from langchain_core.prompts import ChatPromptTemplate, MessagesPlaceholder
from langchain_core.messages import BaseMessage, HumanMessage, SystemMessage
from langchain.output_parsers.openai_functions import JsonOutputFunctionsParser

from langgraph.graph import StateGraph, END


@tool('web_search')
def web_search(query):
    """通过 Google SERP API 进行互联网搜索查询"""
    search = SerpAPIWrapper()
    return search.run(query)
```

```
@tool('red_book_writer')
def write_red_book(content):
    """根据一段内容，写一个小红书文案"""
    chat = ChatOpenAI(model='gpt-4-turbo-preview')
    system_msg = SystemMessage(
        content='你的任务是以小红书博主的文章结构，以我给出的主题，写一篇推荐帖。'
                '你的回答应包括使用表情符号来增加趣味和互动性，'
                '以及与每个段落相匹配的图片。'
                '请以一个引人入胜的介绍开始，为你的推荐帖设置基调。'
                '然后，提供至少 3 个与主题相关的段落，突出它们的特点和吸引力。'
                '在你的写作中使用表情符号，使文案更加引人入胜和有趣。'
    )
    messages = [
        system_msg,
        HumanMessage(content=content),
    ]
    response = chat(messages)
    return response.content
```

然后创建一个用于判断和调度具体使用哪个 Agent 的 supervisor Chain：

```
system_prompt = (
    'You are a supervisor tasked with managing a conversation between the'
    ' following workers:  {members}. Given the following user request,'
    ' respond with the worker to act next. Each worker will perform a'
    ' task and respond with their results and status. When finished,'
    ' respond with FINISH.'
)

members = ['Search_Engine', 'Red_Book_Writer']
options = ['FINISH'] + members

# 使用 OpenAI 的函数调用，可以更方便地输出一个结构化的内容
func_structure = {
    'name': 'route',
    'description': 'Select the next role.',
    'parameters': {
        'title': 'routeSchema',
        'type': 'object',
        'properties': {
            'next': {
                'title': 'Next',
                'anyOf': [
```

```
                    {'enum': options},
                ],
            }
        },
        'required': ['next'],
    },
}
prompt = ChatPromptTemplate.from_messages(
    [
        ('system', system_prompt),
        MessagesPlaceholder(variable_name='messages'),
        (
            'system',
            'Given the conversation above, who should act next?'
            ' Or should we FINISH? Select one of: {options}',
        ),
    ]
).partial(options=str(options), members=', '.join(members))

llm = ChatOpenAI(model='gpt-4-turbo-preview')
supervisor_chain = (
    prompt
    | llm.bind_functions(functions=[func_structure], function_call='route')
    | JsonOutputFunctionsParser()
)
```

接着创建两个用于初始化 Agent 和执行节点的函数，初始化我们的 Agent 和节点：

```
def create_agent(llm, tools, system_prompt):
    prompt = ChatPromptTemplate.from_messages(
        [
            (
                'system',
                system_prompt,
            ),
            MessagesPlaceholder(variable_name='messages'),
            MessagesPlaceholder(variable_name='agent_scratchpad'),
        ]
    )
    agent = create_openai_tools_agent(llm, tools, prompt)
    executor = AgentExecutor(agent=agent, tools=tools)
    return executor
```

```
def agent_node(state, agent, name):
    result = agent.invoke(state)
    return {'messages': [HumanMessage(content=result['output'], name=name)]}


search_engine_agent = create_agent(
    llm,
    [web_search],
    '你是一个网络搜索引擎'
)
search_engine_node = functools.partial(
    agent_node,
    agent=search_engine_agent,
    name='Search_Engine'
)

red_book_agent = create_agent(
    llm,
    [write_red_book],
    '你的主要职责是根据给定的内容编写小红书文案。'
)
red_book_node = functools.partial(
    agent_node,
    agent=red_book_agent,
    name='Red_Book_Writer'
)
```

创建状态对象，初始化 LangGraph 和将各个节点连接起来，具体代码如下所示。

```
# 状态对象存储了两个字段:
# messages 用于保存上游处理完的信息
# next 用于记录要执行哪个下游节点
class AgentState(TypedDict):
    messages: Annotated[Sequence[BaseMessage], operator.add]
    next: str

workflow = StateGraph(AgentState)
workflow.add_node('Search_Engine', search_engine_node)
workflow.add_node('Red_Book_Writer', red_book_node)
workflow.add_node('supervisor', supervisor_chain)

# 这里实际上添加的代码逻辑是，执行完对应的节点再回到 supervisor 节点
for member in members:
    workflow.add_edge(member, 'supervisor')
```

```
conditional_map = {k: k for k in members}
conditional_map['FINISH'] = END
workflow.add_conditional_edges(
    'supervisor',
    lambda x: x['next'],
    conditional_map
)

# 设置起始节点
workflow.set_entry_point('supervisor')

graph = workflow.compile()
```

连接完成后的图结构如图 8-19 所示。运行过程介绍如下。

用户会将指令发送给主控节点（supervisor）。主控节点通过 LLM 能够智能地判断该由哪个节点来执行用户的指令，并委派该节点开始工作。这个节点在完成任务后，会通过通用连接（普通边）返回主控节点。

当回到主控节点后，系统会将状态对象中的 next 值作为判断依据，通过条件连接（条件边）引导下游节点开始工作。工作完成后，信息会再次通过条件连接返回给主控节点。

直到系统在状态对象中看到 next 的值为 FINISH 时，会将其理解为结束信号，然后执行结束节点（END 节点），从而完成整套流程。

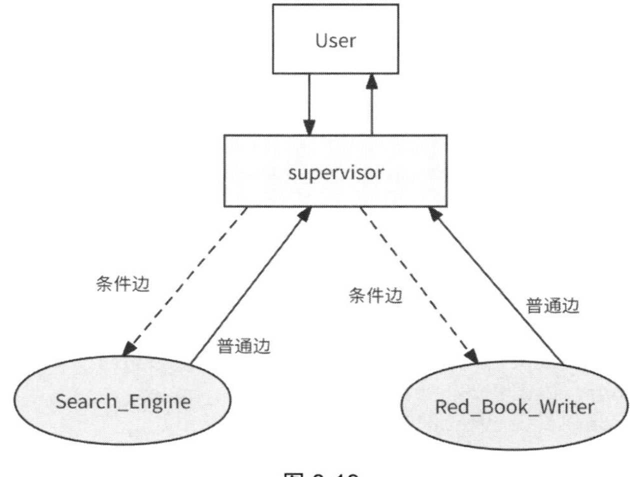


图 8-19

最后通过 `graph.stream` 方法来执行我们的应用：

```
for s in graph.stream({
    'messages': [
        HumanMessage(
            content='请先搜索 OpenAI 的 Sora，并根据搜索结果写一篇小红书文案'
        )
    ]
}):
    if '__end__' not in s:
        print(s)
        print('----')
```

至此，我们的案例讲解就结束了。

希望通过这个案例，大家能够对 LangGraph 产生更深入的理解和认识。LangGraph 是一个功能强大且发展迅速的框架，但由于篇幅限制，本书中无法对其进行更详尽的介绍。

我们希望本节内容能像扔出的石子在水面荡起涟漪一样，让大家对LangGraph产生更大的兴趣和探索欲望。如果你对LangGraph感到好奇，或者想要深入了解和学习，建议你查阅官方提供的示例和文档[1]，那里有更丰富和详细的信息等待你去发掘和研究。

这只是一个开始，LangGraph 的世界里还有很多未知等待探索。希望你在学习的过程中不断发现新知，也期待你在 LangGraph 的学习旅程中获得满足和乐趣。

1 请参考链接 8-4。

# 第 9 章 LangChain的其他功能

## 9.1 回调

### 9.1.1 简介

LangChain 提供了一个回调系统，允许用户在其大语言模型（LLM）应用的不同阶段使用。这对于执行日志记录、监控、流处理和其他任务非常有用。

你可以通过 API 中的 `callbacks` 参数来设置回调对象列表。这个参数是一个处理对象的列表。通过使用回调，用户可以灵活地插入自定义的处理逻辑或反馈机制，从而在不同的处理阶段获取关键信息或执行特定操作。这样的设计不仅提高了应用的灵活性和可扩展性，也为高效地监控和管理整个 LLM 应用流程提供了强有力的工具。

`CallbackHandlers` 是实现了 `CallbackHandler` 接口的对象，它们继承自 `BaseCallbackHandler`，该对象为可以订阅的每个事件都定义了一个方法。当事件被触发时，`CallbackManager` 会调用每个处理器上的相应方法。这意味着，每当有特定事件发生时，所有订阅了该事件的 `CallbackHandlers` 都会按照定义的逻辑执行相应的操作。

下面展示了 `BaseCallbackHandler` 中常用的可以订阅的事件函数，它们来自 `LLMManagerMixin`、`ChainManagerMixin`、`ToolManagerMixin`、`RetrieverManagerMixin`、`CallbackManagerMixin`、`RunManagerMixin`。

```python
class BaseCallbackHandler:
    def on_llm_start(
            self, serialized: Dict[str, Any],
            prompts: List[str],
            **kwargs: Any
    ) -> Any:
        """当 LLM 开始运行时执行"""

    def on_chat_model_start(
            self, serialized: Dict[str, Any],
            messages: List[List[BaseMessage]],
            **kwargs: Any
    ) -> Any:
        """当聊天模型运行时执行"""

    def on_llm_new_token(
            self, token: str,
            **kwargs: Any
    ) -> Any:
        """当新的 LLM Token 生成时执行，只在启用流式返回功能时可用"""

    def on_llm_end(
            self, response: LLMResult,
            **kwargs: Any
    ) -> Any:
        """当 LLM 运行结束时执行"""

    def on_llm_error(
            self, error: Union[Exception, KeyboardInterrupt],
            **kwargs: Any
    ) -> Any:
        """当 LLM 出现错误时执行"""

    def on_chain_start(
            self, serialized: Dict[str, Any],
            inputs: Dict[str, Any],
            **kwargs: Any
    ) -> Any:
        """当 Chain 开始运行时执行"""

    def on_chain_end(
            self, outputs: Dict[str, Any],
            **kwargs: Any
    ) -> Any:
```

```
    """当 Chain 运行结束时执行"""

def on_chain_error(
        self, error: Union[Exception, KeyboardInterrupt],
        **kwargs: Any
) -> Any:
    """当 Chain 出现错误时执行"""

def on_tool_start(
        self, serialized: Dict[str, Any],
        input_str: str,
        **kwargs: Any
) -> Any:
    """在 Tool 开始运行前执行"""

def on_tool_end(
        self, output: str,
        **kwargs: Any
) -> Any:
    """在 Tool 运行结束后执行"""

def on_tool_error(
        self, error: Union[Exception, KeyboardInterrupt],
        **kwargs: Any
) -> Any:
    """当 Tool 出现错误时执行"""

def on_text(
        self, text: str,
        **kwargs: Any
) -> Any:
    """当处理任意文本时执行"""

def on_agent_action(
        self, action: AgentAction,
        **kwargs: Any
) -> Any:
    """当 Agent 运行到 AgentAction 时执行"""

def on_agent_finish(
        self, finish: AgentFinish,
        **kwargs: Any
) -> Any:
    """当 Agent 运行到 AgentFinish 时执行"""
```

```
    def on_retriever_error(
        self, error: BaseException,
        run_id: UUID,
        parent_run_id: Optional[UUID] = None,
        **kwargs: Any,
    ) -> Any:
        """当检索器出现错误时执行"""

    def on_retriever_start(
        self, serialized: Dict[str, Any],
        query: str,
        run_id: UUID,
        parent_run_id: Optional[UUID] = None,
        tags: Optional[List[str]] = None,
        metadata: Optional[Dict[str, Any]] = None,
        **kwargs: Any,
    ) -> Any:
        """当检索器开始执行时执行"""

    def on_retriever_end(
        self, documents: Sequence[Document],
        run_id: UUID,
        parent_run_id: Optional[UUID] = None,
        **kwargs: Any,
    ) -> Any:
        """在检索器执行完成后执行"""
```

LangChain 提供了一系列内置的处理程序（handler），可以使用这些处理程序来快速启用开发功能。可以在 `langchain.callbacks` 模块中找到这些处理程序。其中最基础的处理程序是 `StdOutCallbackHandler`，其主要功能是将所有事件的日志记录都使用标准输出（stdout）打印到屏幕上。

需要注意的是，当 `verbose` 对象上的标志被设置为 `true` 时，即使没有显式地传入 `StdOutCallbackHandler`，它也会被自动调用。这意味着，如果启用了详情模式，将能够在控制台上看到所有事件的日志输出，这对于调试和监控程序的运行非常有帮助。

我们可以通过 3 种方式来使用 `StdOutCallbackHandler` 对象，具体代码如下所示。

```
from langchain.llms import OpenAI
from langchain.chains import LLMChain
from langchain.prompts import PromptTemplate
from langchain.callbacks import StdOutCallbackHandler
```

```
llm = OpenAI()
prompt = PromptTemplate.from_template('1 + {number} = ')
handler = StdOutCallbackHandler()

# 通过 verbose=True 的方式，隐式地使用 StdOutCallbackHandler
chain = LLMChain(llm=llm, prompt=prompt, verbose=True)
chain.run(number=2)

# 在初始化 Chain 时定义回调
chain = LLMChain(llm=llm, prompt=prompt, callbacks=[handler])
chain.run(number=2)

# 在执行 Chain 时定义回调
chain = LLMChain(llm=llm, prompt=prompt)
chain.run(number=2, callbacks=[handler])
```

在 LangChain API 的大多数对象（如 Chain、Model、Tool、Agent 等）中，`callbacks` 中的参数都可用于两个不同的地方。

（1）**构造器回调**：在对象的构造函数中定义，例如 `LLMChain(callbacks=[handler])`。该回调将用于对象上的所有调用，并且仅限于该对象。例如，如果将处理程序传递给 LLMChain 的构造器，它将不会被附加到该 Chain 的 Model 所使用。

（2）**请求回调**：在发出请求时使用的 `run/apply` 方法中定义，例如 `chain.run(input, callbacks=[handler])`。该回调仅用于特定的请求，以及该请求包含的所有子请求（例如，对 LLMChain 的调用触发对 Model 的调用，后者使用在 `call` 方法中传递的相同处理程序）。

这种灵活的回调机制允许开发者根据不同的上下文和需求，灵活地配置和使用回调。这不仅提高了代码的模块化和可重用性，还使得跟踪和管理复杂流程变得更加容易。

## 9.1.2 自定义回调处理

实现一个自定义的回调处理类是非常简单的事情，只需继承 `BaseCallbackHandler` 类，并实现需要处理的特定事件的回调函数。例如，如果我们想要实现一个功能，即在流式输出过程中打印每次返回的 Token，那么只需实现 `on_llm_new_token` 方法。该方法允许在流式输出时跟踪和记录每个返回的 Token，非常适合监控和分析模型的行为。这样就可以为 LangChain 应用创建高度定制化的回调处理逻辑，从而在处理复杂事件或数据流时提供更强大的灵活性和控制力，具体代码如下所示。

```
from langchain.chat_models import ChatOpenAI
from langchain.schema import HumanMessage
```

```
from langchain.callbacks.base import BaseCallbackHandler


class MyCustomHandler(BaseCallbackHandler):
    def on_llm_new_token(self, token: str, **kwargs) -> None:
        print(f'My custom handler, token: {token}')


# 通过 streaming=True 来启用流式输出，
# on_llm_new_token 方法只对流式输出起作用
chat = ChatOpenAI(
    max_tokens=25,
    streaming=True,
    callbacks=[MyCustomHandler()]
)

res = chat([HumanMessage(content='Tell me a joke')])
print(res)
```

### 9.1.3 将日志记录到文件中

有时，我们不仅需要将日志打印出来，还希望能够将这些日志保存到本地文件中，以便后续的分析和检索。我们可以使用 FileCallbackHandler 并结合 loguru 库来很方便地实现这一需求。FileCallbackHandler 负责将日志信息写入文件，而 loguru 库提供了更高级的日志记录功能，包括格式化、过滤和管理日志等。

这种方法非常适合需要对日志进行详细跟踪和分析的场景，如错误调试、性能监控或用户行为分析。将日志记录到文件中，不仅便于日志的长期存储和归档，也便于使用日志分析工具进行深入的数据挖掘和趋势分析。通过这种灵活且高效的日志管理方法，我们能够更好地理解和优化我们的应用。

下面通过代码看看如何实现这一功能。

```
from loguru import logger

from langchain.globals import set_debug
from langchain.llms import OpenAI
from langchain.chains import LLMChain
from langchain.prompts import PromptTemplate
from langchain.callbacks import FileCallbackHandler

# 全局 debug 开关，可以打印更详尽的输出内容
```

```
# 同时，在 langchain.globals 中也提供了 verbose 全局开关 set_verbose
set_debug(True)

logfile = 'output.log'

logger.add(logfile, colorize=True, enqueue=True)
handler = FileCallbackHandler(logfile)

llm = OpenAI()
prompt = PromptTemplate.from_template('1 + {number} = ')

chain = LLMChain(
    llm=llm,
    prompt=prompt,
    callbacks=[handler],
    verbose=True
)
answer = chain.run(number=2)
logger.info(answer)
```

我们在打开 output.log 文件时，会发现它是 ANSI 编码格式的。为了方便我们阅读，可以使用 ansi2html 来将其转换成 HTML 代码，具体代码如下所示。

```
from ansi2html import Ansi2HTMLConverter
from IPython.display import HTML, display

with open('output.log', 'r') as f:
    content = f.read()

conv = Ansi2HTMLConverter()
html = conv.convert(content, full=True)

display(HTML(html))
```

执行结果如图 9-1 所示。

```
> Entering new LLMChain chain...
Prompt after formatting:
1 + 2 =

> Finished chain.
2023-11-27 22:40:38.724 | INFO     | __main__:<module>:208 -

3
```

图 9-1

### 9.1.4 Token 使用量跟踪

有时，我们需要对 Token 的使用量进行跟踪，以便更好地监控 Token 使用量。LangChain 提供了一个便捷的方法 `get_openai_callback`，通过该方法，我们可以轻松地实现对 Token 使用量的跟踪。使用 `get_openai_callback` 方法，我们可以记录每次请求消耗的 Token 数量，并将这些信息用于后续的分析和监控。这对于管理资源、优化成本及确保服务的高效运行至关重要。通过精确地跟踪每次请求的 Token 消耗，可以据此做出相应的调整和优化。这样做不仅提高了资源使用的透明度，还有助于我们更好地理解和控制应用的运行成本。

下面看看如何跟踪 Token 使用量。

```
from langchain.chat_models import ChatOpenAI
from langchain.callbacks import get_openai_callback
from langchain.agents import (
    AgentType, initialize_agent, load_tools
)

llm = ChatOpenAI(
    model_name='gpt-4-1106-preview',
    temperature=0
)
tools = load_tools(['llm-math'], llm=llm)
agent = initialize_agent(
    tools, llm,
    agent=AgentType.CHAT_ZERO_SHOT_REACT_DESCRIPTION,
    verbose=True,
    handle_parsing_errors=True
)

with get_openai_callback() as cb:
    response = agent.run('5 的 6 次方是多少？ ')

    print(f'Total Tokens: {cb.total_tokens}')
    print(f'Prompt Tokens: {cb.prompt_tokens}')
    print(f'Completion Tokens: {cb.completion_tokens}')
    print(f'Total Cost (USD): ${cb.total_cost}')
```

可以看到，需要通过 `with` 上下文管理器来跟踪。代码其实调用的是 `langchain.callbacks.openai_info.OpenAICallbackHandler`，并且通过实现 `on_llm_end` 方法来将返回的 Token 使用量相关数据存储下来。执行结果如图 9-2 所示。

```
> Entering new AgentExecutor chain...
Thought: To find out 5 raised to the power of 6, we can use the calculator tool.

Action:
```
{
  "action": "Calculator",
  "action_input": {
    "expression": "5^6"
  }
}
```
Observation: The calculator tool will process the expression to compute the result of 5 raised to the power of 6.
Observation: Answer: 15625
Thought:I now know the final answer.

Final Answer: \( 5^6 \) is 15625.

> Finished chain.
Total Tokens: 993
Prompt Tokens: 842
Completion Tokens: 151
Total Cost (USD): $0.012950000000000001
```

图 9-2

### 9.1.5 LLMonitor

LangChain 的回调功能使其能够被集成到许多可观测平台中。其中，LLMonitor 是一个知名的开源可观测平台，它利用了 LangChain 提供的这一特性。LLMonitor 提供了多种功能，包括成本和使用分析、用户跟踪，以及追踪和评估工具。

这些功能使得 LLMonitor 成为一个强大的工具，可以帮助用户更好地理解和管理语言模型资源。通过成本和使用分析，用户可以优化他们的资源配置和成本效率。用户跟踪功能则允许监控和分析用户行为，而追踪和评估工具有助于持续改进模型的性能和准确性。整体而言，LLMonitor 提供了一套全面的解决方案，以支持更有效地监控和管理基于 LangChain 的应用。

首先，在LLMonitor网站[1]上注册。我们在注册完成后，会得到一个App ID。然后，就可以通过下面的方式进行初始化设置了。

```
import os

os.environ['LLMONITOR_APP_ID']='...'
```

1 请参考链接 9-1。

接着通过以下命令安装对应的库。

```
pip install llmonitor opentelemetry-api opentelemetry-sdk
```

由于 `LLMonitorCallbackHandler` 本身就是一个 `CallbackHandler` 对象，所以我们可以直接将其作为回调处理程序（`CallbackHandler`）使用。这意味着，我们可以轻松地将 LLMonitor 集成到任何支持 CallbackHandler 的 LangChain 应用中，无须进行复杂的配置或者进行过多的自定义开发。具体代码如下所示。

```
from langchain.chat_models import ChatOpenAI
from langchain.callbacks import LLMonitorCallbackHandler
from langchain.agents import (
    AgentType, initialize_agent, load_tools
)

llm = ChatOpenAI(
    model_name='gpt-4-1106-preview',
    temperature=0
)
tools = load_tools(['llm-math'], llm=llm)
agent = initialize_agent(
    tools, llm,
    agent=AgentType.CHAT_ZERO_SHOT_REACT_DESCRIPTION,
    verbose=True,
    handle_parsing_errors=True
)

handler = LLMonitorCallbackHandler()
print(agent.run(
    '5 的 6 次方是多少？',
    callbacks=[handler],
    # 设置 LLMonitor 的 Agent 名字
    metadata={'agentName': 'LangChainTest'}
))
```

在执行完代码后，我们就可以打开 LLMonitor 网站来查看我们的 Agent 执行的所有信息。通过单击 Analytics 菜单，可以看到所有信息的总览，如图 9-3 所示。

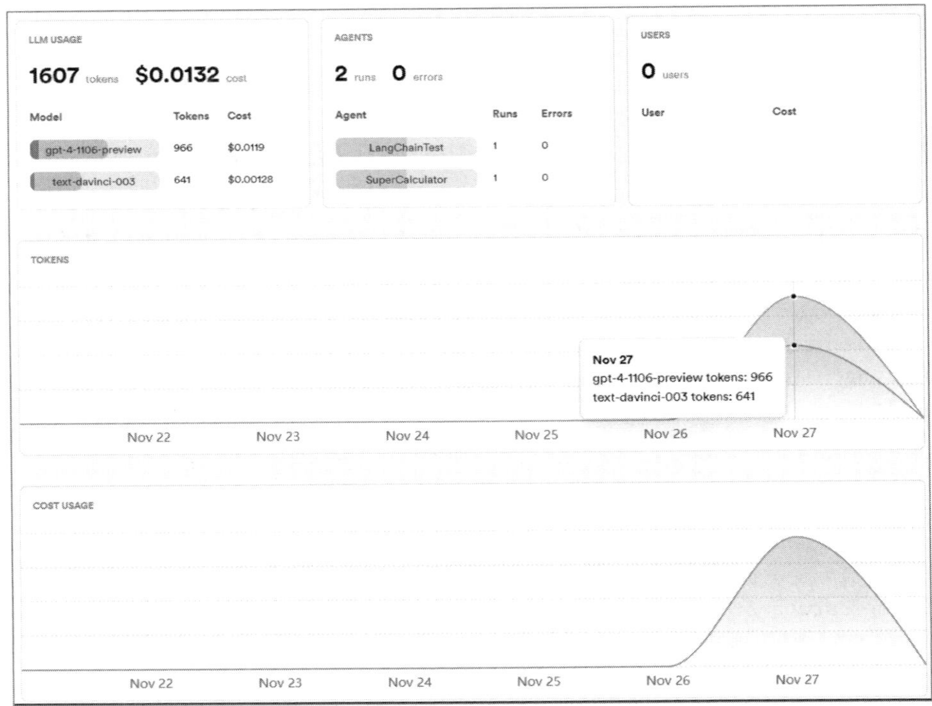


图 9-3

通过单击 Logs 菜单，可以看到每次请求 LLM 所用的时长、用量、Prompt 及返回的内容，并且点开其中一条，右侧还会显示这次请求的详细信息，如图 9-4 所示。

| Time | Model | Duration | Tokens | Cost | Prompt | Result |
|---|---|---|---|---|---|---|
| 00:14:24 | gpt-4-1106-preview | 1.82s | 400 | $0.0044 | 5的6次方是多少？ This was your previous work (but I haven't seen any of it! I only see what | I now know the final answer. Final Answer: 5的6次方是15625。 |
| 00:14:23 | gpt-4-1106-preview | 1.89s | 222 | $0.0026 | Translate a math problem into a expression that can be executed using Python's numexpr library. Use the output of running this code to answer the question. | ```text 5**6 ``` |
| 00:14:17 | gpt-4-1106-preview | 5.76s | 344 | $0.00488 | 5的6次方是多少？ | Question: 5的6次方是多少？ Thought: To find 5 raised to the power of 6, I will use the calculator tool to compute 5^6. |
| 00:07:50 | text-davinci-003 | 1.32s | 209 | $0.000418 | Answer the following questions as best you can. You have access to the following tools: Calculator: Useful for when you need to answer questions about math. | I now know the approximate result Final Answer: 2887174368 |
| 00:07:48 | text-davinci-003 | 1.31s | 261 | $0.000502 | Translate a math problem into a expression that can be executed using Python's numexpr library. Use the output of running this code to answer the question. Question: ${Question with math problem.} | ```text 78**5 ``` ...numexpr.evaluate("78**5")... |
| 00:07:47 | text-davinci-003 | 1.27s | 181 | $0.000362 | Answer the following questions as best you can. You have access to the following tools: Calculator: Useful for when you need to answer questions about math. | I need to do some exponentiation Action: Calculator Action Input: 78^5 |

图 9-4

在 Agent Trace 中，可以看到 Agent 每一步的执行类型、时间、内容等信息，如图 9-5 所示。

图 9-5

通过上面的内容可以看到，所有信息一目了然，我们能够非常方便地了解执行过程中的每一个细节。这为我们后续对程序进行优化提供了极大的帮助。

这种透明的信息展示方式使得监控和分析过程变得更加简单和直观。用户可以快速识别出可能的性能瓶颈、资源使用不当或其他潜在的问题。凭借这些详细的信息，我们可以更精确地定位问题所在，从而制定有效的优化策略。这不仅提升了程序的运行效率，也大大增强了程序的可靠性和稳定性，从而为用户提供更优质的体验。

# 9.2　隐私与安全

## 9.2.1　隐私

在将数据传递给 GPT 等 LLM 之前，进行数据匿名化是至关重要的。这有助于保护隐私和增强保密性。如果数据未经匿名化，敏感信息（例如姓名、地址、联系电话或与特定个人相关的其他标识符）可能泄露并被滥用。因此，通过模糊化或删除这些个人身份信息，数据就可以在不损害个人隐私权或违反数据保护法规的情况下自由使用。

数据匿名化的过程包括如下两个步骤。

（1）**识别**：识别出所有包含个人身份信息的数据字段。

（2）**替换**：将所有的个人身份信息都替换为假数据或代码。这些假数据或代码不会泄露关于个人的任何敏感信息，使完整数据可用于参考和分析。我们不使用常规加密方法，因为语言模型无法理解加密数据的含义或上下文。

通过这种方法，可以确保数据在用于训练或运行语言模型时既安全又有效。这不仅有助于保护个人隐私，还确保了数据处理活动符合相关的法律法规和伦理要求。数据匿名化是数据科学和人工智能应用中的关键环节之一，尤其是在处理包含敏感信息的数据时。下面看看如何在 LangChain 中实现数据匿名化。

在开始前，需要安装一些会用到的库。

```
pip install langchain langchain-experimental openai presidio-analyzer
presidio-anonymizer spacy Faker
python -m spacy download en_core_web_lg
```

具体代码如下所示。

```
from langchain_experimental.data_anonymizer import (
    PresidioReversibleAnonymizer)

# 初始化可逆匿名器
anonymizer = PresidioReversibleAnonymizer(
    # 需要匿名的字段
    analyzed_fields=[
        'PERSON', 'PHONE_NUMBER',
        'EMAIL_ADDRESS', 'CREDIT_CARD'
    ]
)

# 对内容进行匿名处理
anonymized_text = anonymizer.anonymize(
    'My name is Slim Shady, call me at 313-666-7440 or '
    'email me at real.slim.shady@gmail.com. '
    'By the way, my card number is: 4916 0387 9536 0861'
)
print(f'anonymized:\n{anonymized_text}\n')

# 通过 anonymizer.deanonymizer_mapping 获取匿名前后字段的信息字典
for code, info in anonymizer.deanonymizer_mapping.items():
    print(f'code: {code} data:{info}')

# 去匿名化
text = anonymizer.deanonymize(anonymized_text)
print(f'\ndeanonymized:\n{text}')
```

其中，PresidioReversibleAnonymizer 有如下几个比较重要的参数。

（1）analyzed_fields：需要匿名的字段，这个参数有很多值，具体能用哪些值，可以在 langchain_experimental.data_anonymizer.faker_presidio_mapping.get_pseudoanonymizer_mapping 中看到。

（2）operators：可以通过这个参数自定义匿名字段对应的转换函数，参数默认值为 None。如果将这个参数设置为 None，后续也可以通过 anonymizer.add_operators 方法添加自定义匿名字段和对应的转换函数的映射关系。

（3）languages_config：配置用于处理不同语言的对应 NLP 引擎，参数默认值为 langchain_experimental.data_anonymizer.presidio.DEFAULT_LANGUAGES_CONFIG。

（4）add_default_faker_operators：默认值为 True，会将需要替换的内容替换成假数据。当参数值为 False 时，会将需要替换的内容替换成字段名，而不是假数据。比如，my card number is: 4916 0387 9536 0861 会被替换成 By the way, my card number is: <CREDIT_CARD>。

（5）faker_seed：默认值为 None，这种情况下每次执行 anonymizer.anonymize 时替换出的假数据都是不一样的。当它为一个固定值时，每次替换出的假数据都是一样的。比如，当它为 42 时，PERSON 字典对应的值会一直为 Maria Lynch。

执行结果如图 9-6 所示。

```
anonymized:
My name is Kyle Watson, call me at (969)785-3809x647 or email me at smithdiana@example.net.
  By the way, my card number is: 3577716802046761

code: PERSON data:{'Kyle Watson': 'Slim Shady'}
code: PHONE_NUMBER data:{'(969)785-3809x647': '313-666-7440'}
code: EMAIL_ADDRESS data:{'smithdiana@example.net': 'real.slim.shady@gmail.com'}
code: CREDIT_CARD data:{'3577716802046761': '4916 0387 9536 0861'}

deanonymized:
My name is Slim Shady, call me at 313-666-7440 or email me at real.slim.shady@gmail.com. By
  the way, my card number is: 4916 0387 9536 0861
```

图 9-6

直接通过 LCEL 使用数据匿名化功能也非常简单，具体代码如下所示。

```
from langchain.chat_models import ChatOpenAI
from langchain.prompts.prompt import PromptTemplate
from langchain.schema.runnable import RunnablePassthrough
from langchain_experimental.data_anonymizer import (
    PresidioReversibleAnonymizer)

anonymizer = PresidioReversibleAnonymizer(
    analyzed_fields=['EMAIL_ADDRESS']
)
```

```
text = 'My email is "foo@gmail.com". I live in Hangzhou.'
template = """Please answer the question based on the information:

{anonymized_text}

question: {question}
"""
prompt = PromptTemplate.from_template(
    template,
    partial_variables={
        # 重要信息匿名化
        'anonymized_text': anonymizer.anonymize(text)
    }
)
llm = ChatOpenAI(temperature=0)

chain = (
        {'question': RunnablePassthrough()} |
        prompt | llm |
        # 将 LLM 返回的信息去匿名化
        (lambda ai_message: anonymizer.deanonymize(
            ai_message.content
        ))
)
response = chain.invoke('What is my email?')
print(response)
```

当然，还支持将匿名器保存成本地文件，以及从本地文件加载匿名器，具体代码如下所示。

```
from langchain_experimental.data_anonymizer import (
    PresidioReversibleAnonymizer)

anonymizer = PresidioReversibleAnonymizer()
anonymized_text = anonymizer.anonymize(
    'My name is Slim Shady, call me at 313-666-7440 or '
    'email me at real.slim.shady@gmail.com. '
    'By the way, my card number is: 4916 0387 9536 0861'
)

# 将匿名器保存成本地文件
# 支持 JSON 和 YAML 格式
anonymizer.save_deanonymizer_mapping('deanonymizer_mapping.json')
```

```
# 从本地文件中加载匿名器
anonymizer_loader = PresidioReversibleAnonymizer()
anonymizer.load_deanonymizer_mapping('deanonymizer_mapping.json')
anonymizer.deanonymize(anonymized_text)
```

还可以根据需求，自定义指定匿名字段的匿名化方法，具体代码如下所示。

```
from faker import Faker
from presidio_anonymizer.entities import OperatorConfig
from langchain_experimental.data_anonymizer import (
    PresidioReversibleAnonymizer)

fake = Faker()

new_operators = {
    'PERSON': OperatorConfig(
        # 将 fake 名字反转
        'custom', {'lambda': lambda _: fake.first_name_female()[::-1]}
    ),
}
anonymizer = PresidioReversibleAnonymizer()
anonymizer.add_operators(new_operators)
anonymizer.anonymize('My name is LiaoKong')
```

## 9.2.2　安全

使用 LLM 时，尤其是自己训练的模型时，一个主要的担忧是它们可能生成不当或有害的内容。因为，这些模型通常是基于大量数据训练出来的，包括互联网上的公开文本。如果训练数据中包含有害或不道德的内容，模型也可能学会并复制这些不良行为。因此，我们可以通过 LangChain 中为我们提供的一些工具来规避这类风险。

LangChain 为我们提供了一个审核链，该审核链对于检测暴力文本等很有用。审核链不仅适用于用户输入，也适用于语言模型的输出。下面看看如何使用审核链：

```
from langchain.chains import OpenAIModerationChain

# 当 error 值为 False 时，如果文本中有不当内容，不会抛出异常
# 但会返回字符串"Text was found that violates OpenAI's content policy."
moderation_chain = OpenAIModerationChain(error=True)

res = moderation_chain.run('This is okay')
```

```
print(res + '\n')
res = moderation_chain.run('I will hit you')
print(res)
```

执行结果如图 9-7 所示。可以看到，当输入文本合规时，会返回文本内容。当文本中有不当内容时，会抛出异常，我们可以通过捕获这个异常来处理有不当内容的文本。

```
This is okay

Traceback (most recent call last):
  File "D:\projects\langchain_tutorial\moderation_chain.py", line 114, in <module>
    res = moderation_chain.run('I will hit you')
  File "D:\projects\langchain_tutorial\venv\lib\site-packages\langchain\chains\base.py", line 507, in run
    return self(args[0], callbacks=callbacks, tags=tags, metadata=metadata)[
  File "D:\projects\langchain_tutorial\venv\lib\site-packages\langchain\chains\base.py", line 312, in __call__
    raise e
  File "D:\projects\langchain_tutorial\venv\lib\site-packages\langchain\chains\base.py", line 306, in __call__
    self._call(inputs, run_manager=run_manager)
  File "D:\projects\langchain_tutorial\venv\lib\site-packages\langchain\chains\moderation.py", line 95, in _call
    output = self._moderate(text, results["results"][0])
  File "D:\projects\langchain_tutorial\venv\lib\site-packages\langchain\chains\moderation.py", line 83, in _moderate
    raise ValueError(error_str)
ValueError: Text was found that violates OpenAI's content policy.
```

图 9-7

我们也可以将审核链集成到 Chain 中，具体代码如下所示。

```
from langchain.llms import OpenAI
from langchain.prompts import PromptTemplate
from langchain.chains import (
    OpenAIModerationChain, SequentialChain, LLMChain
)

# 实例化 LLM Chain
prompt = PromptTemplate.from_template(
    template='{setup}{new_input}Person2:'
)
llm_chain = LLMChain(llm=OpenAI(temperature=0), prompt=prompt)

# 实例化审核链
moderation_chain = OpenAIModerationChain()
# 由于 LLM Chain 输出的 key 是 text
# 因此这里需要将下一个 Chain（审核链）的输入设置为 text
moderation_chain.input_key = 'text'

# 使用 SequentialChain 将两个 Chain 串起来
chain = SequentialChain(
```

```
    chains=[llm_chain, moderation_chain],
    input_variables=['setup', 'new_input']
)

setup = '''We are playing a game of repeat after me.

Person 1: Hi
Person 2: Hi

Person 1: How's your day
Person 2: How's your day

Person 1:'''
new_input = 'I will hit you'
inputs = {'setup': setup, 'new_input': new_input}

res = chain(inputs, return_only_outputs=True)
print(res)
```

返回的结果如下。

```
>> {'output': "Text was found that violates OpenAI's content policy."}
```

## 9.3　Evaluation（评估）

### 9.3.1　简介

在使用 LLM 构建应用时，有许多关键的地方需要考虑。最重要的一点就是，要确保使用的 LLM 及我们的 System Prompt 在多种输入下产生可靠且有用的结果，并且能够与应用的其他组件良好配合，以及评估在相同的 Prompt 下哪个模型回答得更优秀。LangChain 提供了各种类型的评估器，帮助我们在多样化的数据上衡量性能和健壮性，并鼓励社区成员创建和共享其他有用的评估器，以便每个人都能对其进行改进。

LangChain 中的每种评估器类型都带有现成的实现，并提供了可扩展的 API，允许根据我们独特的需求进行定制。以下是 LangChain 提供的三大评估器分类。

（1）String Evaluator：字符串评估器。

（2）Comparison Evaluator：比较评估器。

（3）Trajectory Evaluator：轨迹评估器。

另外，还可以通过 langchain.evaluation.EvaluatorType 看到目前所有的评估器类型。

```
class EvaluatorType(str, Enum):
    QA = "qa"
    """问答评估器，直接使用 LLM 对问题的答案进行评分"""
    COT_QA = "cot_qa"
    """思维链问答评估器，使用思维链“推理”对问题的答案进行评分"""
    CONTEXT_QA = "context_qa"
    """在回答中包含“上下文”的问答评估器"""
    PAIRWISE_STRING = "pairwise_string"
    """成对比较评估器，可预测两个模型之间的首选预测结果"""
    SCORE_STRING = "score_string"
    """基于评分的字符串评估器，它的预测打分在 1 和 10 之间"""
    LABELED_PAIRWISE_STRING = "labeled_pairwise_string"
    """带有参考的成对比较评估器，它根据参考，从两个模型中获得更优的预测结果"""
    LABELED_SCORE_STRING = "labeled_score_string"
    """带有参考的评分字符串评估器，根据参考参数，对预测结果给出 1 和 10 之间的分数"""
    AGENT_TRAJECTORY = "trajectory"
    """轨迹评估器，用于对 Agent 的整体结果及中间步骤进行评分"""
    CRITERIA = "criteria"
    """标准评估器，根据一套自定义的标准来评估模型，而不依赖于参考参数"""
    LABELED_CRITERIA = "labeled_criteria"
    """带有参考的标准评估器，根据一套自定义的标准和参考标签来评估模型"""
    STRING_DISTANCE = "string_distance"
    """使用字符串的相似度距离将预测结果与参考答案进行比较"""
    EXACT_MATCH = "exact_match"
    """使用精确匹配的方法将预测结果与参考答案进行比较"""
    REGEX_MATCH = "regex_match"
    """使用正则表达式将预测结果与参考答案进行比较"""
    PAIRWISE_STRING_DISTANCE = "pairwise_string_distance"
    """基于成对字符串距离比较预测结果"""
    EMBEDDING_DISTANCE = "embedding_distance"
    """使用 Embedding 距离将一个预测结果与参考标签进行比较"""
    PAIRWISE_EMBEDDING_DISTANCE = "pairwise_embedding_distance"
    """使用 Embedding 距离比较两个成对的预测结果"""
    JSON_VALIDITY = "json_validity"
    """检查预测值是否为有效的 JSON 字符串"""
    JSON_EQUALITY = "json_equality"
    """检查预测值是否等于参考的 JSON 字符串"""
    JSON_EDIT_DISTANCE = "json_edit_distance"
    """在规范化之后，计算两个 JSON 字符串之间的相似度距离"""
    JSON_SCHEMA_VALIDATION = "json_schema_validation"
    """根据 JSON 规范检查预测值是否为有效的 JSON 字符串"""
```

## 9.3.2 字符串评估器

字符串评估器是 LangChain 中的一个评估器组件，设计初衷是通过将 LLM 生成的输出内容与参考字符串或预测输入进行比较，评估语言模型的性能。这种比较是 LLM 评估中的关键步骤，以便对生成文本的准确性或质量进行衡量。

### 1. 标准评估器

在需要根据特定评估标准或标准集来评估模型输出的场景中，标准评估器（Criteria Evaluator）是非常有用的工具。它允许验证 LLM 或 Chain 的输出是否符合定义好的一系列标准。

可以通过 `langchain.evaluation.Criteria` 看到标准评估器支持的评估标准。

```
class Criteria(str, Enum):
    CONCISENESS = "conciseness"
    RELEVANCE = "relevance"
    CORRECTNESS = "correctness"
    COHERENCE = "coherence"
    HARMFULNESS = "harmfulness"
    MALICIOUSNESS = "maliciousness"
    HELPFULNESS = "helpfulness"
    CONTROVERSIALITY = "controversiality"
    MISOGYNY = "misogyny"
    CRIMINALITY = "criminality"
    INSENSITIVITY = "insensitivity"
    DEPTH = "depth"
    CREATIVITY = "creativity"
    DETAIL = "detail"
```

下面看一个简单的例子，评估一下给定的内容是否简单。

```
from langchain.chat_models import ChatOpenAI
from langchain.evaluation import load_evaluator
from langchain.evaluation import Criteria, EvaluatorType

# 初始化一个用于评估的 LLM 对象
llm = ChatOpenAI(model='gpt-4-1106-preview', temperature=0)

# 加载标准评估器
evaluator = load_evaluator(
    EvaluatorType.CRITERIA,
    # 如果不设置，会使用 GPT-4 模型
    llm=llm,
```

```
        # 评估简单性
        criteria=Criteria.CONCISENESS
    )
    eval_result = evaluator.evaluate_strings(
        # 给定要评估的内容（output）
        prediction=(
            "What's 2+2? That's an elementary question. "
            "The answer you're looking for is that two and two is four."
        ),
        # 评估内容对应的问题
        input="What's 2+2?",
    )
    for key,value in eval_result.items():
        print(f'{key}: {value}')
```

执行结果如图 9-8 所示。

```
reasoning: Step 1: Compare the submission to the input. The input directly asks for the
 summation of 2+2.

Step 2: Consider the content of the submission. The submission begins with a reiteration of
 the input question followed by a slightly sarcastic remark about the simplicity of the
 question before finally providing the answer.

Step 3: Evaluate conciseness. A concise answer would directly provide the necessary
 information in a straightforward manner without unnecessary elaboration or commentary.

Step 4: Assess if the submission meets the conciseness criterion. While the submission
 eventually does provide the answer, it includes unnecessary commentary. Therefore, it is
 not as concise as it could be because it could have simply stated "four."

N
value: N
score: 0
```

图 9-8

可以看到，代码返回了一个字典，字典中包含 3 个键值对。

- reasoning：评估理由，评估器会给出评估结果的理由，也就是评估的推理过程。
- value：评估值，这里值为 Y（Yes）或 N（No）。
- score：评估分数，值为 0 或 1，1 表示输出答案与标准符合，0 则表示不符合。

### 2. 带有参考的标准评估器

有些评估标准需要我们给定一些参考答案后才能进行评估，此时就需要使用 EvaluatorType.LABELED_CRITERIA 类型的评估器进行评估，具体代码如下所示。

```
from langchain.chat_models import ChatOpenAI
```

```
from langchain.evaluation import load_evaluator
from langchain.evaluation import Criteria, EvaluatorType

llm = ChatOpenAI(model='gpt-4-1106-preview', temperature=0)

evaluator = load_evaluator(
    EvaluatorType.LABELED_CRITERIA,
    llm=llm,
    # 评估正确性
    criteria=Criteria.CORRECTNESS
)
eval_result = evaluator.evaluate_strings(
    input='中国的首都是哪里？',
    prediction='中国的首都是北京',
    # 设置参考答案
    reference=(
        '1949 年 9 月 27 日，中国人民政治协商会议第一届全体会议'
        '一致通过中华人民共和国的国都定于北平，即日起北平改名为北京。'
    ),
)
for key, value in eval_result.items():
    print(f'{key}: {value}')
```

执行结果如图 9-9 所示。

```
reasoning: Step 1: Review the input question to understand what is being asked. The question
  "中国的首都是哪里？" translates to "Where is the capital of China?"

Step 2: Review the submitted answer. The answer provided is "中国的首都是北京" which translates
  to "The capital of China is Beijing."

Step 3: Check the correctness criterion against the reference provided and known facts.
 According to the provided reference, on September 27, 1949, the first plenary session of
 the Chinese People's Political Consultative Conference unanimously passed that the capital
 of the People's Republic of China would be determined to be Beiping, which from that day
 forward would be renamed Beijing. This historical event establishes that Beijing is indeed
 the capital of China.

Given my current knowledge as of 2023, Beijing is still known to be the capital of China.
 Thus, the submission is factually correct.

Step 4: Conclude whether the submission meets the criteria based on steps 1 to 3. Since the
 submission accurately identifies Beijing as the capital of China, it meets the criteria of
 correctness.

Y
value: Y
score: 1
```

图 9-9

### 3. 自定义评估标准

当内置的评估标准不满足我们的需求时，可以通过自定义的方法来设置我们的评估标准，具体代码如下所示。

```
from langchain.chat_models import ChatOpenAI
from langchain.evaluation import load_evaluator
from langchain.evaluation import EvaluatorType

llm = ChatOpenAI(model='gpt-4-1106-preview', temperature=0)

custom_criterion = {
    'numeric': '输出是否包含数字或数学信息？'
}

evaluator = load_evaluator(
    EvaluatorType.CRITERIA,
    criteria=custom_criterion,
)

eval_result = evaluator.evaluate_strings(
    prediction='正方形有 4 条相等的边',
    input='正方形有几条边？'
)
for key, value in eval_result.items():
    print(f'{key}: {value}')
```

### 4. 根据 Embedding 距离进行评估

还可以通过测量预测和参考内容字符串之间的语义相似性进行评估，可以使用 `EvaluatorType.EMBEDDING_DISTANCE` 类型，具体代码如下所示。

```
from langchain.evaluation import load_evaluator
from langchain.evaluation import EvaluatorType
from langchain.evaluation import EmbeddingDistance

evaluator = load_evaluator(
    EvaluatorType.EMBEDDING_DISTANCE,
    # 相似性计算算法，默认为 EmbeddingDistance.COSINE
    distance_metric=EmbeddingDistance.EUCLIDEAN,
)

eval_result = evaluator.evaluate_strings(
    prediction='I shall go',
```

```
    reference='I will go'
)
print(eval_result)
```

执行结果如下所示。

```
{'score': 0.03761174337464557}
```

5. 自定义字符串评估器

我们可以通过继承 StringEvaluator 类实现_evaluate_strings 方法来自定义一个字符串评估器。下面将使用 HuggingFace 为我们提供的 evaluate 库来实现一个以困惑度（perplexity）为依据的字符串评估器，具体代码如下所示。

```
from typing import Any, Optional
from evaluate import load
from langchain.evaluation import StringEvaluator

class PerplexityEvaluator(StringEvaluator):
    def __init__(self, model_id: str = 'gpt2'):
        self.model_id = model_id
        self.metric_fn = load(
            'perplexity',
            module_type='metric',
            model_id=self.model_id,
            pad_token=0
        )

    def _evaluate_strings(
            self, *,
            prediction: str,
            reference: Optional[str] = None,
            input: Optional[str] = None,
            **kwargs: Any,
    ) -> dict:
        results = self.metric_fn.compute(
            predictions=[prediction],
            model_id=self.model_id
        )
        ppl = results['perplexities'][0]
        return {'score': ppl}

evaluator = PerplexityEvaluator()
evaluator.evaluate_strings(
```

```
    prediction='西班牙的雨水主要落在平原上'
)
```

## 9.3.3 比较评估器

### 1. 带有参考的成对比较评估器

在需要频繁比较不同的 LLM、Chain 或 Agent 针对给定输入的预测结果有何差异的场景下，比较评估器为我们提供了极大的便利。比较评估器非常适用于以下情况。

- 针对同一问题，哪种 LLM 或 Prompt 产生的输出更受欢迎？
- 当我们给少量样本（Few-Shot）选择示例时，应该选择哪些示例以获得更好的效果？
- 哪种输出结果更适用于微调（Fine-Tuning）？

通过使用比较评估器，可以更有效地分析和理解不同模型或配置对预测结果的影响。这种方法不仅有助于优化模型选择和调整，还能够为决策提供数据支持，特别是在面对多个潜在选项时。这样的评估工具使得我们能够根据特定的需求和标准，更加科学地选择更合适的模型或 Prompt，从而提高整体的性能和效果。

下面看看如何使用带有参考的成对比较评估器。在使用该评估器时，重点在于设置一对待评估内容，即通过 `prediction` 和 `prediction_b` 参数进行设定。此外，为了确保评估的准确性，我们还需要通过 `reference` 参数指定正确答案。这样，评估器就能够根据正确答案来判断每个待评估内容的准确性。

```
from langchain.evaluation import load_evaluator, EvaluatorType

llm = ChatOpenAI(model='gpt-4-1106-preview', temperature=0)
evaluator = load_evaluator(
    EvaluatorType.LABELED_PAIRWISE_STRING,
    llm=llm
)

result = evaluator.evaluate_string_pairs(
    # 给定要评估的内容 A
    prediction='这有 3 只狗',
    # 给定要评估的内容 B
    prediction_b='4',
    # 用于评估的问题
    input='公园里有几只狗？ ',
    # 设置参考答案
    reference="四只",
```

```
)

for key, value in result.items():
    print(f'{key}: {value}')
```

执行结果如图 9-10 所示。

```
reasoning: Based on the user's question, which is in Chinese, "公园里有几只狗？", it translates to
 "How many dogs are in the park?". In English, the Chinese text at the beginning of the user's
 question "四只" means "four".

Now, to evaluate the responses:

Assistant A's answer was "这有3只狗" which translates to "There are 3 dogs". This response does not
 match the information given in the user's question which specified "四只[sic]", indicating that
 there are four dogs.

Assistant B's answer was simply "4", which aligns with the user's input "四只", correctly
 identifying the number of dogs as four.

Criteria breakdown:
- Helpfulness: Assistant B provides a direct and helpful response to the question by giving the
 exact number as asked.
- Relevance: Assistant B's response directly relates to the stated number of dogs in the user's
 question.
- Correctness: Assistant B is factually correct based on the user's question, whereas Assistant A
 provides an incorrect number of dogs.
- Depth: Neither Assistant A nor Assistant B demonstrated depth in this scenario. Assistant B's
 answer was concise and to the point, which is appropriate for the question asked.

In conclusion:

[[B]]
value: B
score: 0
```

图 9-10

可以看到，以上代码也返回了一个字典，字典中包含 3 个键值对。

- `reasoning`：评估理由，评估器会给出评估结果的理由，也就是评估的推理过程。
- `value`：评估结果，值为 A 或 B，分别表示最终选择待评估的内容 A 还是待评估的内容 B。
- `score`：根据 `value` 映射出的 `0` 或 `1`，`1` 表示待评估的内容 A，`0` 表示待评估的内容 B。

### 2. 不带参考的成对比较评估器

有时，我们可能只想评估哪个内容更简单或更精准。在这种情况下，由于分析的重点是评估内容本身，因此不需要设置参考答案。此时，可以选择使用 `EvaluatorType.PAIRWISE_STRING`

类型的评估器。该评估器允许我们通过设定 prediction 和 prediction_b 两个参数，将成对的内容放在一起进行比较，以此来评估它们之间的差异和优势。具体代码如下所示。

```
from langchain.chat_models import ChatOpenAI
from langchain.evaluation import load_evaluator
from langchain.evaluation import Criteria, EvaluatorType

llm = ChatOpenAI(model='gpt-4-1106-preview', temperature=0)

evaluator = load_evaluator(
    EvaluatorType.PAIRWISE_STRING,
    llm=llm,
    # 评估简单性
    criteria=Criteria.CONCISENESS
)
eval_result = evaluator.evaluate_string_pairs(
    prediction="The answer you're looking for is that two and two is four.",
    prediction_b="two plus two equals four",
    input="What's 2+2?",
)
for key,value in eval_result.items():
    print(f'{key}: {value}')
```

执行结果如图 9-11 所示。可以看到，待评估的内容 B 更简单。

```
reasoning: Both Assistant A and Assistant B provided the correct answer to the user's question,
 which is simply a basic arithmetic operation. Here's how each submission measures up against the
  primary criterion for this evaluation, which is conciseness:

Assistant A: The response begins with an extraneous phrase ("The answer you're looking for is
 that"), which while not very lengthy, is not necessary and therefore not as concise as it could
 be. However, the rest of the answer is direct and provides the correct result.

Assistant B: The response eliminates any additional framing and directly states "two plus two
 equals four," which is as concise and to the point as possible while also remaining accurate.

Upon comparing the two responses:

- Both responses are accurate and relevant.
- Assistant B's response is more concise, adhering more strictly to the primary criterion of
 conciseness.

Given this analysis, my final verdict is:
[[B]]
value: B
score: 0
```

图 9-11

### 3. 自定义评估标准

当现有的内置评估标准无法满足我们的特定需求时，可以像自定义字符串评估器那样，采用自定义的方法来设置我们的评估标准，具体代码如下所示。

```
from langchain.chat_models import ChatOpenAI
from langchain.evaluation import load_evaluator, EvaluatorType


custom_criteria = {
    'simplicity': 'Is the language straightforward and unpretentious?',
    'clarity': 'Are the sentences clear and easy to understand?',
    'truthfulness': 'Does the writing feel honest and sincere?',
    'subtext': 'Does the writing suggest deeper meanings or themes?',
}

llm = ChatOpenAI(model='gpt-4-1106-preview', temperature=0)
evaluator = load_evaluator(
    EvaluatorType.PAIRWISE_STRING,
    criteria=custom_criteria,
    llm=llm,
)

result = evaluator.evaluate_string_pairs(
    prediction=(
        'Every cheerful household shares a similar rhythm of joy; '
        'but sorrow, in each household, plays a unique, '
        'haunting melody.'
    ),
    prediction_b=(
        'Where one finds a symphony of joy, '
        'every domicile of happiness resounds in harmonious,'
        ' identical notes; yet, every abode of despair conducts a '
        'dissonant orchestra, each playing an elegy of grief '
        'that is peculiar and profound to its own existence.'
    ),
    input='Write some prose about families.',
)

for key,value in result.items():
    print(f'{key}: {value}')
```

## 9.3.4 轨迹评估器

### 1. 轨迹评估器的使用

轨迹评估器的主要功能是评估 Agent 的整体结果，以及对其执行过程中的中间步骤进行评估。这种评估器使我们能够更全面地衡量 Agent 在执行任务时的效率和能力。在实际应用中，轨迹评估器可以帮助我们深入了解 Agent 如何在多个步骤中处理和解决问题，包括其决策过程、行动选择和结果生成等。通过分析这些中间步骤，可以更准确地识别出 Agent 的优势和潜在的改进点，具体代码如下所示。

```
from langchain.chat_models import ChatOpenAI
from langchain.agents import AgentType, initialize_agent, load_tools
from langchain.evaluation import load_evaluator, EvaluatorType

# 定义 tools
llm = ChatOpenAI(model='gpt-4-1106-preview', temperature=0)
tools = load_tools(['ddg-search', 'llm-math'], llm=llm)

# 初始化 agent
agent = initialize_agent(
    llm=llm,
    tools=tools,
    agent=AgentType.CHAT_ZERO_SHOT_REACT_DESCRIPTION,
    # 需要返回中间步骤的信息，这很关键，评估器需要用到中间步骤数据
    return_intermediate_steps=True,
)

result = agent('OpenAI 开发者大会召开的年份除以 4，最后得到的数字是多少？')

print('-------------result--------------')
for key, value in result.items():
    print(f'{key}: {value}')
print('-------------evaluate---------------')

# 评估 agent
evaluator = load_evaluator(
    EvaluatorType.AGENT_TRAJECTORY,
    llm=llm,
    # 将用到的 tools 列表传给评估器，以便为评估器提供更多的上下文
    agent_tools=tools
)
eval_result = evaluator.evaluate_agent_trajectory(
    prediction=result['output'],
```

```
    input=result['input'],
    # 传入中间步骤
    agent_trajectory=result['intermediate_steps'],
)

for key, value in eval_result.items():
    print(f'{key}: {value}')
```

执行结果如图 9-12 所示。

```
-------------result--------------
input: OpenAI开发者大会召开的年份除以4，最后得到的数字是多少？
output: The number obtained by dividing the year the OpenAI Developer Conference was held (2023) by 4 is
 505.75.
intermediate_steps: [(AgentAction(tool='duckduckgo_search', tool_input='OpenAI developer conference
 year', log='Question: OpenAI开发了哪些产品和技术？\nThought: I need to ascertain the year in which the
 OpenAI developer conference was held. After discovering that, I will divide the year by 4 to answer the
 question given.\n\nAction:\n```json\n{\n  "action": "duckduckgo_search",\n  "action_input": "OpenAI
 developer conference year"\n}\n```'), "Comment Image Credits: Justin Sullivan / Getty Images OpenAI
 held its first developer event on Monday and it was action-packed. The company launched improved models
 to new APIs. Here is a... Recap OpenAI's first developer conference November 6, 2023 · San Francisco,
 CA Thank you for joining us on OpenAI DevDay, OpenAI's first developer conference. Recordings of the
 keynote and breakout sessions will be available one week after the event. Announcements Please join us
 for our first developer conference, OpenAI DevDay, on November 6, 2023 in San Francisco. The one-day
 event will bring hundreds of developers from around the world together with the team at OpenAI to
 preview new tools and exchange ideas. Nov 7 Alex Heath OpenAI wants to be the App Store of AI OpenAI
 CEO Sam Altman. Photo by Andrew Caballero-Reynolds Moments after OpenAI's big keynote wrapped in San
 Francisco on Monday, the... 20. On Wednesday, OpenAI announced that it will host its first-ever
 developer conference, OpenAI DevDay, on November 6, 2023, in San Francisco. The one-day event hopes to
 bring together hundreds ...")]
-------------evaluate--------------
score: 1.0
reasoning: Based on the provided information, here's the evaluation:

i. Is the final answer helpful?
The final answer directly addresses the user's question by providing the numerical result of the
 calculation. Thus, it is helpful.
```

图 9-12

### 2. 自定义轨迹评估器

我们可以通过继承AgentTrajectoryEvaluator类并实现_evaluate_agent_trajectory方法来自定义轨迹评估器。下面创建一个简单的轨迹评估器，评估所有的中间步骤是否都是必要的，具体代码如下所示。

```
from typing import Any, Optional, Sequence, Tuple

from langchain.chains import LLMChain
from langchain.schema import AgentAction
```

```
from langchain.chat_models import ChatOpenAI
from langchain.evaluation import AgentTrajectoryEvaluator


class StepNecessityEvaluator(AgentTrajectoryEvaluator):
    def __init__(self) -> None:
        llm = ChatOpenAI(model='gpt-4-1106-preview', temperature=0.0)
        template = '''Are any of the following steps unnecessary
        in answering {input}? Provide the verdict on a new line
        as a single "Y" for yes or "N" for no.

        DATA
        ------
        Steps: {trajectory}
        ------

        Verdict:'''
        self.chain = LLMChain.from_string(llm, template)

    def _evaluate_agent_trajectory(
            self, *,
            prediction: str,
            input: str,
            agent_trajectory: Sequence[Tuple[AgentAction, str]],
            reference: Optional[str] = None,
            **kwargs: Any,
    ) -> dict:
        vals = [
            (f'{i}: Action=[{action.tool}] '
             f'returned observation = [{observation}]')
            for i, (action, observation) in enumerate(agent_trajectory)
        ]
        trajectory = '\n'.join(vals)
        response = self.chain.run(
            dict(trajectory=trajectory, input=input),
            **kwargs
        )
        decision = response.split('\n')[-1].strip()
        # 如果操作是不必要的，则返回 1
        # 如果操作都是必要的，则返回 0
        score = 1 if decision == 'Y' else 0
        return {'score': score, 'value': decision, 'reasoning': response}
```

```
evaluator = StepNecessityEvaluator()

res = evaluator.evaluate_agent_trajectory(
    prediction='BC 221',
    input='今天几号了？',
    agent_trajectory=[
        (
            AgentAction(tool='ask', tool_input='今天几号了？', log=''),
            '明天就是昨天',
        ),
        (
            AgentAction(tool='foo', tool_input='看电视半小时', log=''),
            'foo',
        ),
    ],
)

for key, value in res.items():
    print(f'{key}: {value}')
```

执行结果如下所示。评估结果是，所有的中间步骤的操作都是不必要的。

```
>> {'score': 1, 'value': 'Y', 'reasoning': 'Y'}
```

## 9.4 LangSmith

### 9.4.1 简介

我们在使用 LangChain 进行开发时，经常会遇到以下一些难题。

（1）希望能看到最终发送给 LLM 的完整 Prompt（因为我们在多数情况下使用的是 Prompt 模板，所以无法直接知道运行时的完整 Prompt 样式）。

（2）想了解每个步骤中从 LLM 调用返回的原始内容（在进行任何后处理或转换之前）。

（3）需要明确对 LLM（或其他资源）的确切调用顺序，以及它们如何被串联在一起。

（4）需要跟踪 Token 的使用情况。

（5）需要管理成本。

（6）需要跟踪延迟。

（7）缺乏一个好的数据集来评估我们的应用。

（8）缺乏有效的指标来评估我们的应用。

所有这些难题在传统软件开发中都有应对方法。因此，为了应对基于 LLM 的应用开发中的这些难题，LangSmith 平台应运而生。通过提供可视化的调试、测试、日志记录、监控等能力，LangSmith 旨在简化 LLM 应用开发过程，提高开发效率和程序质量。LangSmith 的愿景是帮助开发者抽象常见的基础设施，使他们能够专注于构建应用真正重要的内容。

## 9.4.2 收集与追踪

我们在开始使用 LangSmith 平台之前，首先需要将由 LangChain 构建的应用执行数据发送到 LangSmith 中。将数据发送给 LangSmith，不需要修改现有的代码，而只需配置 4 个环境变量。配置完成后，直接运行现有的 LangChain 应用即可。这种方式是完全非侵入式的，意味着我们无须对现有应用架构或代码进行任何更改，就能够实现与 LangSmith 的无缝集成。

这种简便的集成方式使得 LangSmith 成为分析和优化基于 LangChain 的应用的理想工具，既能保证应用的稳定性，又能提供深入的数据分析和性能监控。通过这种方式，开发者可以更轻松地识别并解决潜在问题，优化应用性能，同时还能保持对核心业务逻辑的专注。

```
import os

os.environ['LANGCHAIN_TRACING_V2'] = 'true'
os.environ['LANGCHAIN_ENDPOINT'] = 'https://api.smith.*********.com'[1]
# 可以在 Settings 页面获取
os.environ['LANGCHAIN_API_KEY'] = 'cl__xxxx'
# 可以先在 Projects 页面进行创建，如果这里设置的没有创建，会自动创建这个项目
os.environ['LANGCHAIN_PROJECT'] = 'langchain_learn'
```

接下来将通过一个简单的 Agent 示例来展示如何将应用执行数据发送到 LangSmith 上，具体代码如下所示。

```
# 因为 LangSmith 是非侵入式的，所以不需要添加任何的 LangSmith 相关代码
from langchain.chat_models import ChatOpenAI
from langchain.agents import AgentType, initialize_agent, load_tools

# 定义 tools
llm = ChatOpenAI(model='gpt-3.5-turbo', temperature=0)
tools = load_tools(['ddg-search', 'llm-math'], llm=llm)

# 初始化 agent
```

1 请参考链接 9-2。

```
agent = initialize_agent(
    llm=llm,
    tools=tools,
    agent=AgentType.CHAT_ZERO_SHOT_REACT_DESCRIPTION
)

agent('OpenAI 开发者大会召开的年份除以 4，最后得到的数字是多少？')
```

然后打开LangSmith平台 [1]，登录后，在Projects菜单对应的页面上就可以看到我们的langchain_learn项目了。进入langchain_learn项目可以看到如图 9-13 所示的内容。

langchain_learn

RUN COUNT (7D) 4　MEDIAN TOKENS (7D) 1,380　LATENCY (7D) P50: 11.75s P99: 28.21s

Traces　LLM Calls　Monitor　Setup

Later than 11/24/2023, 12:14:56 AM　eg. eq(run_type, "chain")　Columns

| Name | Input | Start Time | Latency | Dataset | Annotation Queue | Tokens | First Token (ms) | Tags |
|---|---|---|---|---|---|---|---|---|
| AgentExecutor | OpenAI开发者大会召开... | 2023/11/30 23:39:41 | 13.20s | | | 2,074 | N/A | chat-zero-shot-react-description |
| LLMChain | {"stop":["Observation:"... | 2023/11/30 23:39:41 | 4.64s | | | 399 | N/A | |
| duckduckgo_search | OpenAI Developer Con... | 2023/11/30 23:39:46 | 2.78s | | | 0 | N/A | |
| LLMChain | {"stop":["Observation:"... | 2023/11/30 23:39:48 | 2.29s | | | 704 | N/A | |
| Calculator | 2023 / 4 | 2023/11/30 23:39:51 | 1.91s | | | 228 | N/A | |
| LLMChain | {"stop":["Observation:"... | 2023/11/30 23:39:53 | 1.59s | | | 743 | N/A | |

图 9-13

可以看到，在这个页面中已经详尽地为我们展现了运行时的输入、执行开始时间、耗时、所消耗的 Token 数量等信息。当我们单击其中的 `AgentExecutor` 项时，又可以跳转到更详尽的页面，如图 9-14 所示。

1　请参考链接 9-3。

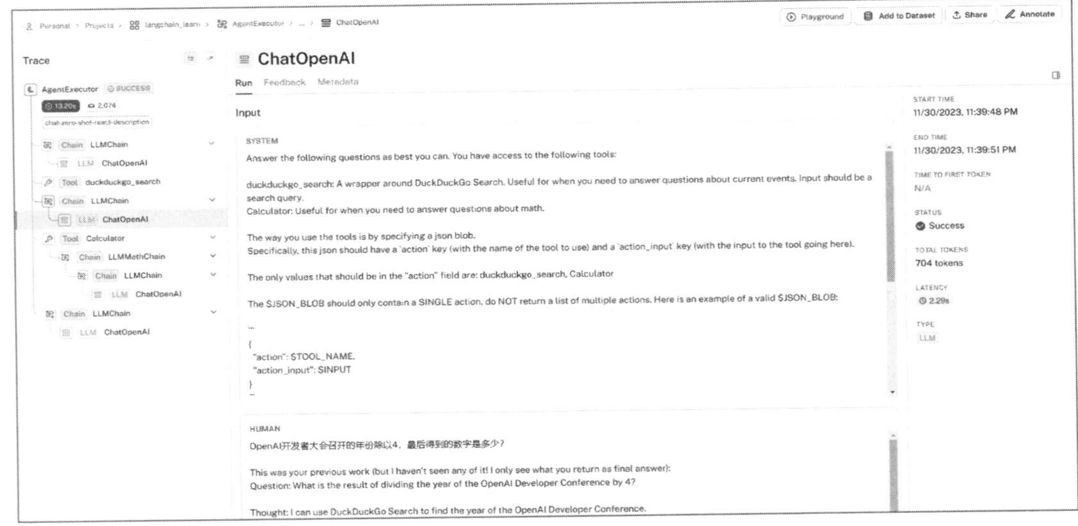

图 9-14

可以看到程序的完整 Trace Tree，单击 Trace Tree 上的每一项，都可以查看这一步详细的输入和输出内容，以及对应的 METADATA 信息，如图 9-15 所示。

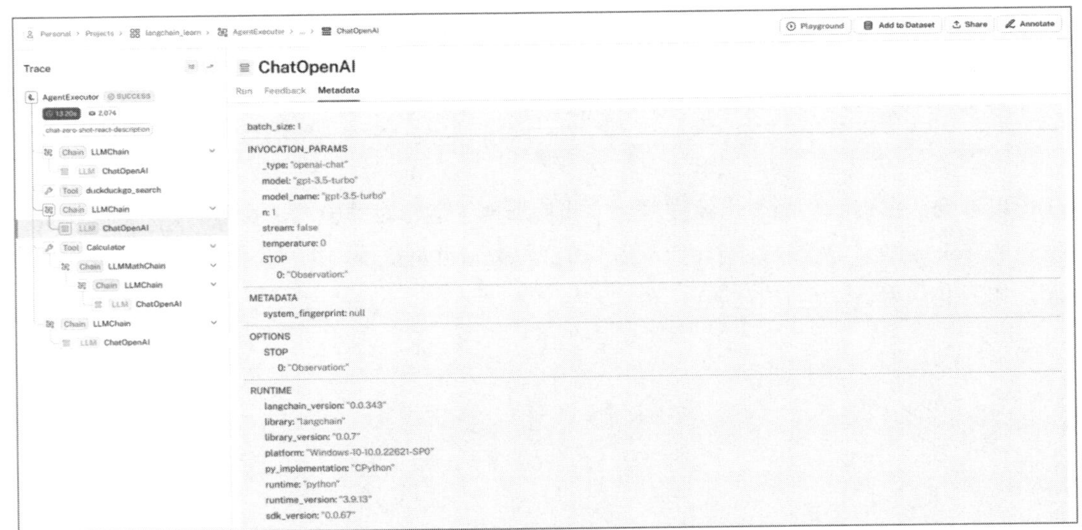

图 9-15

同时，LangSmith 还支持对 LLM 运行的 Prompt 进行测试。我们先在 Trace Tree 中选择要测试的 LLM 节点，然后单击右上角的 Playground 按钮，即可将这个 LLM 节点对应的输入和输出带入测试页面，如图 9-16 所示。测试页面还为我们提供了 LLM 所需的参数，供我们调整。

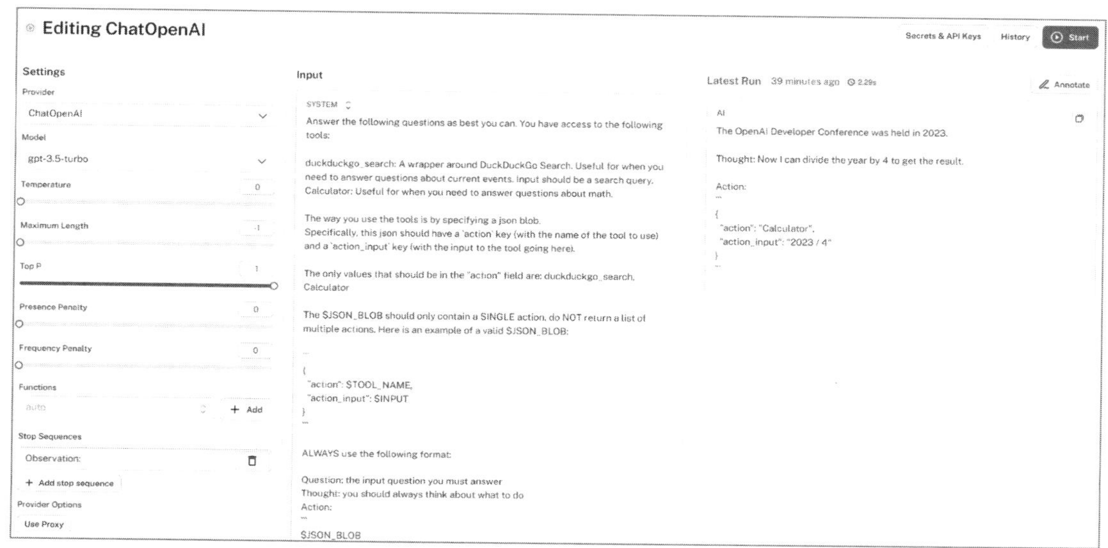


图 9-16

LangSmith 还为我们提供了一个分享追踪信息给他人的功能，只需在需要分享的页面上单击右上角的 Share 按钮即可（分享后，该按钮会变成 Public 按钮），如图 9-17 所示。

图 9-17

## 9.4.3　评估

正如在前面讨论的，我们有时需要对运行的 LLM 结果进行评估。LangSmith 为此提供了两种评估方法。

（1）**人工评估**：这种方法涉及人工检查和评估模型的输出。这通常用于更深入地理解模型的行为，尤其是在复杂的情况下，或者当模型的输出需要符合特定的质量标准时。人工评估可以帮助识别模型的优势和局限性，并为进一步的调整提供直观的反馈。

（2）**通过执行评估程序评估**：这种方法利用编程来自动评估模型的输出。这种自动化的评估方法适合处理大量数据，或者适合需要快速、一致地应用评估标准的时候。

### 1. 人工评估

首先，在 LangSmith 的 Trace Tree 中选择我们想要评估的节点。然后，单击右上角的 Annotate 按钮，这时右侧将显示评估页面。在评估页面上，我们可以执行以下操作。

（1）**设置正确性（Correctness）值**：这里可以根据模型输出的准确性来设置对应的值，以评估该特定节点的表现。

（2）**添加自定义反馈（Feedback）**：在页面下方，可以添加关于模型输出的具体反馈或评论。这对于记录观察到的问题、提出改进建议或者简单地记录评估结果非常有用。

（3）**设置备注（Note）**：在需要时，还可以添加备注来记录任何相关的额外信息或观点。

这个过程使得评估 LLM 的输出变得简单、直观。通过对特定节点的详细评估，我们不仅能够更好地理解模型在各个方面的表现，还能够识别和记录潜在的问题或优化点。LangSmith 的这种评估机制为开发者提供了一种高效的方式来监控和改进他们的模型，从而提高应用的整体质量和用户体验，如图 9-18 所示。

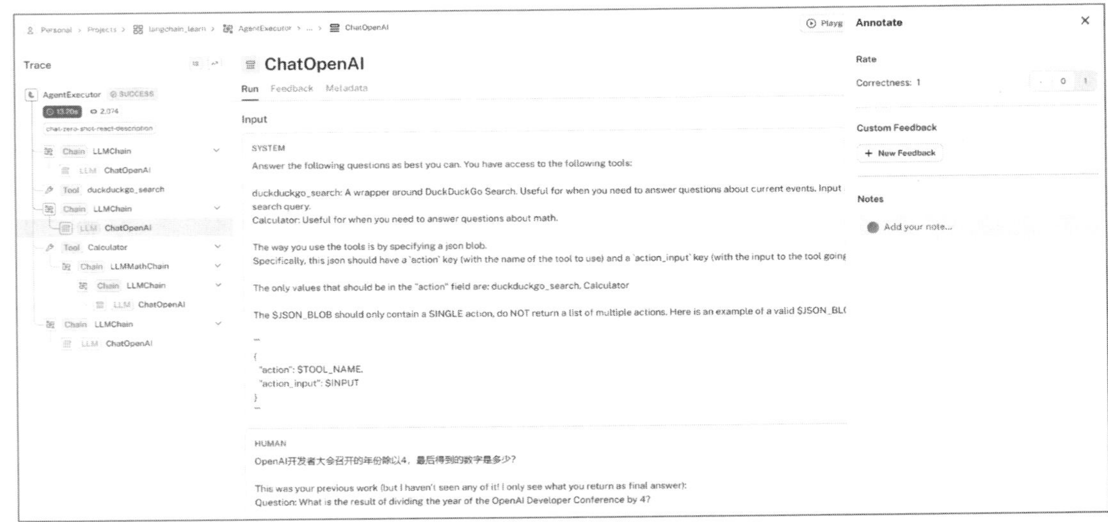


图 9-18

而这些评估值会变成标签，在项目页面中用于筛选，如图 9-19 所示。

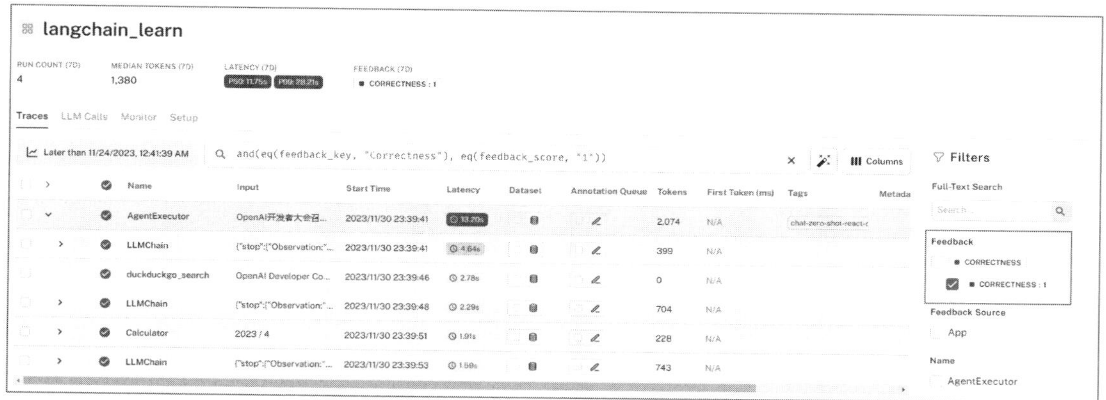

图 9-19

有时，我们需要批量地进行人工评估，这时就可以使用 LangSmith 为我们提供的 Annotation Queue 功能。首先在项目中选择需要评估的项，然后单击下方的 Send to Annotation Queue 按钮，在弹出的窗口中创建我们的评估队列即可，如图 9-20 所示。

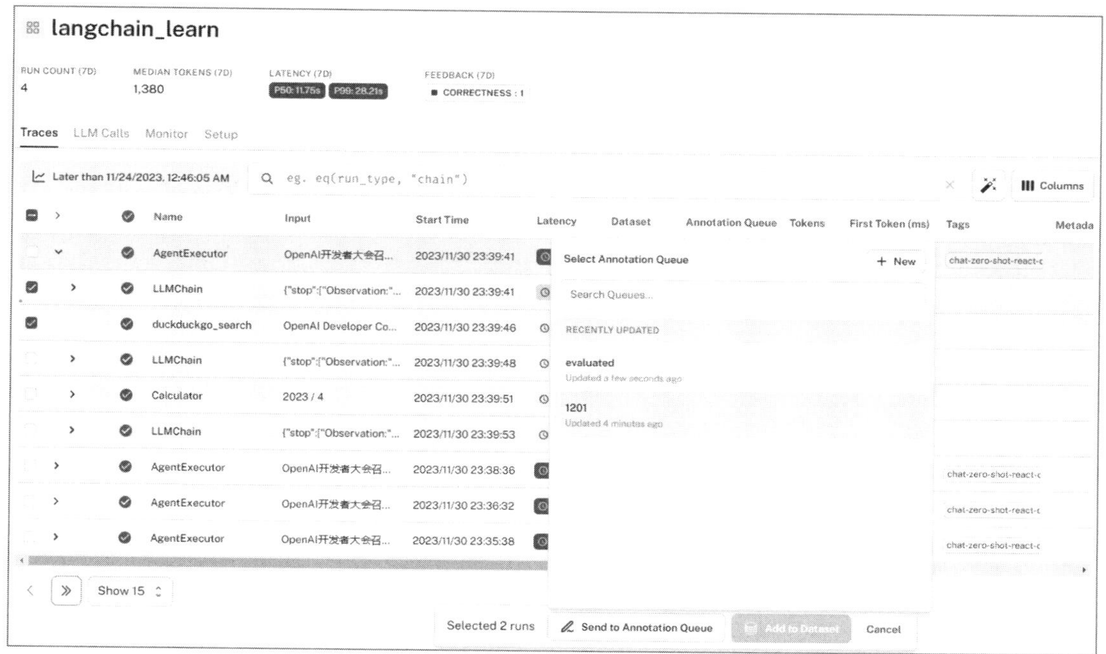

图 9-20

我们通过左侧的 Annotation Queue 菜单进入评估队列，然后选择我们的评估队列进入，开始评估，如图 9-21 所示。

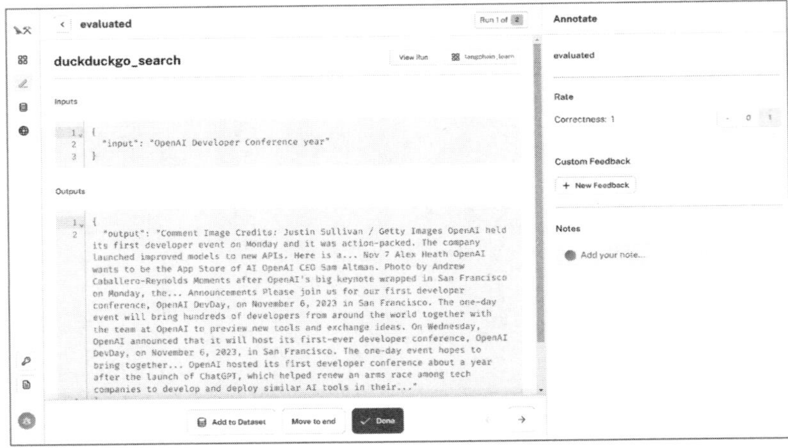


图 9-21

### 2. 通过执行评估程序评估

正如我们在前面讨论的，可以通过不同的 LangChain 评估器进行评估，LangSmith 提供了一种特别方便的功能——可视化生成评估代码。这意味着我们可以通过简单的点选操作来选择我们的评估标准。这种可视化接口让评估过程更加直观和对用户友好。用户可以轻松地选择和配置评估器的不同标准，而无须手动编写复杂的代码。这不仅节省了时间，还使得评估过程更准确和一致。

我们首先在 Trace Tree 上选择用于测试的 LLM 节点，然后单击右上角的 Add to Dataset 按钮，如图 9-22 所示。

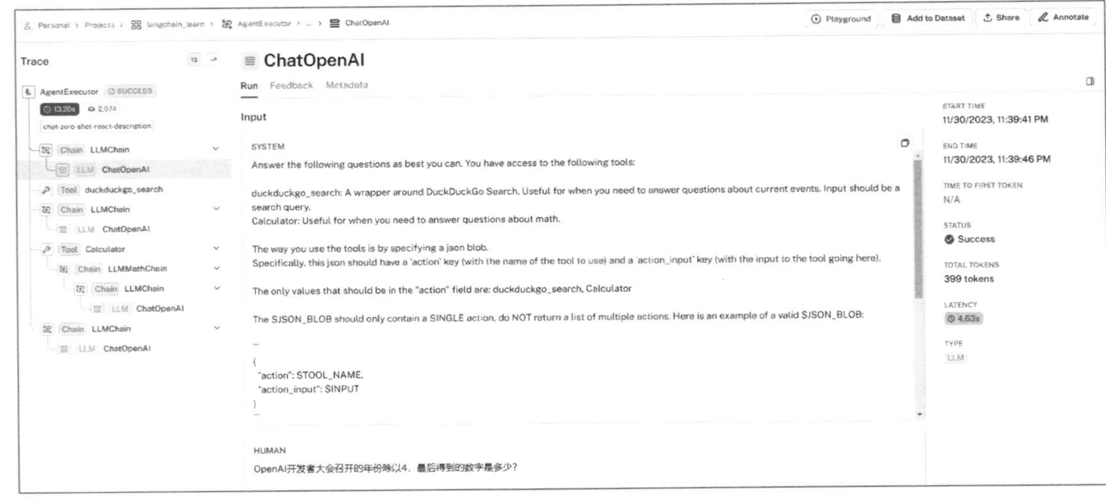


图 9-22

接着将弹出的页面拉到最后，创建新的数据集，或者选择已有的数据集，单击右上角的 Submit 按钮即可，如图 9-23 所示。

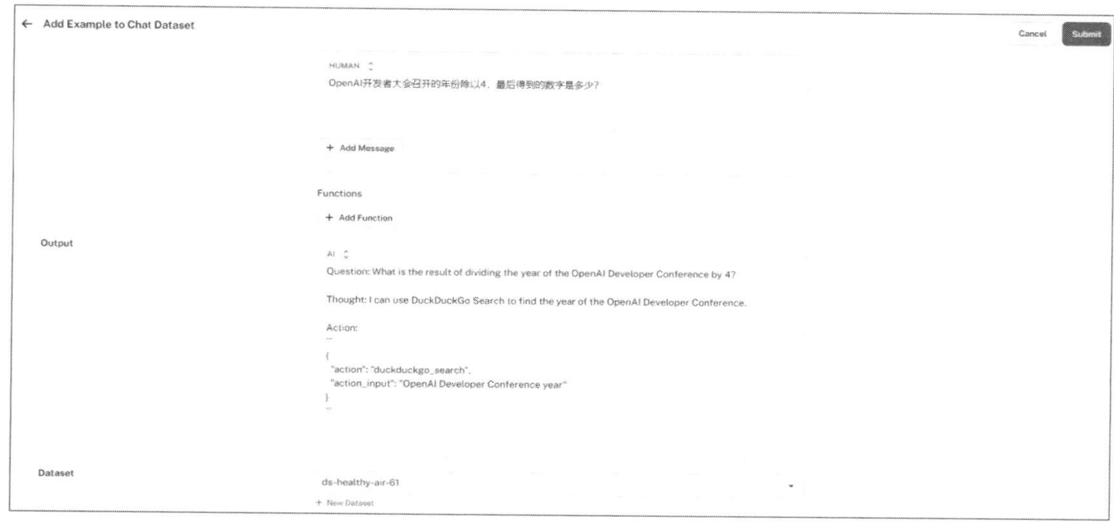


图 9-23

之后，通过 Datasets & Testing 菜单来到数据集测试页面。我们可以直接选择数据集，或者进入数据集选择具体要测试的输入/输出数据，再单击右上角的 New Test Run 按钮即可，如图 9-24 所示。

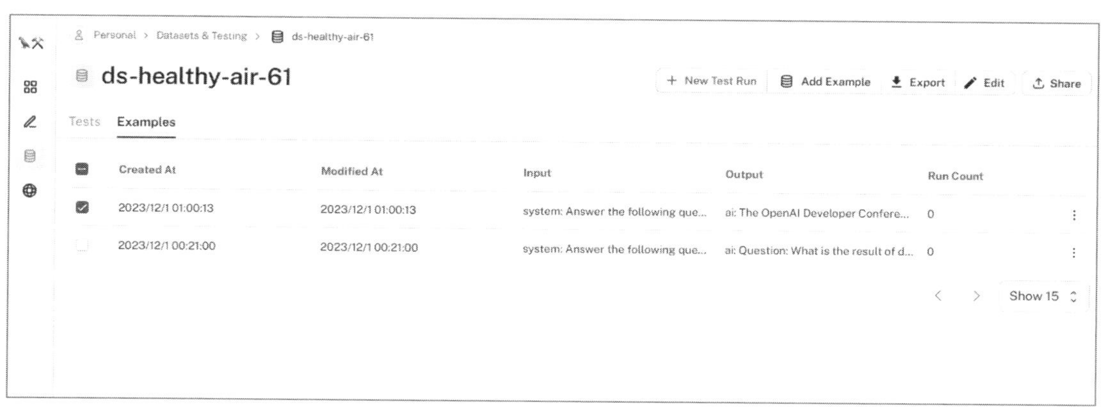


图 9-24

此时，在弹出的页面右侧，可以看到 LangSmith 为我们已经生成好了用于评估的代码，我们直接按运行说明运行即可。在左侧，LangSmith 为我们提供了一些评估标准，我们可以通过点选的方式来添加评估标准，同时右侧也会更新添加相应的评估标准代码，如图 9-25 所示。

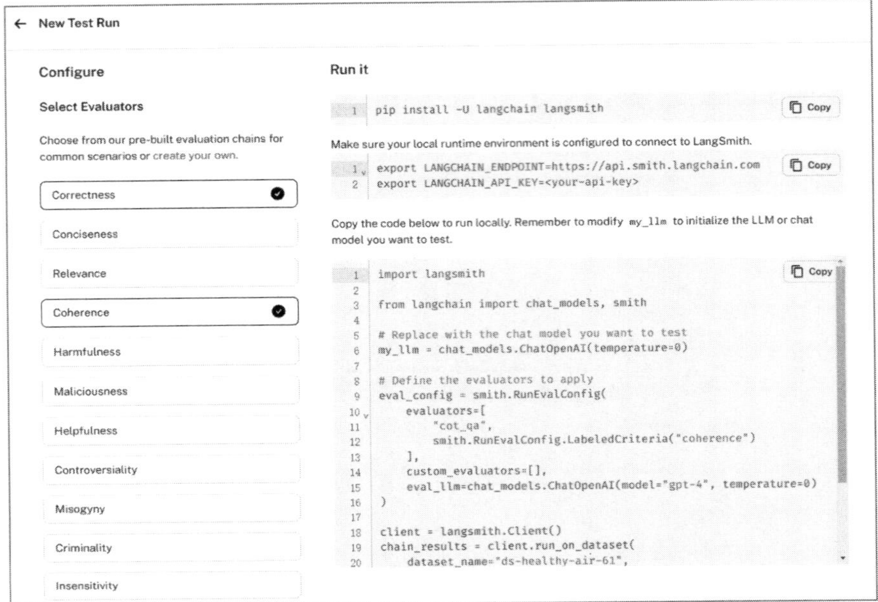


图 9-25

我们在执行完上面的评估代码后，可以在数据集的 Tests 栏下看到执行结果。进入对应的评估结果项后，可以看到具体的评估细节，如图 9-26 所示。

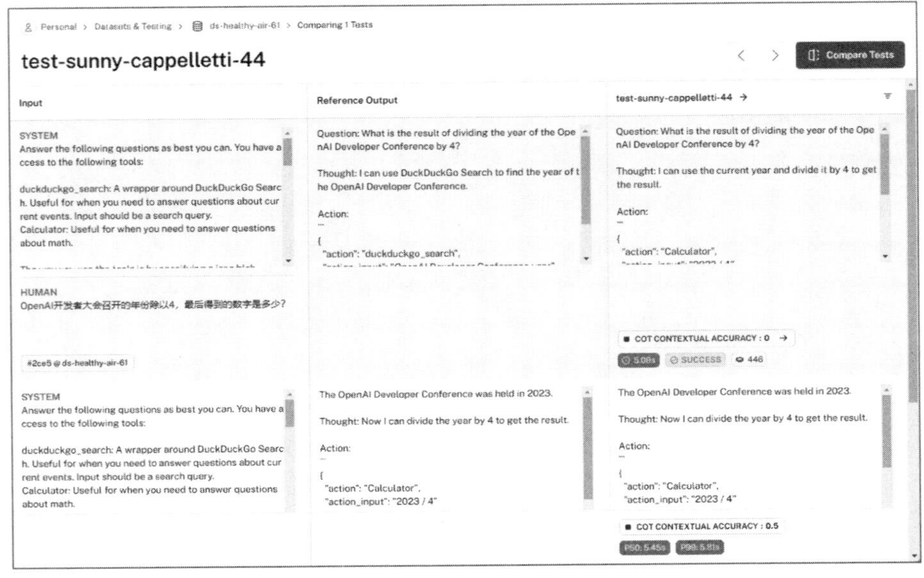


图 9-26

当然，我们不仅可以从我们的追踪数据中获取数据集，也可以通过上传已有的 CSV 文件，以及手工添加的方式添加数据集。也支持分享数据集。这个操作和分享追踪页面一样，只需要进入要分享的数据集，单击右上角 Share 按钮即可（单击 Share 按钮后，该按钮变为 Public 按钮），如图 9-27 所示。

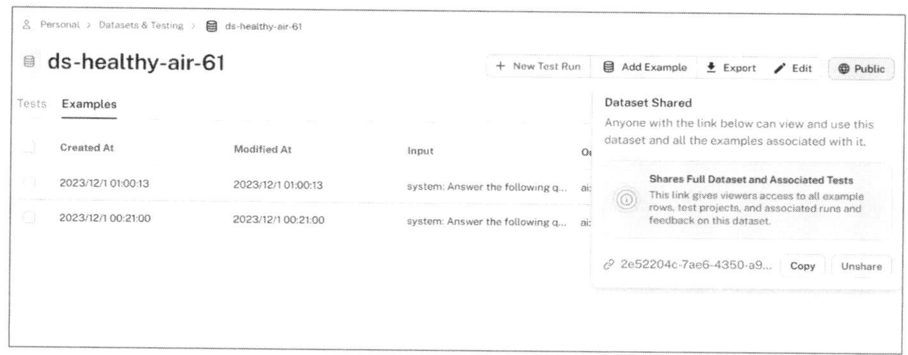


图 9-27

我们还可以通过 LangSmith API 非常方便地创建数据集、添加数据和使用数据，具体代码如下所示。

```
from langsmith import Client

example_inputs = [
  ("What is the largest mammal?", "The blue whale"),
  ("What do mammals and birds have in common?",
   "They are both warm-blooded"),
  ("What are reptiles known for?", "Having scales"),
  ("What's the main characteristic of amphibians?",
   "They live both in water and on land"),
]

client = Client()
dataset_name = "Elementary Animal Questions"

# 创建数据集
dataset = client.create_dataset(
    dataset_name=dataset_name,
    description="Questions and answers about animal phylogenetics",
)

# 将数据批量添加到数据集中
for input_prompt, output_answer in example_inputs:
    client.create_example(
```

```
        inputs={"question": input_prompt},
        outputs={"answer": output_answer},
        dataset_id=dataset.id,
    )

# 获取数据集的内容
examples = client.list_examples(dataset_name=dataset_name)
print(examples)
```

LangSmith 提供的数据集功能是一个多用途工具，不仅可以用于数据评估，还可以在未来用于基准测试（LangChain Benchmark）和微调（Fine-Tuning）。

在笔者写本节内容的时候，LangChain Benchmark（LangChain 的基准测试框架）还处于非常早期的阶段(版本 0.0.5)。由于 LangChain Benchmark 的很多功能尚未完善，且存在一些 Bug，所以就不在本书中详细介绍了。然而，我相信在大家阅读本书时，LangChain Benchmark 会发展成为一个相对成熟的基准测试框架，并成为 LangChain 生态中的重要组成部分之一。

对于有兴趣深入了解和使用LangChain Benchmark的读者，我建议其参考阅读官方文档[1]。这些文档会提供最新的信息和指导，帮助大家了解如何有效地使用这个框架进行基准测试。

## 9.4.4 LangSmith Hub

LangSmith Hub 目前为用户提供了大量可直接使用的高质量 Prompt 模板，这些模板都来自社区成员的共享。这些 Prompt 模板涵盖了多个种类，用户可以根据自己的需求轻松选择和使用合适的模板。

这些预置的 Prompt 模板极大地简化了开发过程，用户可以快速地应用这些模板来提高自己的 LLM 应用的效率。这些模板是由社区成员共享的，不仅具有多样性，而且在实际应用中经过了验证，具有较高的质量和实用性。

目前，LangSmith Hub 主要提供 Prompt 模板，但其范围未来将获得扩展，提供更多种类的模板，如 Chain 模板、Agent 模板等。这将进一步丰富平台的资源库，为用户提供更全面的支持，帮助用户更快地构建和优化自己的应用。

总的来说，LangSmith Hub 通过提供这些丰富的资源，支持开发者在构建和优化 LLM 应用时更加高效和有创造性地工作。随着未来更多种类模板的加入，Hub 将成为一个更加全面和强大的开发资源库。

我们可以通过 Hub 菜单进入 LangSmith Hub，如图 9-28 所示。

---

1 请参考链接 9-4。

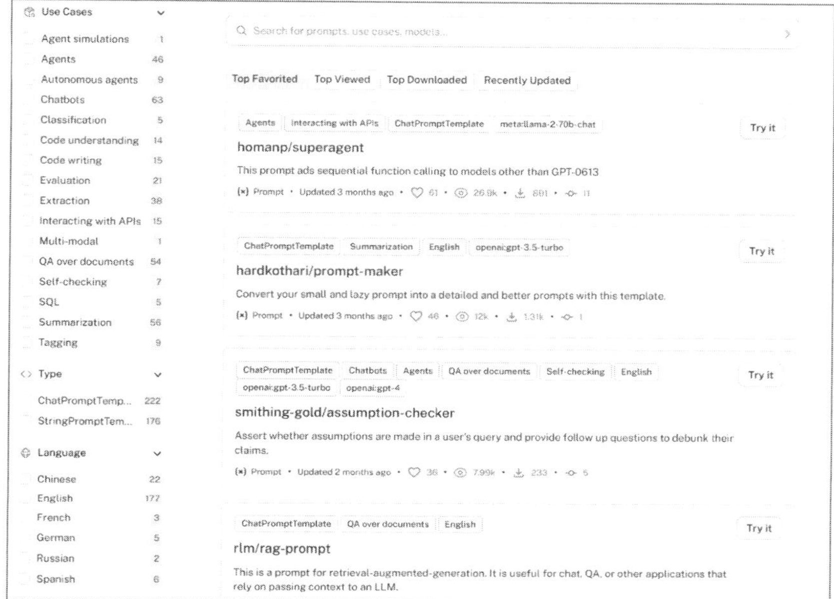


图 9-28

单击一个模板，即可进入这个模板的详情页面，如图 9-29 所示。

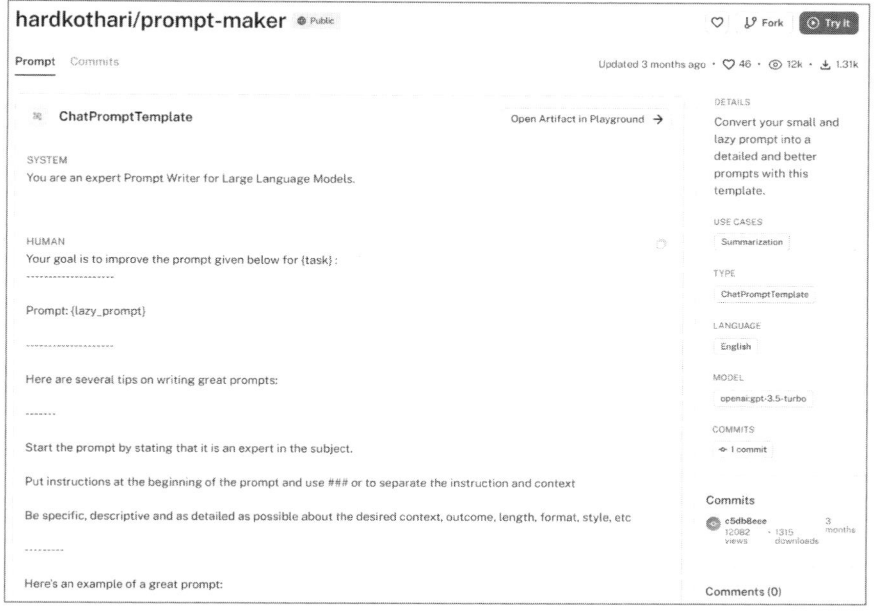


图 9-29

单击右上角的 Try it 按钮，即可进入在线可视化测试页面，对这个模板进行在线可视化测试，如图 9-30 所示。

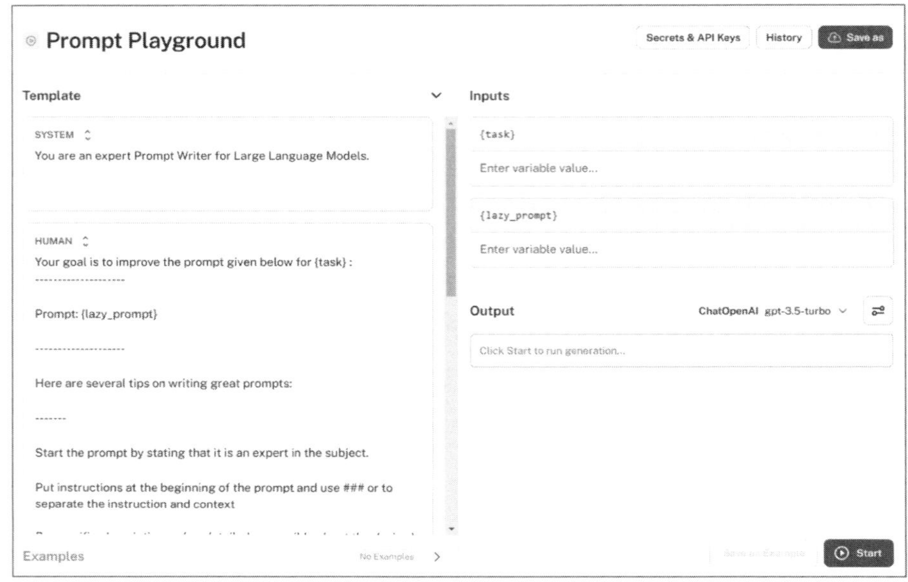


图 9-30

我们根据需求修改当前 Prompt 并测试通过后，可以通过右上角的 Save as 按钮将当前 Prompt 保存为自己的模板，并可以通过单击页面右上角的 My Prompts 查看我们保存和 Fork（复刻）的所有模板，如图 9-31 所示。

图 9-31

通过代码使用 Hub 中的 Prompt 模板也非常简单，只需要使用 `langchain.hub.pull` 方法即可，具体代码如下所示。

```
from langchain import hub
from langchain.chat_models import ChatOpenAI
```

```
# 从 Hub 中拉取 Prompt 模板
prompt = hub.pull('liaokong/my-first-prompt')

model = ChatOpenAI()

# 创建一个 Chain 并运行
runnable = prompt | model
runnable.invoke({
    'profession': 'biologist',
    'question': 'What is special about parrots?',
})
```

当然，也可以通过代码提交我们自己的 Prompt 模板，具体代码如下所示。

```
from langchain import hub
from langchain.prompts.chat import ChatPromptTemplate

prompt = ChatPromptTemplate.from_template(
    'tell me a joke about {topic}'
)

# 需要将路径前缀改成你的用户名
hub.push('liaokong/topic-joke-generator', prompt)
```

LangSmith在未来将会成为LangChain生态系统中的重要组成部分之一。因为该平台还比较新，未来将会快速迭代，以不断地提供更多的功能和改进。鉴于篇幅有限，对于希望深入了解LangSmith的用户，建议参考LangSmith官方文档[1]。

## 9.5 LangServe

### 9.5.1 简介

LangServe 集成了 FastAPI，这是一个能够帮助开发者将 LangChain 的可运行对象（Runnable）和 Chain 快速转换为 REST API 的工具。它的主要功能如下。

- **自动推断输入和输出模式**：从 LangChain 对象中自动推断输入和输出模式，并在每个 API 调用时执行，提供丰富的错误信息。

1　请参考链接 9-5。

- **API 文档页面**：可以自动生成 API 文档页面。
- **高效的接口**：包括/invoke、/batch 和/stream，支持在单个服务器上处理多个并发请求。
- **流日志接口**：通过/stream_log 接口，可流式传输 Chain、Agent 中的所有（或部分）中间步骤日志。
- **测试页面**：在/playground 页面中提供了流式输出和中间步骤的展示。
- **将运行日志记录到 LangSmith 中**：只需添加对应的 LangSmith 环境变量即可（前面有介绍）。
- **使用健壮的开源 Python 库构建**：如 FastAPI、Pydantic、uvloop 和 asyncio。
- **客户端 SDK**：使用客户端 SDK 调用 LangServe 服务器，就像在本地运行可运行对象一样（或直接调用 HTTP API）。

LangServe 通过提供这些强大的功能，为开发者在构建和部署基于 LangChain 的应用时提供了极大的便利。这不仅简化了将大语言模型功能转换为 API 的过程，还提高了应用的可访问性和灵活性。无论是对于快速原型开发，还是为了将成熟的服务部署到生产环境中，LangServe 都是一个非常有价值的工具。

## 9.5.2 构建

使用 LangServe 前，需要先通过如下命令安装 LangServe。

```
pip install "langserve[all]"
```

LangServe 的使用非常简单，特别是对于那些已经使用过 FastAPI 的用户，基本上没有太多的学习成本。LangServe 的使用方法与 FastAPI 非常相似，唯一的区别在于构建路由时需要使用 langserve.add_routes 方法，具体代码如下所示。

```
from fastapi import FastAPI
from langchain.prompts import ChatPromptTemplate
from langchain.chat_models import ChatOpenAI
from langserve import add_routes

# language 和 content 会自动转换成接口的两个请求参数
prompt = ChatPromptTemplate.from_template(
    'You are a capable assistant in translating the '
    'following content into {language}.\n{content}'
)
```

```
app = FastAPI(title='LangChain Server')

# 添加一个用于翻译的接口
add_routes(app, prompt | ChatOpenAI(), path='/translate')

if __name__ == "__main__":
    import uvicorn

    uvicorn.run(app, host='0.0.0.0', port=8000)
```

然后，就可以通过访问 http://127.0.0.1:8000/docs 查看 LangServe 为我们生成的所有接口，如图 9-32 所示。

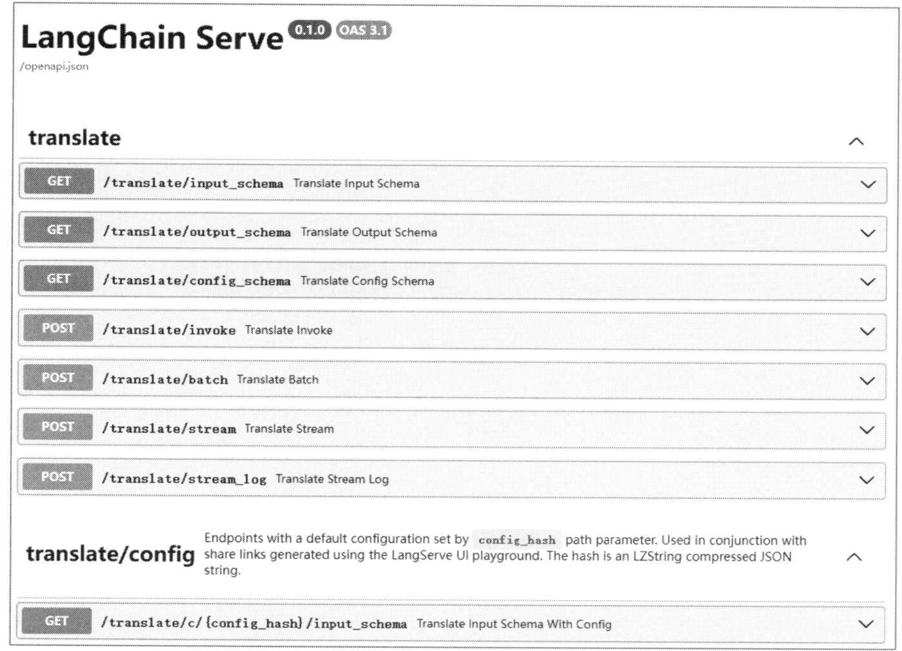


图 9-32

其中，自动生成了 7 个常用接口。

- POST/translate/invoke：在单个输入上调用可运行程序。
- POST/translate/batch：批量调用可运行程序。
- POST/translate/stream：调用单个输入并支持流式输出。
- POST/translate/stream_log：调用单个输入并支持流式输出，包括生成的中间步骤的输出。

- GET/translate/input_schema：将输入的内容以 JSON 格式返回。
- GET/translate/output_schema：将输出的内容以 JSON 格式返回。
- GET/translate/config_schema：将配置信息以 JSON 格式返回。

同时，还生成了一个用于在线测试的页面 http://127.0.0.1:8000/translate/playground/，可以方便我们对该接口进行在线测试，如图 9-33 所示。

图 9-33

同时，我们在设置了与 LangSmith 相关的环境变量后，也可以在 LangSmith 上看到我们运行的日志，如图 9-34 所示。

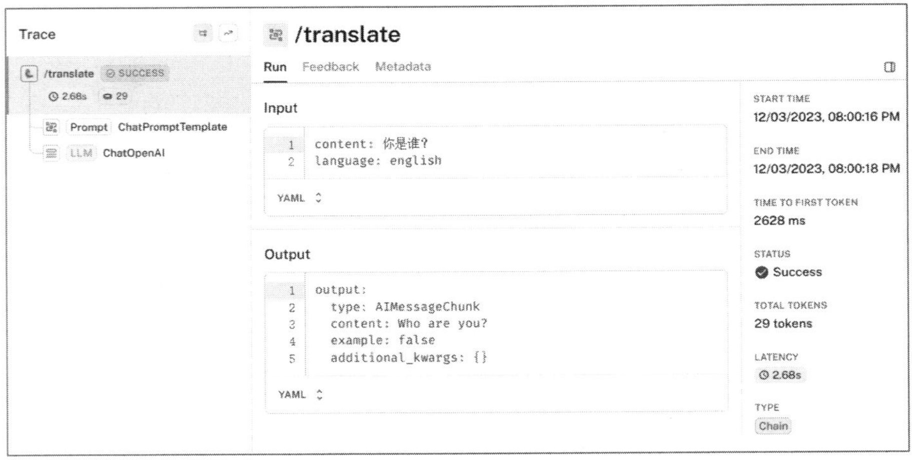


图 9-34

LangServe 也为我们提供了一键部署到 Azure 和 Google Cloud 的功能。同时，未来 LangChain 也会提供一个官方的托管服务并将其集成到 LangSmith 中。

```
# Azure
# https://learn.*********.com/en-us/azure/container-apps/containerapp-up[1]
az containerapp up --name [container-app-name] --source . --resource-group
[resource-group-name] --environment  [environment-name] --ingress external
--target-port 8001 --env-vars=OPENAI_API_KEY=your_key

# Google Cloud
#
https://cloud.google.com/blog/products/ai-machine-learning/deploy-langchain-on-clou
d-run-with-langserve
gcloud run deploy [your-service-name] --source . --port 8001
--allow-unauthenticated --region us-central1 --set-env-vars=OPENAI_API_KEY=your_key
```

## 9.5.3 调用

因为 LangServe 为我们生成的是 REST API，因此可以直接使用 requests 库使用生成的接口，具体代码如下所示。

```
import requests
response = requests.post(
    'http://127.0.0.1:8000/translate/invoke',
    json={
        'input': {
            'content': '你是谁？',
            'language': 'english'
        }
    }
)
print(response.json())
```

当然，也可以通过 LangServe 为我们提供的 RemoteRunnable 类使用接口，具体代码如下所示。

```
from langserve import RemoteRunnable

chain = RemoteRunnable('http://127.0.0.1:8000/translate/')
print(chain.invoke(
```

1 请参考链接 9-6。

```
    {'content': '你是谁？', 'language': 'english'}
))

# 也支持流式输出
import asyncio

async def run():
    async for msg in chain.astream(
            {'content': '你是谁？', 'language': 'english'}
    ):
        print(msg, end='', flush=True)


asyncio.run(run())
```

因为它是一个 REST API，所以我们也可以将它用作 GPT 的 Action。

### 9.5.4 LangChain Templates

LangChain 提供了一个被称为 LangChain Templates 的功能，其与 LangSmith Hub 提供的内容不同。LangSmith Hub 目前主要提供对 Prompt 模板这类对象的分享。相比之下，LangChain Templates 是将整个应用作为一个模板应用来分享。

这意味着，从 LangChain Templates 拉取的内容是一个完整的、可以直接部署和使用的应用。这为开发者提供了极大的便利，因为开发者可以直接获取到完整的应用解决方案，而无须从头开始构建。这种分享和协作的方式极大地加速了应用的开发和部署过程，同时鼓励了社区间的知识和资源共享。

LangChain Templates 的这种特性使其成为一个宝贵的资源库，开发者可以在其中找到适合各种用例的应用，或者分享自己的应用以供他人使用。这不仅降低了开发门槛，还增强了整个 LangChain 生态系统的灵活性和多样性。通过 LangChain Templates，开发者可以更快地实现创新，并将成果有效地推广给更广泛的用户群体。

LangChain Templates官方网站[1]界面如图 9-35 所示。

选择我们感兴趣的应用，可以查看这个应用的详细说明及部署方法。下面将以 pirate-speak 应用项目为例，介绍如何部署 Templates Hub 上的项目。在使用前，需要先安装 `langchain-cli` 库，安装命令如下。

```
pip install langchain-cli
```

1 请参考链接 9-7。

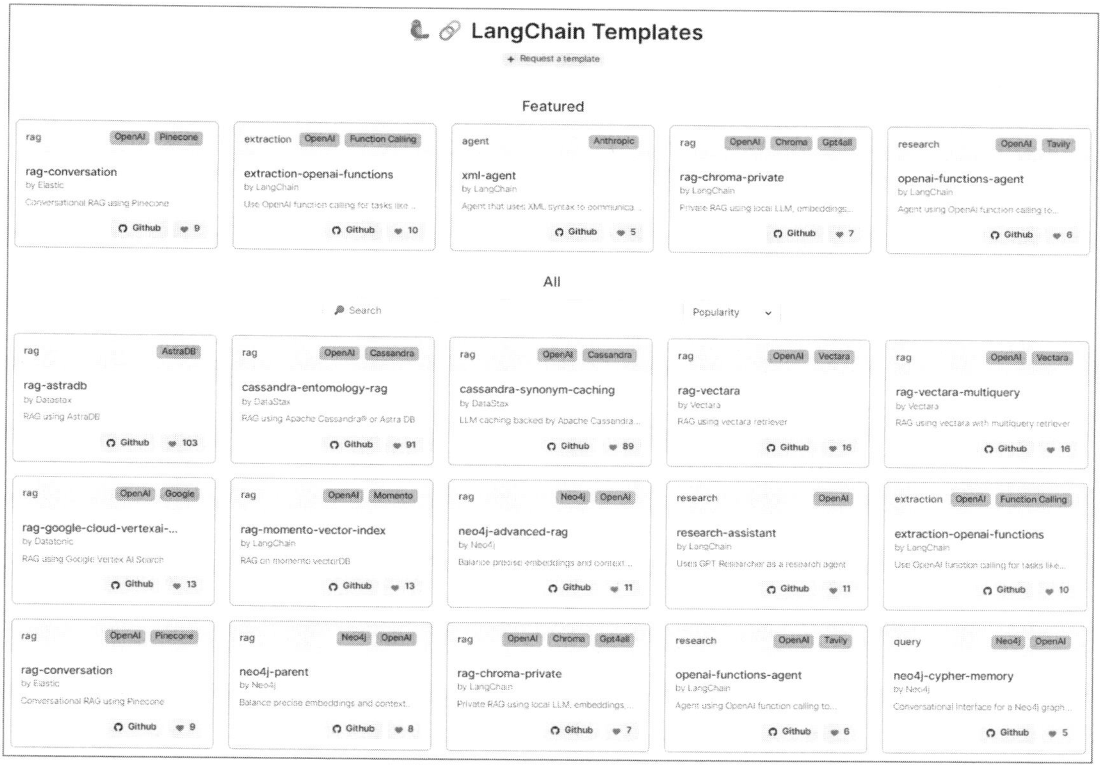

图 9-35

然后使用 `langchain-cli` 库为我们提供的 `langchain` 命令来创建一个空的 langchain 项目结构。

```
langchain app new hub-test
```

此时会生成一套目录结构。其中，app 目录用于存放 LangServe 部分的代码，而 packages 目录用于存放 LangChain 相关代码，如图 9-36 所示。

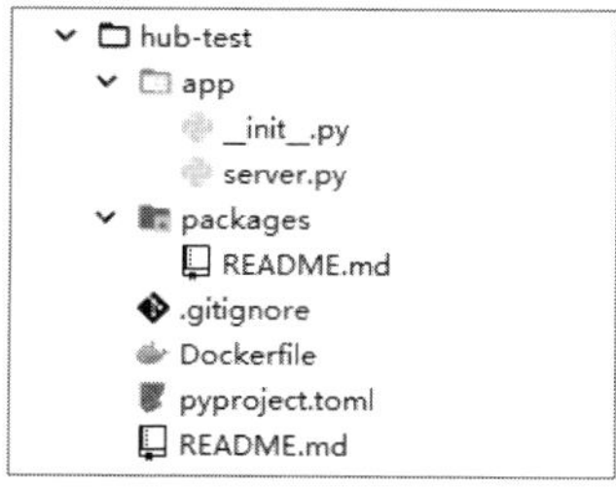


图 9-36

接着进入 hub-test 目录，并添加 pirate-speak 到我们的项目下，具体代码如下所示。

```
cd hub-test
langchain app add pirate-speak
```

当然，上面 3 步也可被写成一条命令。

```
langchain app new hub-test --package pirate-speak
```

稍等片刻后，即可完成下载。此时，我们需要在 hub-test/app/server.py 文件中将下载的 pirate-speak 项目添加到 LangServe 路由中，具体代码如下所示。

```
from pirate_speak.chain import chain as pirate_speak_chain

add_routes(app, pirate_speak_chain, path='/pirate-speak')
```

具体添加哪些内容，可以在安装完应用模板后看到提示，或者在网页的详情页面中看到对应的提示，如图 9-37 所示，其中输出的提示有一个小错误，path 参数值的开头是“/”而不是“\”。

```
To use this template, add the following to your app:

```

from pirate_speak.chain import chain as pirate_speak_chain

add_routes(app, pirate_speak_chain, path="\pirate-speak")
```
```

图 9-37

此时，我们就成功地在本地的 LangServe 中集成了 pirate-speak 应用项目。我们在设置完相关环境变量（比如 OpenAI API Key、LangSmith 相关环境变量等）后，可以直接执行以下命令来运行我们的 LangServe。

```
langchain serve
```

此时，可以到 http://127.0.0.1:8000/docs 中查看我们的接口文档，以及到 http://127.0.0.1:8000/pirate-speak/playground/中测试我们的应用，如图 9-38 所示。

整个下载和安装应用的过程极为简便。我们可以在同一个 LangServe 实例中同时安装多个应用，每个应用都可以通过定义不同的路由来使用，这样就可以在一个统一的平台上管理和运行多个不同的应用。

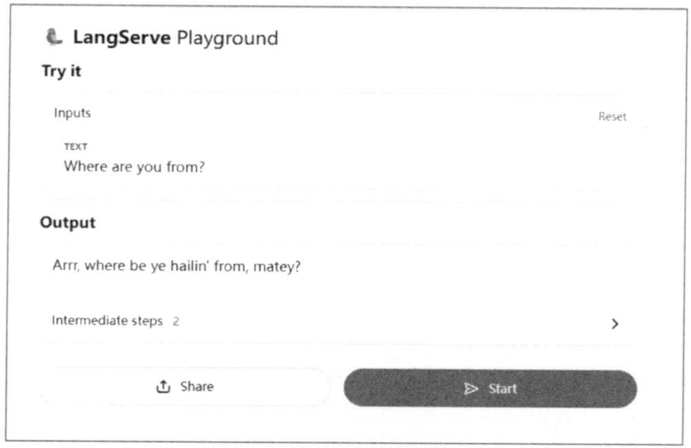


图 9-38

在开发和测试的过程中，如果只想运行当前的应用，可以先通过 `cd hub-test\packages\pirate-speak` 命令进入 pirate-speak 目录，然后运行下面的命令单独启动当前应用为一个 LangServe 服务。

```
langchain template serve
```

此时，就可以通过 http://127.0.0.1:8000/playground/进入我们的测试页面了。

## 9.6 LangChain v0.1

2023 年 12 月 12 日，LangChain 官方发布了 LangChain 0.1 版本的规划：会将原有的 LangChain 软件包拆分为 langchain-core、langchain-community 和 langchain 这 3 个独立的包，并且会和现有的包完全兼容。

- **langchain-core**：包含了核心抽象和 LangChain Expression Language（LCEL）。
- **langchain-community**：包含了 Model I/O（Model、Prompt、Output Parser 等）、RAG 相关组件（Vertor Store、Document Loader、Text Splitter 等）、Agent Tools。这种拆分有助于分离和集成第三方工具，因为集成进来的工具通常需要不同的设置、测试实践和维护方式。同时，它确保了完全向后兼容，即不会影响现有系统和工具的运行。通过这种方法，可以更灵活、高效地集成和扩展各种工具，同时能保持系统的稳定性和可靠性。
- **langchain**：包含了实际使用的 Chain、Agent、Agent 执行器等。它相对开放，介于 langchain-core 和 langchain-community 之间，为构建 LLM 应用提供了支撑。

这种拆分极大地增强了整个 LangChain 生态系统的模块化，使得每个模块都能独立运作、职责分明，从而提升了系统核心的稳定性，在减少对外部依赖的同时，也简化了维护流程。接下来通过一些具体的导入例子来查看变化。

```
# langchain_core
from langchain_core.messages import AIMessage, HumanMessage
from langchain_core.prompts import ChatPromptTemplate, MessagesPlaceholder
from langchain_core.tools import tool

# langchain_community
from langchain_community.chat_models import ChatOpenAI
from langchain_community.tools import DuckDuckGoSearchRun
from langchain_community.document_loaders import WebBaseLoader

# langchain
from langchain.agents import AgentExecutor
from langchain.tools.render import format_tool_to_openai_function
```

基于 LangChain 的多个周边生态项目，例如 LangChain Templates、LangServe、LangSmith 等，都从新的架构设计中获益匪浅。这些项目与 LangChain 生态系统的融合更加紧密，也极大地简化了 LLM 应用的开发、调试跟踪、部署等过程。这对于推动 LLM 技术的创新和应用具有重要意义。

## 9.7 总结

至此，已经完成了对 LangChain 基础内容的讲解，相信大家获得了许多知识和见解。在接下来的内容中，我们将进入更加实用和深入的部分，将前面学到的知识融合并应用到实际案例中。我们还将探讨一些将 LangChain 与其他强大应用结合使用的例子。

这些内容将提供更多关于如何在实际场景中有效运用 LangChain 的洞见。我们将通过具体的案例分析和展示如何将 LangChain 的理论知识转化为实际应用。这不仅会加深大家对 LangChain 功能的理解，还会激发大家在构建自己的应用时进行创造性思考。

那么，让我们一起继续探索 LangChain 的精彩世界，并将这些强大的工具和知识应用到实际的项目和创新中。接下来的内容将是充满挑战性和启发性的，希望大家能够从中受益。

# 第 10 章 案例开发与实战

## 10.1 基于 Streamlit 实现聊天机器人

### 10.1.1 简介

在本节中，我们将正式踏入实战案例的探索之旅。我们的首个任务是打造一个集成了网络搜索功能的聊天机器人，它的核心技术依托于 LangChain Agent，并使用 Streamlit 快速构建前端交互界面。这不仅是一次实战练习，也是如何将理论知识应用到实践中的一次展示。完成这个项目后，我们还将把它部署到互联网上，让所有的用户都能访问它。

Streamlit 是一个强大的 Python 库，专为数据应用的开发而设计。它的一大亮点在于，能够让开发者通过编写极少量的代码就构建出功能丰富的 Web 应用。Streamlit 的用户友好性和高效性意味着开发者可以把更多的精力集中在数据和模型上，而不是烦琐的界面设计上。

通过本节的学习，你会深入了解 Streamlit 的核心功能和操作流程。通过逐步构建这个聊天机器人，你不仅能学会如何快速搭建简单的用户界面、处理用户输入和输出，还能深入理解 LangChain Agent 的实际运用方法。

结合 Streamlit 直观的设计理念和丰富的组件库，你将能够在短时间内创建出既美观又实用的应用界面。这不仅是一个学习的过程，更是一个创造的旅程。我相信，你在完成本节的学习后，将对 LangChain Agent 有更深入的认识，并且能够熟练利用 Streamlit 库来实现你的想法。

## 10.1.2 实现

首先安装必要的库。

```
pip install langchain openai streamlit duckduckgo-search
```

然后创建 main.py 文件，并在其中导入我们要用到的库。

```
from langchain.chat_models import ChatOpenAI
from langchain.tools import DuckDuckGoSearchRun
from langchain.callbacks import StreamlitCallbackHandler
from langchain.memory import ConversationBufferWindowMemory
from langchain.agents import ConversationalChatAgent, AgentExecutor
from langchain.memory.chat_message_histories import (
    StreamlitChatMessageHistory)

import streamlit as st
```

接着设置浏览器的标题内容。我们希望在左边栏设置 OpenAI 的 API Key、API Base、模型及对应的模板，具体代码如下所示。

```
# 创建浏览器的标题
st.set_page_config(page_title='基于 Streamlit 的聊天机器人')

# 设置左边栏
openai_api_base = st.sidebar.text_input(
    'OpenAI API Base', value='https://api.******.com/v1'[1]
)
openai_api_key = st.sidebar.text_input(
    'OpenAI API Key', type='password'
)

model = st.sidebar.selectbox(
    'Model', ('gpt-3.5-turbo', 'gpt-4-1106-preview')
)

temperature = st.sidebar.slider(
    'Temperature', 0.0, 2.0, value=0.6, step=0.1
)
```

1 请参考链接 10-1。

此时，左边栏所有支持用户自定义配置的部分就都已经完成了。这部分代码非常简单，通过下面的命令运行一下程序，看看应用现在的样子。

```
streamlit run main.py
```

运行结果如图 10-1 所示。

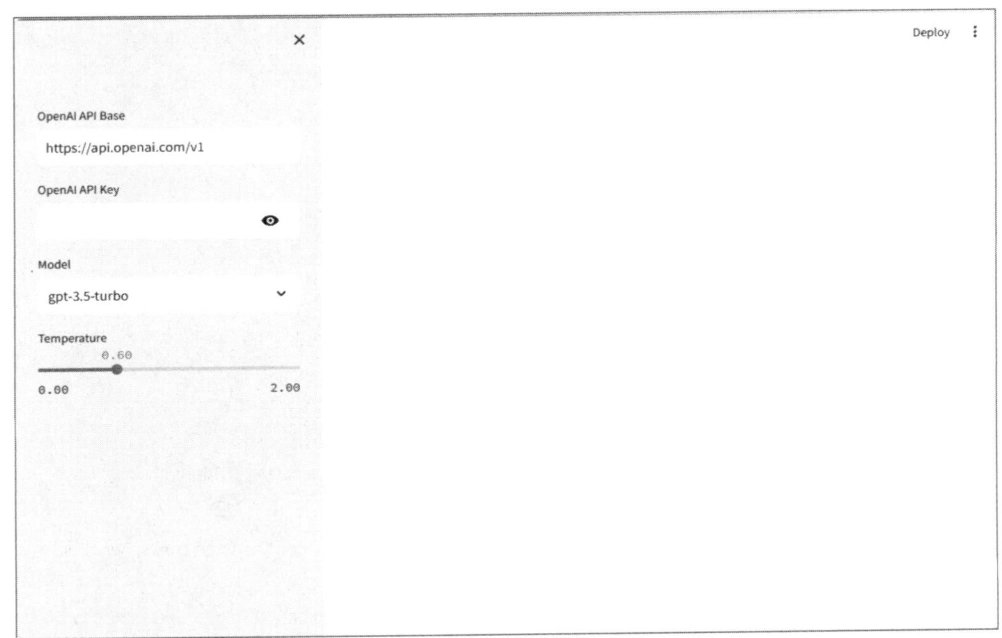


图 10-1

再接着实现右侧聊天功能的部分，具体代码如下所示。

```
# 实例化用于存储聊天记录的 History 对象
message_history = StreamlitChatMessageHistory()

# 当没有聊天内容或单击“清空聊天历史记录”按钮时，执行一些初始化的操作
if not message_history.messages or st.sidebar.button('清空聊天历史记录'):
    message_history.clear()
    message_history.add_ai_message('有什么可以帮你的吗？')

    # 存放中间步骤信息
    st.session_state.steps = {}
```

```
# 因为每次提问时都会刷新和清空整个聊天列表
# 所以在这里需要通过 message_history 用遍历的方式将历史聊天信息添加到聊天列表中
for index, msg in enumerate(message_history.messages):
    with st.chat_message(msg.type):
        # 将中间步骤添加到聊天列表中
        for step in st.session_state.steps.get(str(index), []):
            if step[0].tool == '_Exception':
                continue
            with st.status(
                f'**{step[0].tool}**: {step[0].tool_input}',
                state='complete'
            ):
                st.write(step[0].log)
                st.write(step[1])

        # 将对话内容添加到聊天列表中
        st.write(msg.content)

# 添加问题输入框
prompt = st.chat_input(placeholder='请输入提问内容')
if prompt:
    # 如果没有设置 openai_api_key 就弹出消息提示框，并且停止后续的执行
    if not openai_api_key:
        st.info('请先输入 OpenAI API Key')
        st.stop()

    # 将输入框的内容添加到用户聊天内容中
    st.chat_message('human').write(prompt)

    # 构建 Agent
    llm = ChatOpenAI(
        model=model,
        openai_api_key=openai_api_key,
        streaming=True,
        temperature=temperature,
        openai_api_base=openai_api_base
    )

    tools = [DuckDuckGoSearchRun(name='Search')]
    chat_agent = ConversationalChatAgent.from_llm_and_tools(
        llm=llm, tools=tools
```

```
    )
    memory = ConversationBufferWindowMemory(
        chat_memory=message_history,
        return_messages=True,
        memory_key='chat_history',
        output_key='output',
        k=6
    )
    executor = AgentExecutor.from_agent_and_tools(
        agent=chat_agent,
        tools=tools,
        memory=memory,
        return_intermediate_steps=True,
        handle_parsing_errors=True,
    )

    # 添加 AI 回复内容
    with st.chat_message('ai'):
        # 会在界面上显示中间步骤，如搜索、思考等，但只限当前提问
        # 在进行下一轮提问时，这里显示的步骤将不会存在
        # 所以需要再一次将中间步骤添加到聊天列表中，
        # 这样中间步骤就会一直保留在聊天列表中
        st_cb = StreamlitCallbackHandler(
            st.container(),
            expand_new_thoughts=False
        )
        response = executor(prompt, callbacks=[st_cb])
        st.write(response['output'])

        # 保存中间步骤
        step_index = str(len(message_history.messages) - 1)
        st.session_state.steps[step_index] = response['intermediate_steps']
```

运行程序，就可以在聊天窗口中与 AI 正常聊天了，如图 10-2 所示。

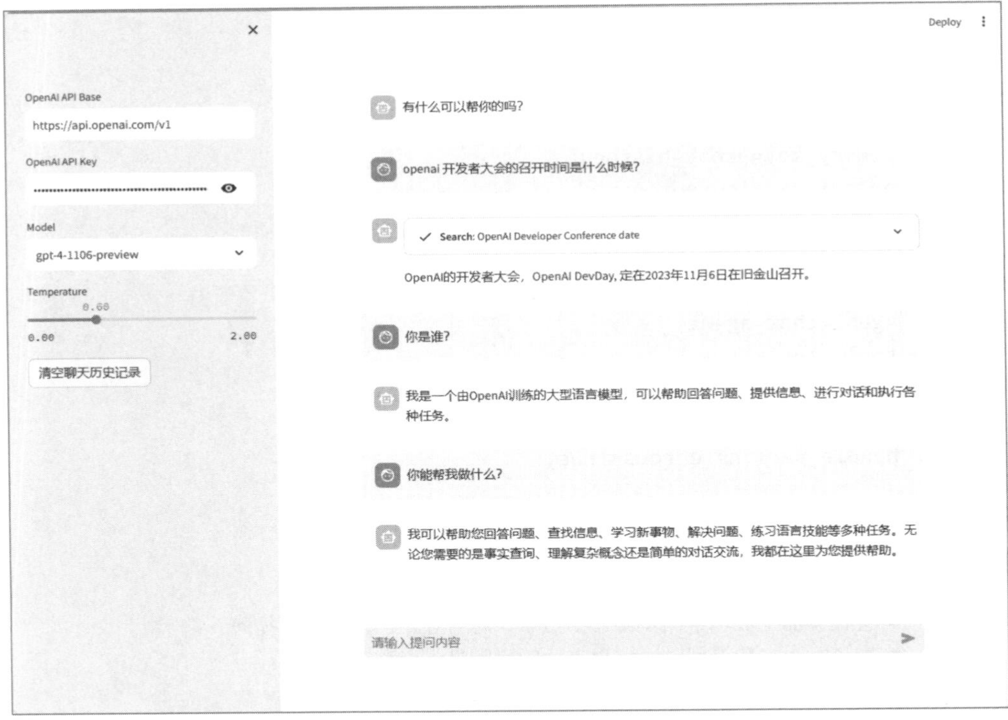


图 10-2

## 10.1.3 部署

我们通过非常少的代码成功构建了一个可以进行网络搜索的聊天应用。接下来，将这个应用部署到互联网上。

首先，将代码上传到GitHub。然后，注册并登录Streamlit网站[1]。登录之后，单击右上角的New app按钮新建我们的应用。这里使用粘贴GitHub地址的方式来创建我们的应用，如图 10-3 所示。

1 请参考链接 10-2。

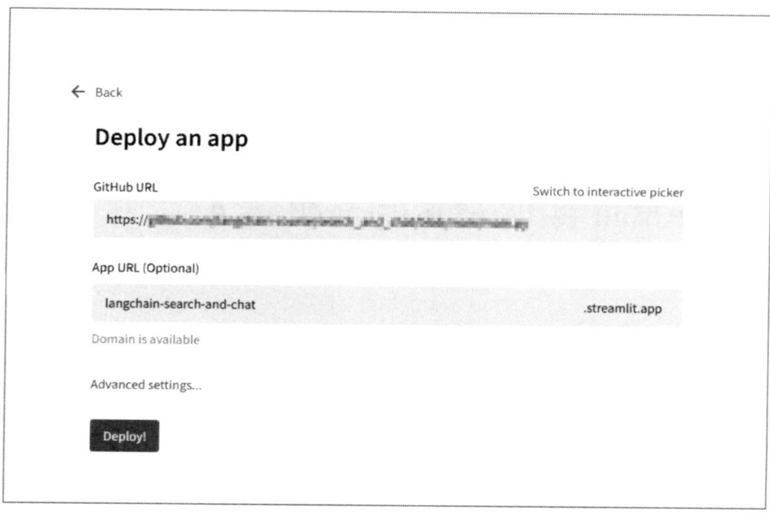


图 10-3

设置完GitHub上的主文件地址和应用域名后，单击Deploy!按钮即可开始部署。稍等片刻后，我们的应用就部署完成了。此时，打开Streamlit.app网址[1]可以看到刚才部署的应用并使用它了，如图 10-4 所示。

图 10-4

1　请参考链接 10-3。

至此，我们的第一个案例就完成了。我们在这个案例中复习了如何创建一个可以在互联网上搜索信息的Agent，并学习了如何使用Streamlit快速构建一个Web应用，以及对它进行部署。本案例相关代码已上传到GitHub[1]上，读者可以自行下载、学习。

# 10.2 基于 Chainlit 实现 PDF 问答机器人

## 10.2.1 简介

在本节中，将利用 Chainlit 框架来创建一个 PDF 问答机器人。该机器人的核心技术基于 RAG（Retrieval-Augmented Generation）。首先使用 LangChain 的文档加载器来加载 PDF 文档，然后使用文本分割器将文本分成段落，接着将文本向量化并将它们存储到向量数据库中，最后使用问答链来查询向量数据库，以获取答案。这个案例涵盖了文档处理、向量化和检索问答等关键知识点。

Chainlit 与 Python 框架的 Streamlit 相似，但它可以更好地与 LangChain 兼容，能够更轻松地生成 LangChain 应用。这使得开发者可以更专注于业务逻辑的开发，减少了 Web 部分的开发工作。

## 10.2.2 实现

首先安装必要的库。

```
pip install langchain openai tiktoken chainlit chromadb pymupdf
```

然后创建 main.py 文件，并在其中导入我们要用到的库。

```
from dotenv import load_dotenv

from langchain.vectorstores import Chroma
from langchain.chat_models import ChatOpenAI
from langchain.document_loaders import PyMuPDFLoader
from langchain.embeddings.openai import OpenAIEmbeddings
from langchain.chains import RetrievalQAWithSourcesChain
from langchain.text_splitter import RecursiveCharacterTextSplitter
```

1 请参考链接 10-4。

```python
import chainlit as cl

# 在.env 文件中配置了 OPENAI_API_KEY
load_dotenv()
```

在编写完代码后，可以运行一下看看效果，我们可以通过以下命令来运行。

```
chainlit run main.py
```

接着编写一个用于初始化聊天的函数，这个函数需要通过 `cl.on_chat_start` 装饰器进行装饰。在函数最开始，先添加一个可以支持上传 PDF 的组件，具体代码如下所示。

```python
@cl.on_chat_start
async def start():
    files = None
    # 等待用户上传文件
    while files is None:
        files = await cl.AskFileMessage(
            content='请上传你要提问的 PDF 文件',
            # 只支持上传 PDF 类型的文件
            accept=['application/pdf'],
            max_size_mb=3
        ).send()

    _file = files[0]

    # 在文档还没被存储到向量数据库之前，显示一个消息提示
    msg = cl.Message(content=f'正在处理: `{_file.name}`...')
    await msg.send()

    # 将上传的文件保存到服务器本地
    file_path = f'./tmp/{_file.name}'
    with open(file_path, 'wb') as f:
        f.write(_file.content)
```

此时就完成了一个上传 PDF 到服务器的功能，在我们的页面中也会多一个上传 PDF 的组件，如图 10-5 所示。

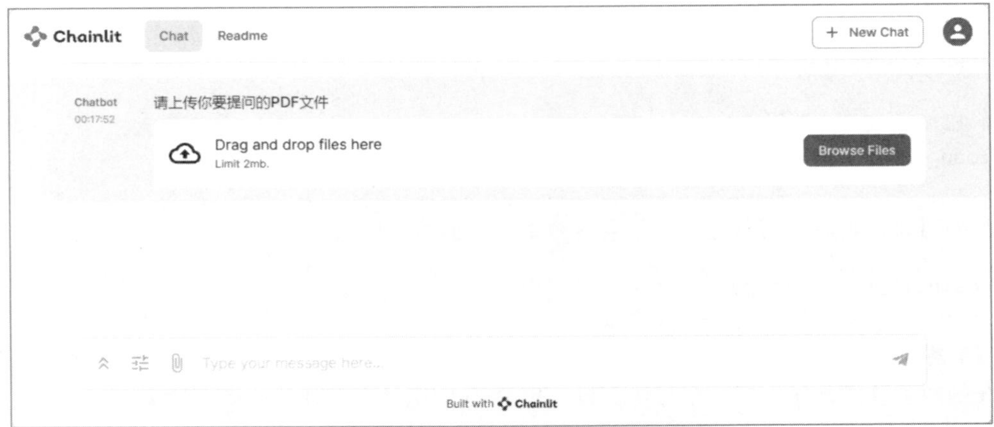


图 10-5

下面开始完成基于 LangChain 的 RAG 部分的开发，具体代码如下所示。

```
@cl.on_chat_start
async def start():
    ...

    # 加载 PDF 文档
    docs = PyMuPDFLoader(file_path).load()

    # 分割文档
    text_splitter = RecursiveCharacterTextSplitter(
        chunk_size=800, chunk_overlap=100
    )
    split_docs = text_splitter.split_documents(docs)

    # 创建 Chroma 存储
    embeddings = OpenAIEmbeddings()
    docsearch = await cl.make_async(Chroma.from_documents)(
        split_docs, embeddings, collection_name=_file.name
    )
    memory = ConversationBufferMemory(
        memory_key='chat_history',
        output_key='answer',
        return_messages=True,
    )

    # 基于 Chroma 存储创建一个问答链
    chain = ConversationalRetrievalChain.from_llm(
        ChatOpenAI(
```

```
            temperature=0,
            model='gpt-4-1106-preview',
        ),
        chain_type='stuff',
        retriever=docsearch.as_retriever(),
        memory=memory,
        # 因为我们需要将搜索到的结果当作来源展示到页面上，
        # 所以这里需要将 return_source_documents 的值设置为 True
        return_source_documents=True,
    )

    msg.content = f'`{_file.name}` 处理完成，请开始你的问答。'
    await msg.update()

    # 将 chain 对象保存到用户 session 中
    cl.user_session.set("chain", chain)
```

在这一阶段，我们已经完成了关于聊天初始化的部分。接下来，需要使用 cl.on_message 装饰器来装饰一个函数。这个函数会在用户单击发送提问按钮时被触发。在这个函数中，需要实现根据问题检索对应的内容并将结果显示出来的功能，具体代码如下所示。

```
@cl.on_message
async def main(message: cl.Message):
    # 获取在初始化时存储的 chain 对象
    chain = cl.user_session.get('chain')

    # AsyncLangchainCallbackHandle 会将执行时的中间步骤实时显示到聊天列表中
    cb = cl.AsyncLangchainCallbackHandler()
    # 进行检索
    res = await chain.acall(message.content, callbacks=[cb])
    answer = res['answer']
    source_documents = res['source_documents']

    # 将检索到的内容作为来源一并显示到界面上
    # 需要先将它们存储为 element 对象
    text_elements = []
    if source_documents:
        for index, source_doc in enumerate(source_documents):
            source_name = f'来源{index + 1}'
            text_elements.append(
                cl.Text(content=source_doc.page_content, name=source_name)
            )
        source_names = [text_el.name for text_el in text_elements]
```

```
        if source_names:
            answer += f'\n\n来源: {", ".join(source_names)}'
        else:
            answer += '\n\n来源未找到'

    # 显示回答
    await cl.Message(content=answer, elements=text_elements).send()
```

至此，我们的程序已经编写完成。接下来，让我们打开网页运行程序进行测试。在这个案例中，我们导入了 Python 3.12.1 版本的新功能 PDF 文档，并提出了一个问题："PEP 692 讲了什么？" 执行结果如图 10-6 所示。可以看到，程序正确地回答了我们的问题。此外，我们还可以单击下方的来源链接，在页面右侧查看检索到的相关内容。

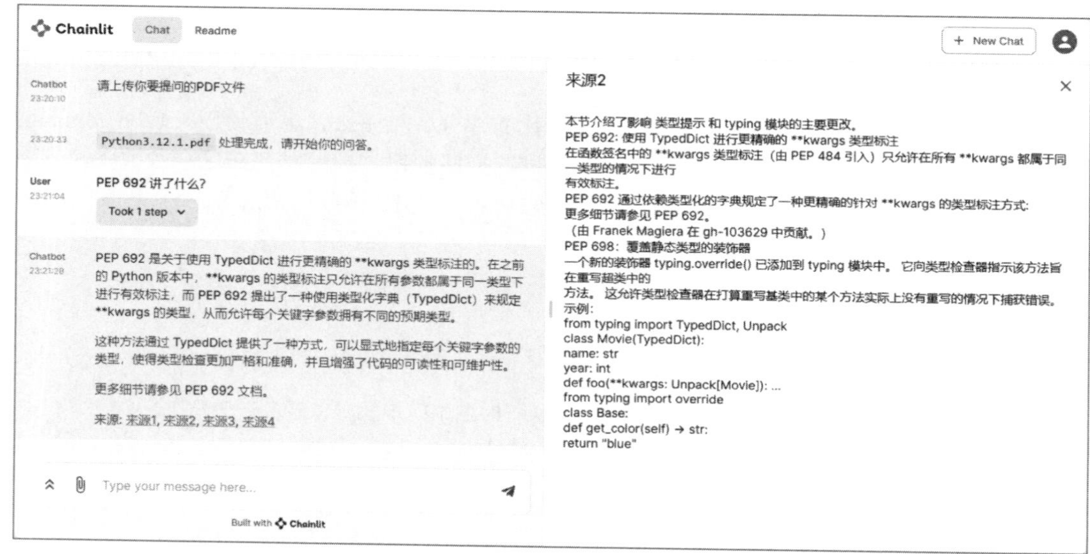


图 10-6

至此，一个基于 Chainlit 实现 PDF 问答机器人的案例就结束了。

在这个案例中，我们复习了如何使用LangChain实现RAG的功能，并对Chainlit这个强大易用的Python框架进行了一定的了解。如果想深入了解Chainlit这个框架，可以去阅读它的官方文档[1]。

本节的案例代码已经上传到GitHub上，读者可以自行下载、学习[2]。

1 请参考链接 10-5。

2 请参考链接 10-6。

# 10.3 零代码 AI 应用构建平台：Flowise

## 10.3.1 简介

在本节中，我们将学习基于 LangChain JS 的零代码 AI 应用构建平台 Flowise。Flowise 是一个开源项目，对商业和个人永久免费。它提供了丰富的内置组件，允许用户通过直观的拖曳操作快速构建聊天机器人、智能客服和知识问答等应用。此外，它可以轻松地生成 API，并被方便地集成到用户自己的产品中。

## 10.3.2 运行

因为 Flowise 是一个已经开发好的应用，所以需要先运行它。它提供了 3 种运行方式，接下来将分别对其进行介绍。

### 1. 通过 npm package 运行

因为 Flowise 已被封装成了 npm 的 package，所以可以直接通过如下命令使用它（需要保证 Node.js 的版本大于或等于 18.15.0）。

```
npm install -g flowise
npx flowise start
```

当然，在启动 Flowise 时，也可以通过设置 `FLOWISE_USERNAME` 和 `FLOWISE_PASSWORD` 变量给我们的应用添加账号和密码。

```
npx flowise start --FLOWISE_USERNAME=user --FLOWISE_PASSWORD=1234
```

### 2. 通过 Yarn 运行

这种方式的优点是可以对代码进行调整。首先需要“克隆”Flowise 仓库。

```
git clone https://******.com/FlowiseAI/Flowise.git
```
[1]

然后安装所有依赖模块并运行 Flowise（需要保证已经安装了 Yarn）。

```
cd Flowise
yarn install
yarn build
yarn start
```

1　请参考链接 10-7。

#### 3. 通过 Docker 运行

Flowise 为我们提供了一个完整的 `docker-compose.yml` 文件。

首先需要到GitHub网站[1]上下载docker-compose.yml文件。

然后在 GitHub 网站上下载.env.example 文件，将其与 `docker-compose.yml` 文件放在同一个目录中，并改名为`.env`。

最后执行以下命令即可。

```
docker-compose up -d
```

当然，也可以通过以下命令将本地的 Flowise 做成一个镜像并运行它。

```
git clone https://******.com/*********/Flowise.git²
cd Flowise
docker build --no-cache -t flowise .
docker run -d --name flowise -p 3000:3000 flowise
```

### 10.3.3 使用

#### 1. 使用 Flowise

在程序运行后，打开 http://localhost:3000 就可以看到 Flowise 应用了，如图 10-7 所示。

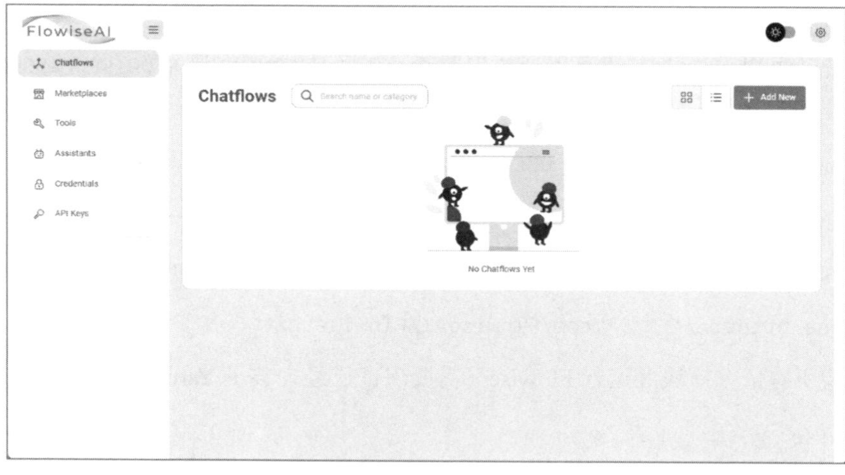


图 10-7

1 请参考链接 10-8。

2 请参考链接 10-10。

首先需要单击 Credentials 菜单，来到 Credentials 页面，并设置我们的 API Key。单击右上角的 Add Credential 按钮就可以打开添加页面。因为这个案例使用的是 OpenAI 进行演示的，所以我们就搜索“OpenAI”。单击搜索到的选项，然后设置 CREDENTIAL NAME（在这里我设置的名称为 key）和 OpenAI API Key。设置好后，单击 Add 按钮即可，如图 10-8 所示。

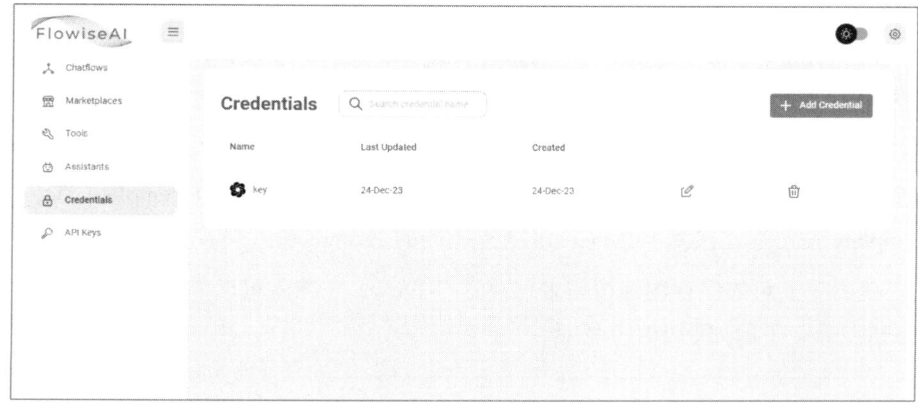


图 10-8

设置完成后，可以单击 Chatflows 菜单，回到 Chatflows 页面，并创建我们的 Flow。我们单击右上角的 Add New 按钮，可以添加一个新的 Flow。打开新页面后，单击左上角的+按钮，可以看到所有可以使用的节点，如图 10-9 所示。

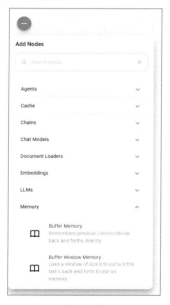

图 10-9

此时就可以通过拖曳这些节点并连接它们来构建我们的应用了。下面构建一个最简单的 LLM Chain 的聊天应用。

首先，在 LLM 分类下拖曳一个 OpenAI 节点，并将 Connect Credential 设置为我们在 Credentials 页面中设置的 OpenAI API key 对应的名称（也就是我上面设置的 key）。

然后，在 Prompts 分类下拖曳一个 Prompt Template 节点，并设置模板的内容。需要注意的是，如果你希望返回的内容为中文，需要在这里的 Prompt 中写明需要回答的内容为中文。

接着，在 Chains 分类下拖曳一个 LLM Chain 节点，并将 OpenAI 节点右下角的 OpenAI 输出端连接到 LLM Chain 节点左侧的 Language Model 输入端，将 Prompt Template 节点右下角的 Prompt Template 输出端连接到 LLM Chain 节点左侧的 Prompt 输入端。

最后，单击右上角的保存图标按钮来保存这个 Flow。现在就可以单击右上角的聊天图标按钮测试我们的 Flow 了，如图 10-10 所示。

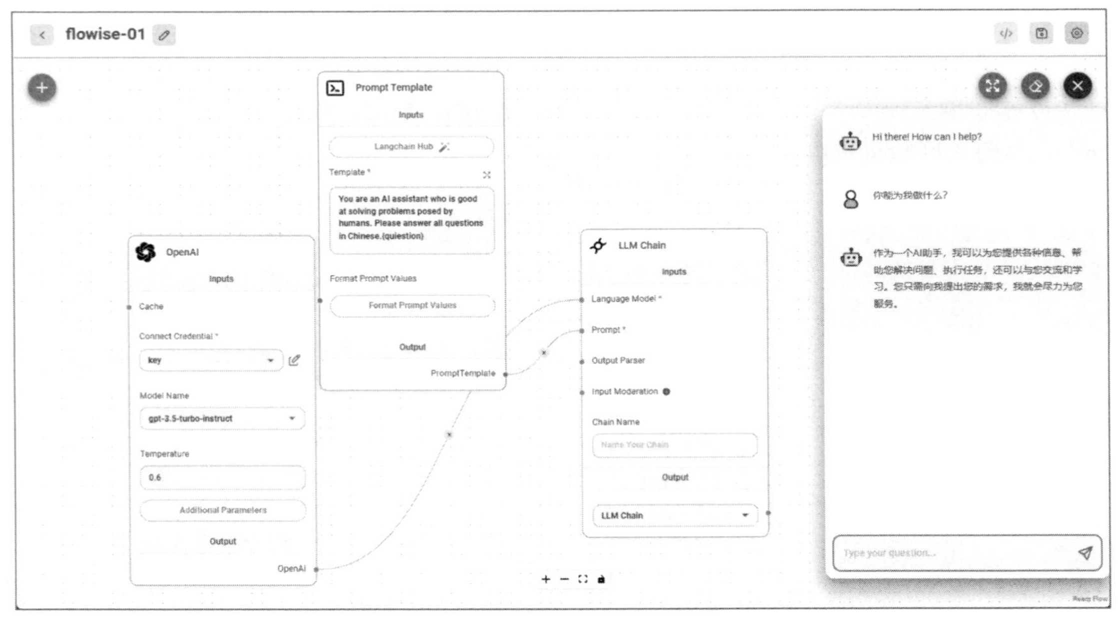


图 10-10

接下来，可以通过 Flowise 快速构建 10.1 节介绍的第一个支持搜索的聊天应用。这里因为 Flowise 中并没有集成 DuckDuckGo 工具，所以就用 serper 工具来代替搜索工具，如图 10-11 所示。

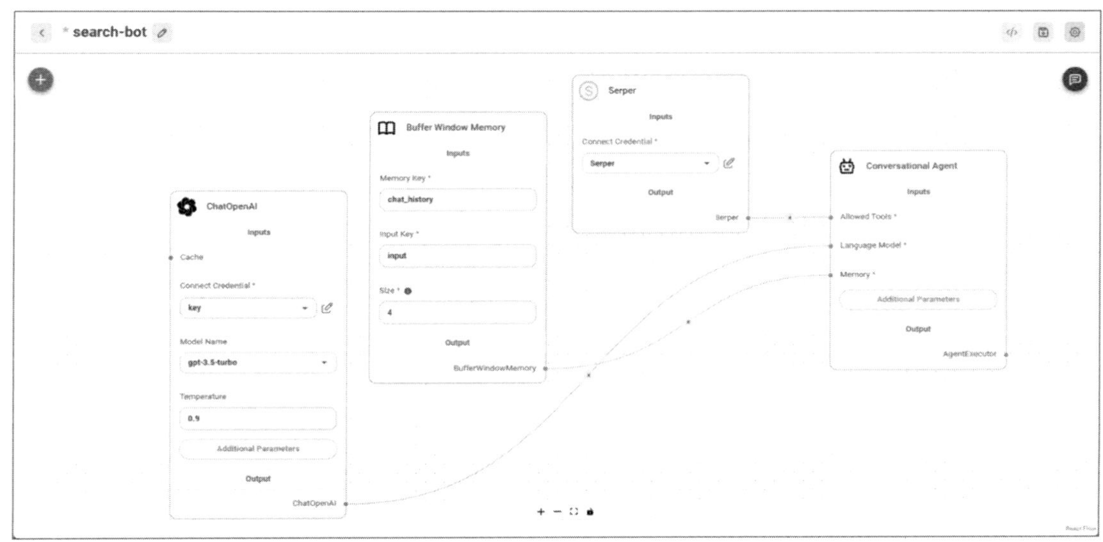


图 10-11

我们再来实现 10.2 节介绍的第二个根据上传的 PDF 来进行问答的 Flow，如图 10-12 所示。

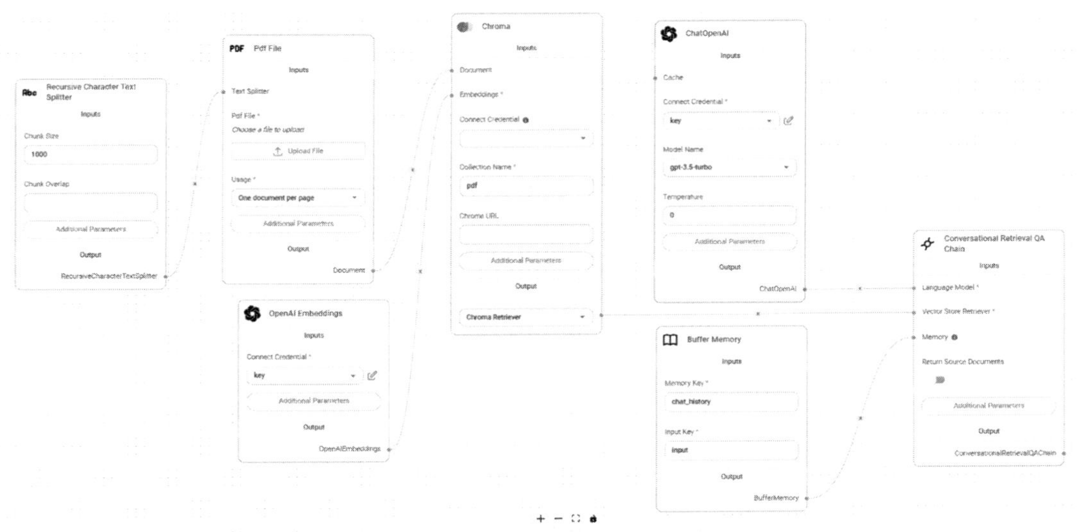


图 10-12

可以看到，整个过程都非常简单。而且，它的节点名称基本上都和 LangChain 中类的名字一致，对我们非常友好，可以快速上手使用。

### 2. 集成

我们在搭建完 Flow 并测试通过后，就可以将这个 Flow 集成进我们的产品了。Flowise 为我们快速生成了可用的 API，以及可以方便地将其集成进我们自己网站的 JavaScript 代码，我们单击当前 Flow 右上角的代码图标按钮即可查看，如图 10-13 所示。

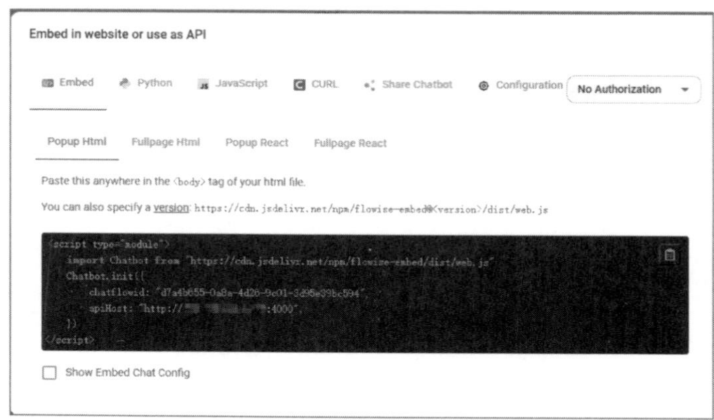


图 10-13

我们可以通过 Embed 中提供的 JavaScript 代码将我们做的 Flow 作为一个机器人集成进我们的网站，如果你需要一个针对自己的产品或网站的智能客服，这样做是非常棒的。集成后，我们的网站页面右下角就会出现一个聊天按钮。单击这个按钮，就可以和 Flow 生成的 AI 机器人聊天了，如图 10-14 所示。

图 10-14

我们在查看其他选项时，可以看到 Flowise 还为我们生成了一个 REST API，其不仅可以在我们的应用里面直接请求使用，还可以作为 GPT 的 Action 使用。当然，为了防止他人使用，我们还可以通过右上角的选项为我们的接口设置一个权限认证，如图 10-15 所示。

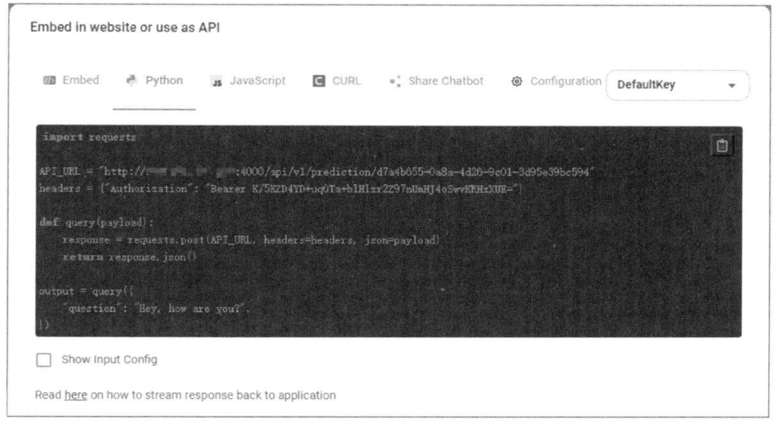


图 10-15

### 3. Marketplace

Flowise 还为我们提供了一个 Marketplace，可以通过单击 Marketplace 菜单跳转到 Marketplace。可以看到，这里有很多预设好的 Flow 和工具，我们可以直接使用和学习它们，如图 10-16 所示。

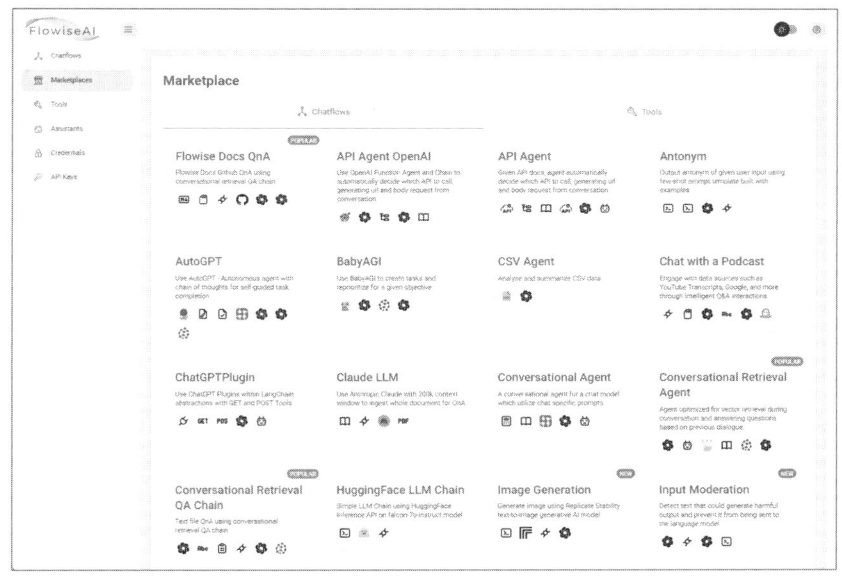


图 10-16

#### 4. Assistant

同时，Flowise 还提供了 OpenAI Assistant 功能，我们可以使用这个功能来实现自己的 GPT。可以通过单击 Assistants 菜单跳转到对应的页面。可以看到，页面中创建 Assistant 的选项和 OpenAI Assistant 网页上的是一样的，如图 10-17 所示。

图 10-17

创建完 Assistant 后，我们就可以在 Chatflows 中通过 OpenAI Assistant 节点来使用它。当运行 Assistant 时，Flowise 会先在我们的 OpenAI 中创建一个对应的 Assistant，所以 Flowise 使用的其实是 OpenAI 的 Assistant。

至此，我们已基本介绍完 Flowise 的相关内容。通过对本章的学习，相信大家已经深刻体会到了 Flowise 的便利性。希望实战案例能给大家带来启发，并在未来的项目中应用它们。

由于篇幅限制，Flowise的某些细节可能未能展开讲解，大家可以通过查阅官方文档[1]来进一步学习和了解。

1 请参考链接 10-11。